COURS

DE PHYSIQUE

DE

L'ÉCOLE POLYTECHNIQUE.

IMPRIMERIE DE BACHELIER,
rue du Jardinet, n° 12.

COURS

DE PHYSIQUE

DE

L'ÉCOLE POLYTECHNIQUE,

PAR G. LAMÉ,

Ingénieur des Mines, Professeur à l'École Polytechnique.

TOME DEUXIÈME.

SECONDE PARTIE.

ÉLECTRICITÉ. — MAGNÉTISME. — ÉLECTRO-DYNAMIQUE.

PARIS,

BACHELIER, IMPRIMEUR-LIBRAIRE,

DE L'ÉCOLE POLYTECHNIQUE, ETC.,

QUAI DES AUGUSTINS, N° 55.

1837.

QUARANTE-DEUXIÈME LEÇON.

ÉLECTRICITÉ LATENTE.

QUARANTE-TROISIÈME LEÇON.

ÉLECTRICITÉ ATMOSPHÉRIQUE.

QUARANTE-QUATRIÈME LEÇON.

DES AIMANS.

QUARANTE-CINQUIÈME LEÇON.

MAGNÉTISME TERRESTRE.

QUARANTE-SIXIÈME LEÇON.

GALVANISME.

QUARANTE-SEPTIÈME LEÇON.

ÉLECTRO-MAGNÉTISME.

QUARANTE-HUITIÈME LEÇON.

ÉLECTRO-DYNAMIQUE.

QUARANTE-NEUVIÈME LEÇON.

PHÉNOMÈNES THERMO-ÉLECTRIQUES.

CINQUANTIÈME LEÇON.

ÉLECTRO-CHIMIE.

FIN DE LA TABLE DES MATIÈRES.

COURS DE PHYSIQUE.

<hr>

QUARANTE-UNIÈME LEÇON.

Théorie physique de l'électricité. Théories partielles. — Électricité statique. — Phénomènes fondamentaux. Corps conducteurs. Réservoir commun. Isolateurs. — Des deux électricités. — Machines électriques. — Balance électrique. Loi des actions électriques. Mesure des charges. Pertes par les supports et par l'air. — Distribution de l'électricité sur les corps conducteurs. — Théorie mathématique de l'électricité statique. — Pouvoir des pointes.

<hr>

671. L'explication des phénomènes lumineux dans l'hypothèse des ondes est tellement rationnelle, qu'il paraît impossible de ne pas admettre l'existence d'un fluide éthéré, propageant ces ondes dans le vide et les corps diaphanes. Ce fluide doit avoir une densité et une élasticité variables d'un milieu à un autre, et éprouver conséquemment des actions diverses de la part des substances pondérables. Il y a lieu de penser que les faits nombreux, attribués à l'électricité, sont réellement dus à ces actions, modifiées par les mouvemens relatifs de l'éther et des atomes des corps.

III.

Mais si l'on entrevoit ainsi la cause des phénomènes électriques, et leur liaison avec la lumière et la chaleur, on est bien loin de connaître toutes les lois qui les régissent, et de pouvoir déduire ces lois d'un principe général. La théorie physique de l'électricité se compose aujourd'hui de plusieurs groupes de faits ; chacun d'eux est assez bien défini par une hypothèse particulière ; mais quoique des phénomènes transitoires prouvent que ces groupes séparés ont une origine commune, on n'est pas encore parvenu à saisir l'hypothèse unique qui doit les embrasser tous.

Ainsi, dans son état actuel, l'électricité présente le caractère d'une science physique peu avancée ; pour l'étudier, il faut parcourir isolément les théories partielles qu'elle comprend, et discuter ensuite le mérite relatif des différentes hypothèses à l'aide desquelles on essaie d'établir un lien entre ces théories. Toutefois cette discussion ne peut être présentée complétement dans un cours de physique. Toutes les combinaisons et les décompositions chimiques sont accompagnées de phénomènes électriques, et mille faits rendent très probables que les affinités sont uniquement dues à l'électricité ; cette cause inconnue exerce en outre une influence puissante, à la surface et dans l'intérieur du globe, ainsi que sur les êtres organisés, et paraît jouer un rôle important dans la transformation des substances minérales, dans la végétation et même la vie des animaux. Il suit de là que pour rassembler tous les effets de l'électricité, travail préliminaire dont on ne saurait se dispenser, avant de procéder à la recherche de leur cause générale, il faut faire intervenir la chimie, la physiologie, et les autres sciences naturelles.

Dans l'impossibilité de remplir une tâche aussi étendue,

nous décrirons avec les détails nécessaires les phénomènes physiques de l'électricité; nous ne parlerons de son influence dans les actions chimiques, que pour donner une idée exacte des appareils qui la mettent en jeu, et indiquer en même temps les circonstances les plus favorables à la puissance de ces appareils; quant aux effets physiologiques, nous ne pourrons que les énoncer, leur étude exigeant des connaissances trop étrangères au but de ce cours. Ainsi limitée, la science de l'électricité est encore tellement étendue, qu'elle envahit toutes les autres parties de la physique : les actions capillaires, les plus légers troubles apportés dans l'équilibre intérieur des corps, font naître des phénomènes électriques; la chaleur et l'électricité se suivent et se transforment l'une dans l'autre, lors de leur passage à travers les substances pondérables; enfin l'électricité est une source lumineuse, la seule qui puisse imiter à la surface de la terre l'éclat du soleil.

Parmi les phénomènes physiques dans lesquels l'électricité joue un rôle important, nous serons forcés de choisir, en nous attachant particulièrement à ceux dont on a découvert les lois, et disant peu de mots sur les faits isolés, dont l'étude n'a encore fourni aucun résultat scientifique. Nous tâcherons enfin de donner une idée exacte de l'état actuel de l'électricité, en évitant d'accumuler les faits, au point de rendre impossible toute vue d'ensemble. De toutes les parties de la physique, l'électricité est celle qui a donné lieu au plus grand nombre de recherches expérimentales; la cause en est sans doute dans l'étonnante généralité de cette force naturelle. Si l'on en excepte les travaux qui peuvent se résumer par quelques lois importantes, la plupart des recherches dont il s'agit ne sont que faits antécédens ; jusqu'à ce qu'enfin on soit parvenu à un phénomène dont la loi embrasse toute la science. Tant que cette limite n'est pas atteinte, il convient d'exposer les faits dans l'ordre croissant de leur généralité, et conséquemment d'adopter la marche historique. Mais lorsque la science est parfaite, ou quand sa loi générale est trouvée, il est plus simple de suivre la marche synthétique, précisément inverse de la précédente.

Phénomènes fondamentaux. 673. Lorsqu'on frotte avec la main, ou de la laine, certaines substances, l'ambre, la résine, le verre, les pierres précieuses, on remarque que ces corps attirent des corps légers, tels que des morceaux de papier, des barbes de plume, de la sciure de bois, des particules métalliques. Ce phénomène ayant été observé pour la première fois sur l'ambre, dont le nom grec est ἤλεκτρον, on a appelé *électricité* la théorie physique dont cette propriété fait partie. Si le corps dont on approche la résine ou le verre frotté, est suspendu à un fil d'une certaine nature ; que ce soit par exemple une boule de moelle de sureau à l'extrémité d'un fil de soie, on remarque qu'après avoir été attirée la boule est repoussée. Ce phénomène d'attraction et de répulsion disparaît au bout d'un certain temps, variable avec l'état hygrométrique de l'atmosphère, mais on peut toujours le faire renaître par un nouveau frottement. Lorsqu'on opère dans l'obscurité, et qu'on écoute avec attention, on observe une étincelle, et on entend un léger bruissement, au moment où les corps attirés sont sur le point de toucher le corps électrisé.

Les substances que nous avons citées furent d'abord les seules qui manifestaient les propriétés électriques ; d'autres, tels que les métaux, n'en donnant aucun signe, on avait partagé les corps de la nature en deux classes, la première contenait les corps électrisables, la seconde ceux qui ne l'étaient pas. Mais on reconnut plus tard que cette distinction n'était pas fondée, et que les corps de la dernière classe n'avaient pas été placés dans les circonstances convenables, pour que l'électricité développée par le frottement pût s'y manifester.

674. On remarqua en effet que les corps de cette classe pouvaient acquérir la vertu électrique, lorsqu'on les mettait en contact avec ceux de la première, préalablement frottés. Par exemple une boule de moelle de sureau S suspendue librement à un fil de soie, au contact d'une tige de métal mt terminée par une sphère m, s'écarte de cette tige lorsqu'on approche de la boule m un corps électrisé. Pour que cette expérience réussisse, il faut que le support de la tige soit d'une nature particulière, comme nous le verrons par la suite; mais lorsque cette condition est remplie, l'effet indiqué se manifeste sur la tige à toute distance de la boule m, et quel que soit le métal employé. Cette propriété que possèdent les métaux de transmettre la vertu électrique, porte le nom de conductibilité pour l'électricité; d'autres corps tels que le verre, la résine, n'en jouissant pas, on a divisé les corps de la nature, en corps conducteurs et non-conducteurs de l'électricité.

Mais cette distinction ne doit pas être entendue d'une manière absolue, il faut admettre que tous les corps sont plus ou moins bons conducteurs. Les métaux, le mercure, les liquides à l'exception des huiles, le charbon calciné, conduisent bien l'électricité; les métaux oxidés, le soufre, les résines, le verre, l'ambre, la gomme laque, le charbon hydrogéné, sont très peu conducteurs. Les corps des ani-

Corps
conducteurs.

Fig. 351.

maux, composés de substances solides et liquides qui conduisent bien l'électricité, sont eux-mêmes assez bons conducteurs.

Réservoir
commun.

675. Si l'on met en contact avec un corps électrisé une sphère métallique, on remarque que cette sphère affaiblit d'autant plus les propriétés électriques, que son volume est plus grand; en sorte que si la sphère avait une étendue incomparablement plus grande que le corps électrisé, elle ferait disparaître ou rendrait insensible la vertu électrique. Or la terre entière est composée de substances qui conduisent l'électricité, si donc elle est en communication, par une suite de corps conducteurs, avec un corps électrisé, c'est comme si l'on mettait ce dernier en contact avec un réservoir d'une capacité infinie, et toute vertu électrique doit y disparaître. C'est d'après cela que l'on donne à la terre, dans la théorie physique de l'électricité, le nom de réservoir commun.

Corps
isolans.

676. On interrompt la communication d'un corps électrisé avec le réservoir commun, en le suspendant, le tenant, ou le faisant supporter par des corps très peu conducteurs, tels que le verre, le soufre, la soie, la résine, auxquels on donne par cette raison le nom d'isolateurs. Disposé de cette manière, tout corps électrisé peut conserver sa vertu électrique pendant un certain temps. On doit conclure du fait de la déperdition lente de l'électricité dans ces circonstances, que l'air la conduit mal, cependant plus ce gaz contient de vapeur d'eau, et plus il devient conducteur; c'est ce qui fait que dans les jours très chauds de l'été, il est presque impossible d'obtenir des signes permanens d'électricité; tandis que les expériences sur les phénomènes électriques réussissent très bien dans les jours froids de l'hiver.

On voit maintenant pourquoi les métaux paraissent n'être pas électrisables par le frottement. C'est qu'en les tenant avec la main ils sont en contact avec le réservoir commun, et que l'électricité s'y disperse aussitôt qu'elle est développée. Mais en se servant d'un manche isolant de verre ou de résine, pour tenir un disque de métal, lorsqu'on le frotte il manifeste des signes d'électricité, ainsi qu'une substance non-conductrice. Tous les corps sont donc électrisables.

677. Si l'on répète avec attention l'expérience de l'attraction suivie de répulsion, sur des boules de moelle de sureau suspendues à des fils isolans, lorsqu'elles sont mises en contact, et ensuite en présence de divers corps électrisés, on remarque des différences notables suivant la nature des corps employés. Par exemple, deux boules isolées, et électrisées par la résine frottée avec de la laine, se repoussent ensuite mutuellement; il y a encore répulsion lorsque les boules ont été touchées par le verre, frotté aussi avec de la laine; mais si l'une des boules a été touchée par la résine et l'autre par le verre, elles s'attirent au contraire. Autrement, une boule électrisée par son contact avec la résine, est repoussée quand on l'en approche de nouveau; elle est attirée au contraire par le verre; l'inverse a lieu quand la boule est d'abord électrisée par cette dernière substance.

Des deux électricités.

Ce genre d'opposition entre les électricités développées sur le verre et sur la résine, leur a fait donner les noms d'*électricité vitreuse*, et d'*électricité résineuse*. Mais ces dénominations tendent à donner une idée fausse, car ces propriétés inverses n'appartiennent pas exclusivement au verre ou à la résine, et il est possible de faire prendre à chacun de ces corps l'une ou l'autre des deux électricités, en faisant varier la nature et même seulement l'état du corps avec lequel on les frotte. Il est préférable d'adopter les dénominations générales d'*électricité positive* et d'*électricité négative*, qui indiquent très bien deux propriétés contraires ; il y a en effet changement de signe dans les forces que manifestent les deux électricités, puisque ce que l'une attire, l'autre le repousse. On convient de prendre pour l'électricité positive, celle que l'on développe sur le verre poli, en le frottant avec de la laine ; et pour l'électricité négative, celle que manifeste la résine, frottée avec la même substance.

678. Lorsqu'on cherche la nature des électricités développées sur deux corps, isolés si cela est nécessaire, que l'on frotte l'un contre l'autre, on trouve dans tous les cas qu'elles sont d'espèces opposées : l'une est positive, l'autre négative. Ce phénomène est sans exception. Pour le vérifier, on électrise d'abord positivement une boule légère, suspendue à un fil isolant, et l'on en approche successivement deux corps, préalablement frottés l'un contre l'autre ; or on remarque toujours que l'un des deux repousse la boule, et que l'autre l'attire ; ce qui prouve que l'un est chargé d'électricité positive, et l'autre d'électricité négative. Les substances dont les noms suivent s'électrisent positivement lorsqu'elles sont frottées avec celles qui les suivent, négativement quand elles le sont avec celles qui les précèdent : *peau de chat, verre poli, laine, plumes, bois, papier, soie, gomme laque, verre dépoli.*

Mais ce n'est pas seulement la nature des corps qui les rend propres à se charger de préférence de telle ou telle électricité. Car lorsqu'on frotte l'un contre l'autre deux plateaux de verre, ils se chargent d'électricités opposées ; celui dont la surface est la plus polie prend l'électricité positive ; c'est ce qui fait que le verre dépoli peut être mis à la fin de la série des corps nommés dans l'article précédent. Deux parties d'un même ruban de soie, frottées l'une en travers de l'autre, se chargent d'électricités contraires ; le ruban frotté transversalement prend l'électricité négative. Si l'on fait glisser de la poudre métallique sur une plaque du même métal, la poudre s'électrise négativement, et la plaque positivement. Quand on frotte l'un contre l'autre deux corps d'une même substance, et dont la surface est dans le même état, une différence de température suffit pour qu'ils se chargent d'électricités opposées ; le plus échauffé s'électrise négativement.

579. Les phénomènes électriques sont généralement attribués à deux fluides impondérables, qui repoussent leurs propres molécules, et s'attirent mutuellement. On admet que tous les corps de la nature possèdent ces fluides, ou ces deux électricités, en quantités égales, et à l'état de combinaison. Cette combinaison des deux électricités est appelée *électricité naturelle* ou *fluide neutre*; sa valeur est en quelque sorte zéro ou nulle, relativement aux phénomènes d'attraction ou de répulsion électriques. D'après ce principe hypothétique, le frottement de deux corps occasione entre eux un partage inégal des deux fluides. On a cherché en vain jusqu'ici la cause qui déterminait ce partage ; cependant on regarde comme très probable qu'il est dû à la différence de capacité et de conductibilité pour la chaleur des deux corps frottés.

On peut prouver par une expérience directe, que les quantités des deux fluides, combinées dans l'électricité naturelle, et qui se manifestent en même temps par le frottement de deux corps isolés, sont réellement les mêmes. En effet, tant que le contact des deux corps frottés subsiste, on n'observe aucun signe d'électricité ; mais si l'on éloigne ces corps l'un de l'autre, les deux fluides libres, qui résultent du partage inégal déterminé par le frottement, exercent leurs effets habituels. Les deux quantités d'électricités opposées, que développe le frottement par une décomposition du fluide neutre, sont donc égales, puisqu'elles produisent des effets contraires qui se détruisent, lorsqu'elles agissent sur les corps extérieurs à des distances égales.

Plusieurs physiciens partagent encore les idées de Franklin, et n'admettent qu'un seul fluide électrique, agissant par répulsion sur lui-même, et par attraction sur la matière pondérable. Dans cette hypothèse, chaque corps doit contenir une certaine quantité de fluide, dépendant de sa masse et de sa nature, afin qu'il y ait équilibre électrique entre ce corps et tous ceux qui l'entourent. Plusieurs causes accidentelles, et entre autres le frottement, peuvent augmenter ou diminuer cette quantité, nécessaire pour l'équilibre, et le corps est alors électrisé positivement ou négativement. Mais l'attraction ou la répulsion que l'on observe entre deux corps électrisés différemment ou de la même manière, est un phénomène plus composé, et dont l'explication est moins simple, dans l'hypothèse d'un seul fluide que dans la théorie des deux électricités. Comme il ne s'agit ici que de coordonner des faits, nous adopterons d'abord exclusivement l'hypothèse des deux fluides, afin d'éviter des détails explicatifs, qui compliqueraient l'exposé des phénomènes fondamentaux, et la recherche de leurs lois. Plus tard, lorsqu'il sera possible de résumer l'ensemble des phénomènes électriques, la comparaison des deux théories deviendra plus facile, et celle qui doit prévaloir dans l'avenir se présentera d'elle-même.

680. Pour obtenir facilement de l'électricité, on a employé pendant long-temps des sphères ou des cylindres, creux ou pleins, de verre ou de résine, que l'on faisait tourner, en appliquant dessus la main sèche ou de la laine ; mais ces appareils ont été perfectionnés depuis. Dans la machine électrique dont on se sert en France, on tire l'électricité d'un plateau circulaire de verre à glace, placé verticalement, et monté sur un axe horizontal auquel on adapte une manivelle, de manière à le faire tourner rapidement.

On cherche ordinairement à obtenir sur le plateau de verre de l'électricité positive. L'expérience a indiqué que les substances qui pouvaient produire le plus grand développement de cette électricité, par leur frottement avec le plateau, et qu'il était en même temps plus facile de se procurer, étaient l'or mussif, c'est-à-dire le deuto-sulfure d'étain, ou bien un amalgame de zinc et d'étain. On applique une couche d'un de ces composés sur chaque frottoir, ordinairement formé d'un coussin rembourré de crin ou de laine, et présentant une surface arrondie, qui s'aplatit en exerçant une pression sur le verre. On place ordinairement deux ou quatre frottoirs semblables, vers les extrémités d'un ou de deux diamètres du plateau.

Lorsqu'on fait tourner le verre, les portions de sa surface qui ont passé sous les coussins possèdent de l'électricité libre, développée par le frottement, et qu'il faut enlever. Pour cela, on adapte à la machine des conducteurs métalliques creux, cylindriques ou en fer à cheval, sou-

Machines
électriques.

Fig. 352.

tenus sur des pieds de verre ; ces pieds doivent être recouverts d'une couche de vernis à la gomme laque, le verre
seul étant trop hygrométrique pour isoler assez complète-
ment. Disposés de cette manière, les conducteurs reçoivent
l'électricité du plateau, ou plus exactement se chargent de
fluide positif provenant de leur propre électricité naturelle ;
car l'électricité répandue sur le verre attire le fluide négatif
des conducteurs, qui la neutralise. On a l'habitude de fixer
sur les cylindres, et en regard du plateau, des pointes métalliques, dans le but de faciliter le passage de l'électricité ;
mais on peut s'en dispenser ; les conducteurs terminés par
des boules, ou des hémisphères de métal, s'électrisent
aussi bien.

L'air atmosphérique, toujours un peu conducteur, pourrait enlever une portion de l'électricité du plateau, dans
son trajet des coussins aux conducteurs ; c'est pour éviter
cette perte qu'on recouvre la surface du verre, d'un étui
fixe de taffetas gommé, qui s'oppose au renouvellement de
la couche d'air voisine. Il est important que les coussins
soient en communication avec le réservoir commun par des
corps suffisamment conducteurs, tels que le bois ; car s'ils
étaient tout-à-fait isolés, l'électricité négative, que le frottement y développe, s'y accumulerait au point de retenir
par attraction une partie du fluide positif du plateau, et
l'état électrique des conducteurs serait beaucoup moindre.

L'appareil qui vient d'être décrit ne peut fournir que de
l'électricité positive. On emploie en Angleterre une autre
machine, celle de Nairne, qui donne à la fois les deux espèces d'électricité : au lieu de plateau, on se sert d'un cylindre creux de verre, que l'on fait tourner sur son axe
horizontal ; l'électricité positive développée sur le verre

Fig. 353.

passe sur le conducteur placé d'un côté ; le fluide négatif
se répand sur un conducteur opposé qui communique avec
les coussins. Mais il est préférable de ne chercher à obtenir qu'une seule espèce d'électricité à la fois, afin d'en accumuler davantage ; il suffit pour cela de mettre l'un des
conducteurs en communication avec le réservoir commun,
au moyen d'une chaîne ou d'une tige métallique reposant
sur le sol. Van-Marum a imaginé une machine électrique,
avec laquelle on peut obtenir à volonté l'une ou l'autre
espèce d'électricité ; le système des conducteurs isolés est
mobile sur un axe horizontal ; ce mouvement les fait communiquer avec le plateau de verre ou avec les coussins, et
en même temps met en contact avec le réservoir commun
les coussins ou le plateau.

681. Avant de donner la théorie de l'électricité statique, il est essentiel de chercher la loi que suivent les attractions et les répulsions électriques. Ces forces s'exerçant
au loin, on peut interroger l'expérience pour trouver la
relation qui existe entre leurs intensités et les distances auxquelles elles agissent. Elles sont trop petites relativement
à la pesanteur pour qu'on puisse les mesurer par la balance
ordinaire ; mais il est facile de les évaluer au moyen de la
force de torsion dont la loi est connue.

La balance de Coulomb, appliquée à l'électricité, se
compose d'une grande cage de verre, qui doit contenir de
l'air le plus sec possible, afin que les signes d'électricité y
soient plus permanens ; pour cela on fait séjourner dans son
intérieur de la chaux vive, plusieurs jours avant de se servir
de l'instrument ; dans cette cage se trouve un disque vertical de papier doré, qu'isole une tige de gomme laque ;
cette tige est suspendue horizontalement à l'extrémité du

fil de laiton qui occupe l'axe de l'appareil. Une petite boule métallique, suspendue fixément, est en contact avec le disque dans sa position d'équilibre.

La paroi latérale de la cage porte des divisions angulaires, sur une section horizontale dont le plan contient le centre de la boule, celui du disque, et l'axe du cylindre de gomme laque. Le fil métallique est maintenu à sa partie supérieure, suivant l'axe d'un tambour métallique, gradué sur ses bords, et qui s'emboîte à frottement dur dans un autre tambour fixe. Les divisions de la cage et du tambour mobile sont nécessaires pour évaluer la force ou le degré de torsion que subit le fil dans une circonstance donnée.

On commence par tourner le tambour mobile, jusqu'à ce que, dans l'état de repos du fil, ou pour une force de torsion nulle, la tige horizontale de gomme laque soit dirigée vers le zéro de l'échelle tracée sur la paroi de la cage ; dans cette position le disque doit se trouver près de la boule B, dont le centre est à la même distance l de l'axe du fil, que le centre du disque. Si alors on touche successivement avec un même corps électrisé la boule et le disque, ce dernier s'éloigne jusqu'à ce que la torsion du fil fasse équilibre à la force répulsive de l'électricité. On note l'angle a de torsion, indiqué par le point de division vers lequel se dirige la tige de gomme laque AC. Si p représente la force de torsion pour un degré, ap sera celle correspondante à l'angle a, et fera équilibre à la répulsion f, à la distance $d = 2l \sin \frac{1}{2} a$.

Pour établir une comparaison entre les forces répulsives dues à l'électricité, et les distances auxquelles elles s'exercent, il faut obtenir d'autres positions d'équilibre du disque. A cet effet on fait tourner le tambour supérieur d'un nombre b de degrés, de manière à rapprocher le disque de la boule, l'équilibre étant rétabli, entre la torsion du fil et la répulsion électrique, qui ont augmenté toutes les deux, on note l'angle a' de déviation du disque. La force de torsion est alors $(a'+b)p$; elle fait équilibre à la répulsion f', à la distance $d'=2l \sin \frac{1}{2} a'$. On obtient d'autres termes de comparaison, en faisant varier l'angle b, au moyen du tambour supérieur.

682. Il faut remarquer maintenant que la force de torsion s'exerce en C suivant CT, perpendiculaire à AC, et que la répulsion de l'électricité a pour direction le prolongement de la corde BC. C'est donc la composante de cette dernière force suivant la ligne CT', dont elle est écartée de l'angle $\frac{1}{2}$ CAB, qui fait directement équilibre à la torsion. On a, d'après cela, $f = \dfrac{ap}{\cos \frac{1}{2} a}$, $f' = \dfrac{(a'+b)p}{\cos \frac{1}{2} a'}$. Si l'on compare les valeurs de $f, f' \ldots$, données par ces formules, avec les distances $d = 2l \sin \frac{1}{2} a$, $d' = 2l \sin \frac{1}{2} a', \ldots$, on remarque que ces forces répulsives $f, f', \ldots$ sont en raison inverse des carrés des distances correspondantes d, d'; c'est-à-dire que si l'on désigne par φ la répulsion à l'unité de distance, par α l'angle de déviation du disque, par n l'angle total de torsion, on a toujours $\dfrac{\varphi}{4l^2 \sin^2 \frac{1}{2} \alpha} = \dfrac{np}{\cos \frac{1}{2} \alpha}$, ou $n \tan \frac{1}{2} \alpha \sin \frac{1}{2} \alpha = \dfrac{\varphi}{4l^2 p}$. Ainsi le produit $n \tan \frac{1}{2} \alpha \sin \frac{1}{2} \alpha$ doit être constant, pour tous les couples de valeurs de n et de α; c'est ce que confirme l'expérience. La même méthode d'observation peut être employée pour constater que la loi des attractions électiques est la même que celle des répulsions; il faut alors tordre le fil métallique, au moyen du

Loi des attractions et répulsions électriques.

Fig. 355.

III. 2

limbe supérieur, en sens contraire des torsions du cas précédent, afin de maintenir le cylindre de gomme laque à
différentes distances de la boule.

Coulomb a encore employé une autre méthode pour
déterminer la loi des forces électriques. Le fil métallique
de la balance était remplacé par un fil de soie sans torsion,
et la boule éloignée à une plus grande distance de l'axe de
suspension. On électrisait le cercle de clinquant et la boule,
en les touchant avec deux corps chargés d'électricités contraires; il y avait alors attraction, et le pendule horizontal
de gomme laque, terminé par le cercle de clinquant, os-
cillait de part et d'autre de la position d'équilibre ou de
moindre distance à la boule. Or en tenant compte de la déperdition de l'électricité, Coulomb observa que le temps
d'une oscillation augmentait dans le même rapport que la
distance du cercle de la boule. Ce résultat de l'expérience
démontre encore que la loi des attractions électriques est
celle du rapport inverse du carré des distances : en effet,
si l'on désigne par F la force d'attraction à une distance d,
la théorie connue du pendule, donne pour le temps t' d'une
oscillation : $t = \pi \sqrt{\dfrac{l}{f}}$, exige que $F = \dfrac{f}{d^2}$, f étant l'attraction à l'unité de distance, pour que t soit proportion-
nel à d. On peut se servir de ce même mode d'expérience
dans le cas de la répulsion ; alors le disque, électrisé de la
même manière que la boule, oscille autour de la position
de plus grande distance.

Mesure
des charges
électriques. 683. La balance de torsion sert encore à démontrer que
les attractions et répulsions électriques, sont proportion-
nelles aux produits des intensités ou des quantités d'électricité qui agissent l'une sur l'autre. Par exemple, le cer-

cle de clinquant et la boule étant électrisés de la même manière, on imprime au fil métallique une torsion additionnelle, qui maintient ces deux corps à une distance voulue d; si l'on touche ensuite la boule avec une autre boule semblable et isolée, qui lui enlève conséquemment la moitié de son électricité libre, on trouve qu'il faut diminuer de moitié la torsion totale, pour retenir le cercle à la même distance d; si l'on touche ensuite le cercle de clinquant avec un autre cercle égal et isolé, il faut encore réduire la torsion totale de moitié, ou au quart de ce qu'elle était dans l'origine, pour que le cercle revienne toujours à la même distance.

Ainsi, dans ces trois cas différens, les forces répulsives, agissant à la même distance, sont entre elles comme $1, \frac{1}{2}, \frac{1}{4}$, et varient conséquemment dans le même rapport que le produit des quantités d'électricité libre répandues sur les deux corps. Il résulte de cette loi que si, le disque de la balance conservant toujours la même quantité d'électricité, on met à la place de la boule un corps successivement chargé de différentes doses de fluide libre, les divers degrés de torsion, nécessaires pour maintenir le disque à la même distance, seront proportionnelles aux charges électriques successives du corps éprouvé, et pourront servir à les mesurer.

684. Pour que toutes les expériences sur la mesure des forces électriques donnent des résultats exacts, il faut tenir compte de l'électricité perdue par les supports et le contact de l'air. La perte due aux supports peut être annulée, car d'après des expériences de Coulomb, un cylindre de gomme laque isole complétement un corps électrisé, lorsque sa longueur est suffisante. On vérifie ce fait en suspendant de petites boules à des tiges cylindriques en gomme laque de

Loi
de la perte
par les
supports.

surer. On touche ensuite le corps A, par un autre corps A′ semblable et à l'état naturel, afin d'enlever au premier la moitié de son électricité ; le corps conducteur A′ peut être creux ou plein, de même nature que A ou de nature différente, pourvu qu'il ait la même forme et le même volume, les résultats sont identiques. Lorsque ce contact est effectué, et A′ éloigné, on replace le plan d'épreuve au même point P, pour recommencer l'expérience de la balance de torsion ; on trouve alors une énergie électrique moitié moindre que dans le premier cas.

Ainsi le plan d'épreuve peut être réellement considéré comme un élément du corps que l'on détache, et les rapports des tensions électriques qu'il indiquera dans la balance, lorsqu'on l'aura placé successivement en différens points de la surface d'un corps électrisé, donneront les rapports des épaisseurs de la couche électrique en ces mêmes points. La déperdition d'électricité par l'air exigerait que l'on fît des corrections pour rendre les derniers résultats comparables aux premiers ; mais on peut s'en dispenser, en combinant les observations de la manière suivante.

Il est permis de supposer la perte dans un temps très court proportionnelle à ce temps, ce qui revient à regarder la charge comme constante pendant toute sa durée ; l'erreur que l'on commet par cette supposition est d'autant moindre que le temps est plus court. On place le plan d'épreuve en un point P du corps A ; porté à la balance, il donne l'énergie électrique E correspondante ; cela fait, et au bout d'un temps très court t on porte le plan d'épreuve en un autre point P′ de A ; il indique à la balance électrique une énergie E′ ; enfin, à un même intervalle de temps t, on replace le plan en P; l'énergie électrique e, indiquée par cette nouvelle épreuve au même point, sera moindre que E; il faut prendre alors pour le rapport des épaisseurs de la couche électrique, en P' et P, au même instant, celui de E' à la moyenne $\dfrac{E+e}{2}$.

D'après cela, voici le mode général d'observation. On place successivement le plan d'épreuve sur divers points : P, P', P, P'', P, P''', P,.... du corps exploré, à des intervalles de temps très courts, mais égaux entre eux. A chaque fois, on dispose le plan dans la balance électrique pour évaluer, au moyen de la torsion, l'énergie répulsive e, E', e', E'', e'', E''', e''',.... de l'électricité libre qu'il contient. Les nombres e, e', e'', e''', qui représentent l'état électrique au point P, au bout des temps, 0, $2t$, $4t$, $6t$,... forment une série décroissante, on prend alors les nombres : 1, $\dfrac{2E'}{e+e'}$, $\dfrac{2E''}{e'+e''}$, $\dfrac{2E'''}{e''+e'''}$,....., pour représenter les rapports des épaisseurs de la couche électrique aux points P, P', P'', P''',.... Lorsqu'on soumet à ce genre d'étude expérimentale, des barres alongées, prismatiques ou cylindriques, on reconnaît que l'électricité est faible dans la partie moyenne, et qu'elle augmente rapidement vers les extrémités. Sur une plaque circulaire c'est encore vers les bords que se trouve presque toute l'électricité.

Coulomb a aussi employé la méthode expérimentale du plan d'épreuve, pour étudier la distribution de l'électricité libre sur deux sphères, conductrices et isolées, mises en contact. Voici les résultats de ses observations. 1°. Près du point de contact, l'épaisseur de la couche électrique est nulle sur les deux sphères. 2°. Dans le cas de deux sphères égales, la couche électrique, sur tout grand cercle passant par le point de contact, n'acquiert une valeur sensible qu'à 20° de ce point, croît rapidement de 20° à 60°, plus lentement de 60° à 90°, et conserve sensiblement la même valeur de 90° à 180°. 3°. Dans le cas de deux sphères inégales, l'épaisseur de la couche électrique sur la petite sphère, à 180° du point de contact, est plus grande que celle au point correspondant et opposé de la grande sphère ; le rapport de ces épaisseurs augmente avec celui des rayons des deux corps, et s'approche indéfiniment, suivant Coulomb, du nombre 2, à mesure que le rayon de la petite sphère diminue.

Théorie mathématique de l'électricité statique. 687. En appliquant le calcul à l'hypothèse fondamentale de deux fluides, répandus en quantités égales dans les corps à l'état naturel, repoussant leurs propres molécules, et s'attirant mutuellement en raison inverse du quarré des distances, M. Poisson est arrivé à des conséquences remarquables, en tout conformes aux résultats des expériences de Coulomb, sur la distribution de l'électricité à la surface des corps conducteurs, dont la forme est susceptible d'une définition simple et rigoureuse.

Il a d'abord trouvé que l'électricité libre répandue dans un corps conducteur, doit être située à la surface. Ce théorème se démontre par un raisonnement très simple dans le cas d'une sphère. Quand tous les points d'une enveloppe sphérique agissent par attraction ou par répulsion, sur un point intérieur, suivant la loi inverse du quarré de la distance, on sait que la résultante de toutes ces actions est nulle. D'après cela, si l'on imagine un fluide électrique libre, répandu par couches sphériques homogènes, dans l'intérieur d'une sphère, toutes les molécules d'une même

couche seront repoussées par les couches sphériques intérieures sans que celles extérieures puissent contrarier cette
répulsion. Toutes les couches devront donc s'étendre en
augmentant de rayon, et venir successivement se superposer
vers la surface du corps, où la résistance de l'air les main-
tiendra réunies.

Le calcul ni l'expérience ne peuvent décider si l'épaisseur de la surface d'un corps, où l'électricité se retire,
est ou n'est pas appréciable. Il est probable toutefois que
cette épaisseur n'est pas nulle : on conçoit que la couche
électrique doit être terminée à l'extérieur par la surface
même du corps, et à l'intérieur par une autre surface, qui
n'est sphérique que si la première l'est. Dans tous les cas,
la distance de ces deux surfaces, correspondante à un point
donné de la première, forme ce qu'on appelle l'épaisseur
de la couche électrique en ce point. On doit considérer
cette couche comme composée de molécules fluides solli-
citées à sortir du corps, et qui en sortiraient en effet sans
la présence de l'air, qui oppose un obstacle à la force répulsive ; car dans le vide l'électricité disparaîtrait.

Une molécule du fluide située à la surface du corps, est
repoussée par toutes les autres molécules du même fluide
libre, répandues sur le même corps ; la résultante de ces
actions est détruite par la résistance de l'air. Toutes les
molécules, situées sur la même partie de la normale à la
surface extérieure qui mesure l'épaisseur de la couche, peuvent être considérées comme exerçant sur l'air la même
force répulsive. La résistance totale opposée par ce gaz,
ou la pression due au fluide, est donc proportionnelle
au produit de l'épaisseur de la couche par la force répulsive qu'exerce une molécule ; or le calcul indique que cette

dernière force, ou la résultante des actions répulsives qu'une molécule du fluide libre éprouve de la part de toutes les autres, est elle-même proportionnelle à l'épaisseur de la couche, à l'endroit où se trouve cette molécule; la pression exercée par ce fluide sur l'air, ou ce qu'on appelle la *tension* de l'électricité libre, est donc proportionnelle au carré de cette épaisseur.

Outre ces résultats généraux, l'analyse mathématique permet de déterminer rigoureusement la loi de distribution de l'électricité libre à la surface de divers corps. M. Poisson a ainsi traité complétement le cas d'une plaque circulaire très mince; les rapports numériques des épaisseurs de la couche électrique, près des bords et vers le centre sont vérifiés par les expériences de Coulomb sur des disques conducteurs. Dans le cas d'un ellipsoïde de révolution, on est conduit à cette loi très simple, que les épaisseurs de la couche électrique, aux extrémités des deux axes de l'ellipse méridienne, sont dans le rapport de ces axes; l'expérience confirme ce résultat. Enfin M. Poisson a aussi considéré le cas de deux sphères en contact, égales ou inégales; ses calculs conduisent encore aux mêmes résultats que les expériences de Coulomb sur ce système de corps; toutefois la théorie indique que le rapport des épaisseurs de la couche électrique, aux extrémités opposées des diamètres des deux sphères menés par le point de contact, a pour limite le nombre 1,65, quand l'un des rayons tend vers zéro; tandis que Coulomb avait assigné 2 pour la valeur de cette limite.

Pouvoir des pointes.   688. Pour les corps de forme conique, le calcul indique que la tension électrique devient infinie vers le sommet; mais l'expérience prouve que, dans cet endroit, l'électricité surmonte l'obstacle que l'air lui oppose et se perd, cette propriété constitue le pouvoir *des pointes*. En vertu de ce pouvoir, quand une pointe fait partie du système des conducteurs d'une machine électrique, la charge ne peut atteindre le même degré que si cette pointe est enlevée. On s'en assure en plaçant sur la machine un petit pendule, formé d'une tige métallique à laquelle est suspendue par un fil conducteur, une boule dont l'écartement peut faire juger de la charge; on observe alors qu'une même vitesse du plateau donne lieu à un écartement maximum du pendule, très différent suivant que le système des conducteurs est ou n'est pas muni d'une pointe. Dans le premier cas, si l'on fait agir la machine dans l'obscurité, on aperçoit vers la pointe une auréole lumineuse ou une aigrette, suivant que la machine développe sur les conducteurs de l'électricité négative ou positive; cette diversité d'apparence est encore inexpliquée.

Fig. 357.

L'intensité de la charge qu'une machine électrique peut acquérir est encore diminuée, lorsqu'on met, en présence des conducteurs, une pointe communiquant avec le sol par une chaîne conductrice. Dans cette circonstance l'électricité développée sur la machine, agissant à distance, repousse dans le sol le fluide de même nom, et attire vers la pointe le fluide contraire, qui acquiert une tension suffisante pour vaincre la résistance de l'air, et venir neutraliser une partie de l'électricité influente. Lorsque la pointe est ainsi disposée, l'apparence lumineuse qu'elle offre dans l'obscurité est inverse de celle du cas précédent : c'est-à-dire que si la machine fournit de l'électricité positive ou négative, on aperçoit à la pointe qui communique avec le sol une auréole ou une aigrette; ce qui devait être, puisque le fluide qui s'écoule par le sommet du cône est de nom contraire à celui répandu sur les conducteurs.

Si l'on prend un système de fils métalliques horizontaux, dirigés suivant les diamètres d'un cercle, et terminés par des pointes recourbées à angle droit, suivant des directions opposées aux deux extrémités de chaque fil, qu'on suspende ce système par son centre sur un pivot métallique fixé à la machine électrique, il prend un mouvement de rotation, qui s'explique comme celui de la roue à réaction. En effet, la couche d'air qui entoure un corps conducteur électrisé, tant qu'elle reste imperméable au fluide électrique, éprouve aux différens points de la surface de contact, des pressions analogues à celles que l'eau exerce sur les parois d'un vase qui la contient; la résultante de ces pressions est nulle en général, à moins que des influences extérieures n'altèrent la distribution que le fluide tend à prendre d'après la forme du corps. Mais lorsque le conducteur présente une pointe, par laquelle s'écoule le fluide, c'est comme si le vase était percé dans cet endroit; la couche d'air éprouvant alors du côté opposé une répulsion qui n'est plus détruite, se meut dans le sens de cette force, et la pression atmosphérique oblige le corps à la suivre.

QUARANTE-DEUXIÈME LEÇON.

Théorie de l'électrisation par influence. Électroscopes. — Théorie de l'électricité latente. — Condensateurs. — Bouteille de Leyde. Batterie électrique.

689. Les phénomènes de l'électricité statique dépendent non-seulement des actions que des masses fluides, contraires ou de même nom, exercent à distance l'une sur l'autre, mais aussi de la décomposition de fluide neutre, que détermine, dans un corps à l'état naturel, l'électricité libre répandue sur un corps voisin. En effet cette dernière cause joue un rôle important dans les attractions et répulsions des corps électrisés, et lors de l'électrisation par contact et à distance, elle fournit le moyen d'accumuler l'électricité provenant d'une source très faible, et de la rendre sensible en multipliant ses effets. Il importe d'étudier en détail cette influence à distance de l'électricité libre, pour se former une idée exacte des phénomènes électriques, et pouvoir les analyser, quelle que soit leur complication.

Dans le voisinage d'un corps A, suspendu par un cordon de soie, on dispose un cylindre métallique isolé B, aux deux extrémités (E et E′) duquel sont des tiges métalliques, supportant, par des fils de lin conducteurs, des boules de moelle de sureau. Lorsqu'on électrise le corps A,

Électrisation par influence.

Fig. 359.

on voit les boules s'écarter des tiges. Il est facile de reconnaître que, si l'électricité de A est positive, l'extrémité E
de B la plus voisine est électrisée négativement, et que
l'extrémité E′ la plus éloignée l'est positivement; car en
approchant successivement des deux boules un bâton de
résine frotté, il repousse la première et attire la seconde.

Si ensuite on éloigne A de B, ou qu'on fasse rentrer
l'électricité de A dans le réservoir commun, en mettant ce
corps en communication avec le sol par une chaîne conductrice, on voit les deux boules de sureau descendre vers
leurs tiges, et tout signe d'électricité disparaît dans B. C'est
qu'alors les deux fluides développés par l'influence du corps
électrisé, se sont recomposés pour former de nouveau du
fluide naturel. Ce résultat prouve qu'il n'était pas passé
d'électricité de A en B. Toutefois si on laisse s'écouler un
temps considérable, avant d'éloigner l'influence électrique
de A, le corps B conserve de l'électricité négative libre, et
cela d'autant plus que l'air est plus chargé d'humidité.
C'est qu'alors il y a eu, pendant la durée de l'influence,
une perte plus grande de l'électricité repoussée que de celle
attirée; on constate en effet, dans ces circonstances, de
l'électricité positive dans l'air ambiant.

Le corps B étant mis en contact avec le réservoir commun, lorsqu'il est soumis à l'influence de A, on voit la
boule en E′ descendre vers sa tige, en sorte que tout signe
de l'électricité repoussée disparaît. La boule en E reste
au contraire éloignée, et même s'élève encore plus; ce qui
tient à ce que l'influence était d'abord limitée par les attractions mutuelles des fluides séparés, et qu'elle attire en E
une plus grande portion d'électricité négative, quand celle
positive de B peut s'éloigner davantage vers le sol. Ce ré-

sultat est le même, quel que soit le point de B que l'on touche, à cause de la conductibilité du corps.

Si l'on place derrière B, lorsque les deux fluides séparés par l'influence se manifestent à ses extrémités, un autre conducteur b pareillement isolé, et muni de deux pendules semblablement disposés, ce nouveau corps donne aussi des signes d'électricité, positive en e', négative en e. La décomposition du fluide neutre de b, est principalement due à l'influence de l'électricité libre en E', laquelle agit à une plus courte distance que celles en E et sur A.

690. L'influence qu'exerce à distance une masse de fluide libre étant mise hors de doute par les expériences précédentes, il est facile de se rendre compte de toutes les circonstances qui accompagnent la communication de l'électricité entre les corps. Quand on met une sphère électrisée en contact avec une autre sphère qui ne l'est pas, toutes les deux étant conductrices et isolées, une partie de l'électricité libre de la première semble passer sur la seconde; mais quoique le résultat soit le même, ce n'est pas tout-à-fait de cette manière qu'il faut concevoir le phénomène. A mesure que les deux corps se rapprochent l'un de l'autre, l'électricité libre du premier agit par influence sur le fluide neutre du second ; repoussant l'électricité de même espèce, elle attire celle de nom contraire, pour la neutraliser lors du contact, ou plutôt avant que ce contact ait lieu, au moment de l'étincelle ; et c'est l'électricité repoussée qui devient libre sur le second corps.

Lorsque deux sphères conductrices, isolées, et éloignées l'une de l'autre, sont chargées d'électricité de même espèce, dont les quantités ne sont pas telles qu'elles seraient si ces deux sphères étaient en contact, il arrive qu'en les

Communication de l'électricité par influence.

rapprochant il se manifeste toujours sur l'une d'elles, et dans la partie la plus voisine de l'autre corps, du fluide contraire à celui répandu primitivement sur les deux sphères. Les épaisseurs des couches électriques d'espèces différentes, dans les points les plus voisins des deux corps, augmentent à mesure qu'on les rapproche. Enfin pour une certaine distance, l'attraction mutuelle des fluides accumulés en ces points est assez forte pour vaincre la résistance de l'air; il y a alors étincelle électrique et explosion.

Le contact ayant eu lieu, si les deux sphères sont éloignées l'une de l'autre, puis rapprochées de nouveau, elles ne donnent plus d'étincelle, quoique électrisées. C'est qu'alors les quantités d'électricité libre répandues sur les deux corps étant les mêmes qu'au contact, il n'y a pas de raison pour que l'une plutôt que l'autre agisse par influence; et l'électricité naturelle n'étant plus décomposée, il n'existe plus de fluides libres contraires qui tendent à se neutraliser. On peut donc poser en principe que l'étincelle accompagnée d'explosion, qui se manifeste entre deux conducteurs, dont l'un au moins est électrisé directement, indique toujours la neutralisation, à travers l'air, de deux masses fluides contraires.

Il suit de ce principe que la charge sur le conducteur d'une machine électrique, est réellement accumulée par l'influence du fluide libre apporté par le verre. On remarque en effet que, si le conducteur n'est pas armé de pointes vers le plateau, il se produit des étincelles entre ces deux corps. C'est que l'électricité positive développée sur le verre décompose par son influence le fluide neutre du conducteur, en attirant l'électricité négative, et repoussant le fluide positif. L'étincelle est alors produite par l'attraction mutuelle de l'électricité du plateau, et de celle contraire accumulée dans la partie voisine du conducteur; cette attraction devenant assez forte pour vaincre la résistance de l'air.

691. Les mouvemens relatifs qu'on observe entre des corps électrisés, ont sans doute pour cause les actions mutuelles des masses d'électricité libre, répandues sur ces corps, mais il est nécessaire d'expliquer comment des actions entre fluides impondérables peuvent déterminer ces mouvemens. Si l'on suspend l'un près de l'autre deux corps non-conducteurs, tels que deux boules de gomme laque, électrisées par le frottement ou tout autre cause, le fluide développé reste distribué sur ces deux corps de la même manière, qu'ils soient ou non dans le voisinage l'un de l'autre. Car la répulsion mutuelle des masses fluides, ne saurait faire naître une nouvelle distribution sur les surfaces, à cause de la difficulté que l'électricité éprouve à s'y mouvoir. Dans ces circonstances, on peut admettre que la répulsion mutuelle des deux boules de gomme laque est due à la force qui retient chaque portion d'électricité, au point même où elle a été développée; car il résulte de cette force que les masses fluides, qui se repoussent, entraînent avec elles des particules pondérables dont elles ne peuvent se séparer. L'attraction observée entre deux boules non conductrices, électrisées différemment, s'explique de la même manière.

Mais les mouvemens de deux boules conductrices doivent être attribués à une autre cause. En effet, la quantité d'électricité qui se répand sur un corps conducteur dépendant uniquement du volume de ce corps, et non de sa nature, il s'ensuit que la matière pondérable n'exerce ici

Explication du mouvement des corps pondérables dû à l'électricité.

II.   3

aucune action sur le fluide électrique, qui formant une couche superficielle, se dissiperait sans la résistance de l'air. De plus, le fluide pouvant se mouvoir sans difficulté sur la surface, sa distribution doit varier avec les influences extérieures. Supposons en présence l'une de l'autre deux boules conductrices isolées, et chargées de doses égales d'électricité de même espèce.

La répulsion mutuelle de ces deux masses de fluide déterminera une inégalité dans leur distribution. La tension électrique sera moindre sur les hémisphères en regard, que sur ceux opposés. Les couches d'air en contact étant ainsi inégalement pressées, et restant imperméables au fluide, se mouvront comme les vases contenant des liquides, dans le sens des plus fortes pressions; et les boules, suivant le mouvement de ces couches, s'éloigneront l'une de l'autre. Si ces boules étaient chargées de deux quantités égales d'électricités contraires, il y aurait attraction entre ces masses fluides, tensions plus fortes sur les hémisphères en regard, pressions plus intenses sur l'air en contact avec ces hémisphères, et par suite rapprochement des deux boules déterminé par la pression atmosphérique.

Cas d'attraction entre corps électrisés de la même manière.

692. Si les deux corps, électrisés de la même manière, sont inégaux, ou si ayant le même volume et la même espèce d'électricité, l'un d'eux en a plus que l'autre, outre la répulsion de ces masses fluides inégales, il naîtra de nouvelles forces, provenant de la décomposition de l'électricité naturelle de l'un des corps, et conséquemment une attraction entre les parties les plus voisines. L'effet total dépendra de la résultante de ces actions contraires, laquelle variera avec la distance, ou avec la quantité de fluide neutre décomposé, et les intensités relatives des forces composan-

tes. Il pourra donc arriver que deux corps, bien qu'électrisés primitivement de la même manière, se rapprochent au
lieu de s'éloigner, et qu'il y ait entre eux étincelle et explosion, après quoi la répulsion aura nécessairement lieu. Si
l'un des corps est seul électrisé, la décomposition du fluide
neutre du second détermine toujours l'attraction des deux
corps ; il y a étincelle près du contact, puis répulsion.

Lorsqu'on veut déterminer la nature de l'électricité développée sur un corps, en le mettant en présence d'un
pendule isolé, préalablement chargé d'électricité connue
de nom, un rapprochement trop brusque pourrait induire
en erreur. Car quoique le fluide à reconnaître fût de même
espèce que celui du pendule, le corps soumis à l'épreuve
étant placé trop près, une décomposition d'électricité naturelle pourrait donner lieu à une attraction. Afin que
l'épreuve réussisse et ne trompe pas, il faut approcher
lentement le corps chargé d'une électricité inconnue, et
remarquer si le premier effet manifesté sur le pendule est
une attraction ou une répulsion ; une distance moindre que
celle correspondante à cette première observation peut déterminer l'attraction dans tous les cas.

693. Une boule légère recouverte d'une feuille métalli- Instrumens
que, et suspendue par un fil conducteur, est toujours at- pour constater la pré-
tirée par les corps électrisés qu'on lui présente. On con- sence de l'é-
lectricité.
cevra facilement ce résultat, en remarquant que l'électricité
libre du corps, de quelque espèce qu'elle soit, doit décomposer à distance le fluide neutre de la boule, et retenir à la
surface celle de même nom. Une petite tige conductrice,
soutenue horizontalement sur un pivot métallique, à l'aide
d'une chappe pratiquée en son milieu, tourne vers tout
corps électrisé que l'on approche de l'une de ses extrémi-

tés; ce mouvement de rotation, et sa direction relative, s'expliquent comme l'attraction de la boule conductrice non isolée. Ces deux systèmes, et surtout le dernier, forment des appareils utiles pour reconnaître une faible dose d'électricité sur un corps.

On peut aussi constater la présence de l'électricité, au moyen d'un instrument connu sous le nom de *carillon électrique*, que Franklin avait imaginé pour être averti de la charge d'un conducteur isolé. Il se compose de trois timbres, entre lesquels sont suspendus, par des fils de soie, de petites boules métalliques creuses B' et B''; ces timbres sont fixés, au-dessous d'une tige métallique horizontale communiquant avec le conducteur, l'un T par une tige isolante, les autres T' et T'' par des chaînes conductrices; le premier timbre T, qui occupe le milieu, communique avec le sol. Voici maintenant le jeu de l'appareil : si le conducteur se charge d'électricité, positive par exemple, les timbres T' et T'' étant électrisés attirent les pendules B' et B'', en décomposant leur fluide neutre; près du contact il y a étincelle, et les boules, électrisées positivement, sont repoussées par T' et T''; dépassant leurs positions d'équilibre par rapport à la gravité, elles se rapprochent du timbre T, qui d'ailleurs les attire, en vertu de la décomposition que l'électricité libre détermine dans le fluide neutre du réservoir commun; en touchant le timbre T, les pendules reviennent à l'état naturel, puis se chargent d'électricité négative, et retombent, pour être attirés de nouveau par T' et T''; et ainsi de suite. On conçoit que l'on puisse disposer les timbres et les pendules assez près les uns des autres, pour qu'il y ait choc à chaque attraction, et conséquemment un son produit.

Fig. 361.

694. Pour déterminer la nature de l'électricité développée sur un corps, on emploie des instrumens appelés
électromètres ou *électroscopes.* Coulomb s'est servi, pour
des expériences délicates et où il s'agissait de très petites
quantités d'électricité, d'un électroscope dont la forme se
rapproche de celle de la balance électrique : le levier est
suspendu à un fil de soie sans torsion ; après avoir communiqué au disque de clinquant une faible dose d'électricité connue, on dispose un petit conducteur terminé par
deux boules, et enveloppé d'un cylindre de verre qui sert
à le maintenir, de telle manière que l'une des boules soit
dans la cage de l'instrument, tandis que l'on touche l'autre
avec le corps à éprouver ; suivant que le disque est attiré
ou repoussé, on conclut que l'électricité communiquée au
conducteur, est de nom contraire à celle du disque ou de
même espèce. Pour que le résultat soit plus sensible, on
s'arrange de manière qu'il y ait répulsion, lorsqu'on place
la boule inférieure du conducteur, très près du disque,
mais sans le toucher.

On forme les électromètres ordinaires en suspendant au
couvercle métallique d'un bocal de verre, ou deux pailles
conductrices par des crochets très mobiles, ou deux boules
de sureau par des fils de lin, ou enfin deux feuilles d'or
tombant parallèlement ; ce dernier électroscope est plus
sensible que les autres. La cage en verre devant ne contenir que de l'air parfaitement sec, il est bon d'y faire séjourner une substance desséchante, telle que de la chaux
caustique. Pour se servir d'un électromètre, on touche un
instant la garniture métallique avec un corps électrisé, les
deux corps légers, possédant la même espèce d'électricité,
s'écartent l'un de l'autre. Supposons que l'instrument, l'élec-

Électros-
copes.

Fig. 362.

Fig. 363.

tromètre à pailles, par exemple, soit ainsi chargé d'électricité positive; si on présente au-dessus du couvercle un corps électrisé positivement, il repoussera l'électricité de même nom, répandue sur l'instrument; les pailles acquérant une surcharge s'écarteront encore plus. Si le corps soumis à l'épreuve est au contraire électrisé négativement, il attirera le fluide libre de l'électromètre vers la garniture, et les pailles se rapprocheront. Ainsi, suivant que le corps approché détermine un plus grand ou un moindre écartement des pailles, il contient de l'électricité identique, ou de nom contraire à celle dont l'instrument est chargé.

Mais il est fort important de ne pas présenter trop brusquement le corps éprouvé; car dans le cas d'électricités contraires, le corps placé trop près pourrait décomposer l'électricité naturelle du métal, et après avoir déterminé le rapprochement des pailles, les faire s'écarter de nouveau, en repoussant vers elles de l'électricité de même nom que la sienne. Or ces deux effets se succédant nécessairement, lorsqu'on diminue la distance qui sépare le corps de la garniture, un mouvement trop rapide peut empêcher d'apercevoir le premier effet, et faire conclure du second, seul constaté, une conséquence fausse.

Charge par influence de l'électroscope.

695. **Pour** charger préalablement d'électricité positive par exemple, la garniture d'un électromètre, on peut en approcher sans le toucher un bâton de résine frotté. L'instrument est électrisé par influence, et les pailles chargées d'électricité négative se repoussent. Si l'on éloignait la résine il y aurait recomposition, et l'instrument ne conserverait aucune trace d'électricité; mais si lors de l'influence, et les pailles étant écartées, on touche un instant la garniture avec le doigt, le fluide repoussé fuit dans le réservoir

commun, et les pailles se rapprochent; si l'on éloigne ensuite le bâton de résine, on voit les pailles s'éloigner par la nouvelle distribution du fluide positif resté sur l'instrument. Cette méthode d'électrisation par influence doit être préférée quand le corps dont on se sert pour charger l'électromètre est peu conducteur.

On interroge souvent l'électroscope en le chargeant d'abord, par contact ou par influence, d'une électricité inconnue dont on détermine ensuite la nature. Par exemple, supposons qu'il s'agisse de reconnaître l'espèce d'électricité développée en petite quantité sur un corps isolé, qu'on se serve de l'électroscope à feuilles d'or comme le plus sensible, et qu'il soit préférable d'agir par influence, Voici la suite des opérations. On touche avec un doigt mouillé la garniture métallique, en même temps qu'on lui présente le corps électrisé, à une distance d'autant plus petite que sa charge est plus faible; l'instrument s'électrise alors par influence, le fluide repoussé fuit dans le sol, et il reste sur la garniture de l'électricité contraire à celle influente. Après avoir retiré le doigt pour isoler l'instrument, on éloigne le corps; une partie de l'électricité de la garniture se répand sur les feuilles d'or qui s'écartent. Enfin on approche lentement de la garniture un bâton de résine frotté; suivant que le premier effet produit par cette épreuve est une augmentation ou une diminution de l'écartement des feuilles, on en conclut que l'instrument se trouve chargé de fluide négatif ou positif, et inversement que l'électricité inconnue est positive ou négative.

696. Dans des cas semblables, où les charges électriques à éprouver sont très faibles, on se sert avec avantage d'un électroscope dont la sensibilité est augmentée par une dis-

position très simple : deux tiges métalliques s'élèvent symétriquement du fond métallique de la cage de verre, et
se terminent, à la même hauteur, par de petites boules de
métal, de part et d'autre des extrémités libres des feuilles
d'or, et dans le plan où s'opèrent leurs écarts. Quand les
feuilles sont électrisées et se repoussent, leur électricité
libre développe sur les boules voisines du fluide contraire,
qui par son attraction augmente l'écartement. La présence
de ce fluide contraire détermine d'ailleurs une nouvelle
distribution de la charge électrique sur l'instrument, en
augmentant la portion qui se répand sur les feuilles; et
c'est surtout à cet effet de réaction qu'il faut attribuer la
plus grande sensibilité de l'électroscope ainsi modifié.

En général, si l'on approche d'un conducteur isolé et
électrisé **A**, un autre corps **B** communiquant avec le sol,
l'électricité libre de **A** développe par influence du fluide
contraire sur **B**, qui réagit à son tour, en augmentant l'é-
paisseur de la couche électrique aux points de **A** les plus
voisins. On conçoit que si ce dernier corps communique
avec une source d'électricité, l'effet de la réaction dont il
s'agit sera d'accumuler sur sa surface une plus grande quantité de fluide libre. Mais il importe de prouver cette accumulation par des expériences directes; car elle sert de
principe à la théorie de plusieurs appareils, qui permettent
de condenser l'électricité fournie, soit par une machine
puissante pour produire des effets énergiques, soit par une
source très faible afin d'en constater l'existence.

697. Lorsqu'on met en présence l'un de l'autre, deux
plateaux métalliques isolés **A** et **B**, munis sur leurs faces
extérieures de deux petits pendules à tiges conductrices *a*
et *b*, si l'on électrise le plateau **A**, positivement par exem-

ple, on voit non-seulement le pendule a s'écarter de A, Fig. 365.
mais aussi le pendule b de B. Ce dernier écartement, dû à
une électrisation par influence, est d'autant plus grand que
la distance des plateaux est plus petite. Si l'on éloigne ensuite B de A, cet écartement diminue, et B rentre dans
l'état naturel. Il est évident que la quantité d'électricité négative, attirée vers la surface antérieure de B, est limitée
par l'attraction que l'électricité positive repoussée sur la
face postérieure exerce sur elle, et qu'elle augmenterait si
cette force était supprimée. Or on opère facilement cette
suppression en mettant B, lorsqu'il est soumis à l'influence
de A, en contact avec le réservoir commun ; le pendule b
retombe alors sur le plateau B, ce qui n'indique pas que
ce plateau cesse d'être électrisé, car il contient de l'électricité positive vers sa face antérieure, qui est même en
plus grande quantité qu'avant, et qui se manifeste par
l'écartement du pendule b, quand l'influence de A est
écartée.

Lorsque l'on met ainsi B en contact avec le sol, et que
le pendule b redescend, l'électricité de A semble se perdre
aussi, car on remarque que le pendule a se rapproche beaucoup de ce plateau. Mais comme ce corps n'a pas été touché, cet effet, ou cette moindre tension de l'électricité sur
la face postérieure de A, est dû à une nouvelle distribution de la même quantité d'électricité sur ce corps. Il suit
de là que si l'on avait électrisée A, en le mettant en contact avec une source constante d'électricité positive, la
nouvelle distribution d'électricité, qu'a déterminé la fuite
de l'électricité positive de B dans le réservoir commun,
permet au corps A de recevoir une seconde dose d'électricité, quand on le met de nouveau en contact avec la

source. Cette seconde dose décompose une nouvelle portion du fluide naturel de B, et le pendule *b* s'écarte. Si l'on fait communiquer une seconde fois B avec le sol, son pendule *b* retombe, et il s'accumule sur sa face antérieure une nouvelle quantité d'électricité négative, qui change encore la distribution de l'électricité sur A, en sorte que *a* se rapproche du plateau, et indique que la source peut encore donner une troisième dose d'électricité à A.

Accumulation de l'électricité latente.

698. On peut donc par une suite d'opérations semblables, c'est-à-dire en mettant successivement A et B, en contact, le premier avec la source, le second avec le sol, accumuler sur A une quantité d'électricité positive beaucoup plus grande que celle qui lui serait communiquée par la source constante, si le corps B n'était pas en sa présence. Il est évident que l'accumulation aura lieu avec la même intensité, si A ne cesse pas de communiquer avec la source et B avec le réservoir commun ; mais en rendant ces communications périodiques et alternatives, on démontre la réalité de cette accumulation, par les mouvemens des pendules *a* et *b*.

Une autre conséquence à tirer, dans cette série d'opérations, de la chute des pendules, lorsqu'on met B en communication avec le sol, chute qui est totale pour *b*, et partielle pour *a*, c'est que A contient alors plus d'électricité positive que B ne contient d'électricité négative, cette dernière étant totalement déguisée ou latente. En effet, l'électricité positive $+$ E de A doit l'emporter en masse sur celle négative $-e$ de B, puisqu'elle a repoussé, dans le réservoir commun, une quantité $+e$ du fluide positif de B, malgré l'attraction à moindre distance que $-e$ exerçait sur ce dernier fluide. D'ailleurs $+$ E maintiendrait, par une attraction exercée en quelque sorte au contact, une quantité — E d'électricité négative, sur le plateau A lui-même ; la quantité — e du même fluide, que + E retient sur B, par son attraction à la distance des deux plateaux, est donc nécessairement moindre que — E en valeur absolue.

Supposons donc que la source soit susceptible de répandre sur A une quantité ε d'électricité, lorsque le corps B n'existe pas dans son voisinage. Si tandis que cette source communique avec A, le corps B est très voisin et communique avec le sol, il s'accumulera sur A une quantité + E d'électricité plus grande que ε, et B contiendra une quantité — e d'électricité latente ou déguisée, telle que e sera nécessairement moindre que E. Le rapport $\frac{e}{E}$, plus petit qne l'unité, ne dépendra évidemment que de la distance des deux plateaux ; soit m ce rapport, on aura $e = mE$.

Si l'on isole ensuite les corps A et B, toujours en présence, et possédant ainsi, l'un E d'électricité positive, et l'autre une quantité e d'électricité négative et latente ; que l'on mette ensuite A en contact avec le sol, il s'écoulera une certaine quantité de son électricité, précisément celle ε que la source lui eût fournie sans la présence de B ; mais il restera sur A une portion E′ d'électricité positive, rendue latente par l'électricite négative e de B. Ce sera alors e qui surpassera E′, et l'on aura entre ces nombres l'équation $E' = me$; d'où $E' = m^2E$, et enfin, puisque..........
$E — E' = \varepsilon : \frac{E}{\varepsilon} = \frac{1}{1-m^2}$. Ainsi le rapport de E à ε,
ou l'accumulation de l'électricité sur A, sera d'autant plus grande que m approchera plus de l'unité. Au moment où l'on a interrompu toute communication de A avec la source,

de B avec le sol, le pendule *a* était élevé, et celui *b* vertical ; quand on touche ensuite **A**, *a* retombe tout-à-fait, et *b* se relève au contraire ; l'inverse aura lieu si, **A** étant isolé, on touche **B** ; et cet effet peut se reproduire périodiquement un grand nombre de fois.

Condensateurs.

699. Telle est la théorie de l'électricité latente, qui explique l'action de plusieurs instrumens au moyen desquels on produit les plus brillans phénomènes de l'électricité. C'est encore sur cette théorie qu'est fondée le *condensateur*, instrument imaginé par Volta, pour accumuler et rendre sensibles des quantités d'électricités provenant de sources si faibles, que leur présence ne serait pas reconnue par les électromètres ordinaires.

En général, on donne le nom de *condensateur* à tout appareil destiné à accumuler sur une surface, par le jeu de l'électricité latente, une quantité d'électricité très grande comparativement à celle d'une source. Cet instrument se compose le plus souvent de deux feuilles métalliques séparées par une plaque de verre ; mais quand il s'agit de faire reconnaître des sources d'électricité très faibles, on doit préférer l'interposition d'une couche de vernis isolant de petite épaisseur, ce qui rend l'instrument plus sensible. Le condensateur de Volta se compose d'un plateau métallique appelé *collecteur*, reposant sur un morceau de bois recouvert d'un taffetas vernis, qui s'oppose à la réunion des deux électricités.

Fig. 366.

Électromètre condensateur.

700. L'électroscope à feuilles d'or acquiert une grande sensibilité quand il est muni d'un condensateur. La cage en verre est recouverte par un plateau métallique, au-dessous duquel sont suspendues les feuilles d'or, et qui est garni, en dessus, d'un vernis à la gomme laque. On place

sur lui un autre plateau métallique, recouvert en dessous
du même vernis, et porté par un manche isolant. La double
couche de gomme laque suffit alors pour empêcher la
réunion des deux électricités. Quand on met les plateaux
en communication, l'un avec le sol, l'autre avec une
source d'électricité, il y a condensation et électricité latente. Si l'on isole ensuite ces plateaux, et qu'on enlève le
supérieur, l'électricité latente du plateau inférieur, devenue libre, se manifeste par l'écartement des feuilles.

701. On emploie souvent, pour se procurer une étincelle électrique, un instrument connu sous le nom d'*électrophore*. Il se compose d'un gâteau de résine, entouré
d'une garniture en bois qui le préserve des chocs extérieurs, et sur lequel on place un plateau métallique à
manche isolant. La résine est facilement électrisée négativement, en la frappant avec une peau de chat. A cause de
sa non conductibilité, on peut poser sur elle le plateau,
sans que son électricité puisse y passer ; cette électricité
négative agit alors par influence en décomposant le fluide
naturel du plateau, que l'on fait communiquer avec le
sol, en sorte qu'il n'y reste que du fluide positif latent.
Si l'on écarte ensuite le plateau isolé, son électricité latente devenue libre peut être communiquée à un autre
corps.

On a appliqué l'électrophore au *briquet à gaz*, qui contient un réservoir de gaz hydrogène ; lorsqu'on ouvre un
robinet, le gaz s'échappe, et une étincelle électrique traverse le jet et l'enflamme. C'est pour produire cette étincelle qu'un électrophore est adapté à l'appareil. Le mécanisme qui sert à ouvrir le robinet fait tourner un petit
levier auquel est suspendu le plateau, mobile sur une

charnière, ce plateau étant soulevé emporte l'électricité latente, et vient toucher un petit conducteur isolé, destiné à transmettre cette électricité sur un des côtés du jet de gaz ; de l'autre côté se trouve l'extrémité d'un second conducteur communiquant avec le sol, et c'est là que l'étincelle est produite. Il faut établir entre le plateau et le conducteur isolé une distance convenable, pour que l'étincelle ne parte qu'au moment où le jet de gaz a parcouru l'intervalle nécessaire. Le plateau métallique communique avec le sol, lorsqu'il repose sur le gâteau de résine, au moyen d'une feuille d'étain. L'électrophore étant renfermé dans une boîte où l'air est sec, peut conserver son électricité pendant plusieurs mois.

Bouteille de Leyde.

702. De tous les appareils où l'électricité s'accumule par la puissance de l'électricité latente, le plus important est la *bouteille de Leyde*, ainsi appelée du nom de la ville où furent découverts les phénomènes qu'elle peut produire. La partie essentielle de cet instrument consiste dans une lame de verre, qui ne doit pas être très épaisse, et à laquelle on donne pour plus de commodité la forme d'une bouteille. Elle est recouverte sur la plus grande partie de ses deux faces, de feuilles ou *garnitures* métalliques ; comme il faut que ces garnitures ne soient pas en communication, on recouvre de gomme laque le reste de la surface du verre, qui seule est trop hygrométrique pour fournir un bon isolateur. Une tige métallique traverse le bouchon ; elle touche la garniture intérieure, directement, ou par l'intermédiaire d'une chaîne conductrice ; à l'extérieur, cette tige, ordinairement recourbée en forme de crochet. se termine ensuite par une boule.

Fig. 370.

Pour former la garniture intérieure, on se contente souvent de jeter dans le flacon des feuilles de clinquant, qui produisent le même effet. On se sert aussi, au lieu de bouteille, d'une grande jarre à large ouverture, ce qui permet d'appliquer plus facilement des feuilles métalliques; en ayant toujours soin d'isoler complétement le reste des surfaces du verre, par une couche de gomme laque. Quelle que soit la configuration de la lame de verre, ainsi garnie de lames de métal sur les deux faces, qu'elle soit plane comme dans le *carreau magique,* ou contournée en bouteille, elle constitue un véritable condensateur, et l'on peut accumuler sur l'une des surfaces l'électricité d'une source, en mettant l'autre en communication avec le sol, afin d'y développer de l'électricité latente.

703. Pour charger une bouteille de Leyde, on la tient à la main par sa surface métallique extérieure, et l'on met en contact avec une machine électrique en activité la tige qui fait partie du système de la garniture intérieure; ou bien, l'appareil étant suspendu par le crochet de sa tige au conducteur de la machine, on attache à un anneau fixé au-dessous du flacon une chaîne qui touche le sol. Dans les deux cas la bouteille, éloignée du conducteur sans que sa tige cesse d'être isolée, se trouve chargée intérieurement de l'espèce d'électricité fournie par la source, et extérieurement de fluide contraire, en totalité à l'état latent. Charge et décharge.

Si l'on réunit les deux garnitures d'une bouteille de Leyde, ainsi chargée, par un système de corps conducteurs, les deux électricités accumulées se précipitent l'une vers l'autre pour former du fluide naturel; il y a alors une explosion d'autant plus forte que la source est plus énergique, et la cause condensante plus puissante. C'est là ce qui constitue la *décharge de la bouteille de Leyde.* Pour

opérer cette décharge on se sert d'une sorte de pince métallique, dont les branches courbes sont terminées par des
boules, et réunies par une articulation ; des manches en
verre fixés sur ces branches servent à les tenir, et à rapprocher leurs extrémités des corps qu'il s'agit de mettre
en communication ; on donne à ce système le nom d'*excitateur*.

Fig. 371.

La bouteille de Leyde ne se charge que très faiblement,
si sa face extérieure est isolée, tandis que sa tige communique avec une source d'électricité ; c'est alors comme une
simple lame qui ferait partie du conducteur de la machine.
Il est donc essentiel que la garniture extérieure communi-
nique avec le sol, au moins pendant un temps très court,
pour qu'il se passe dans l'appareil cette série d'actions ana-
lysées dans la théorie de l'électricité latente, et pour qu'il
y ait accumulation. On peut s'assurer facilement que,
comme l'indique la théorie, les deux faces d'une bouteille
de Leyde chargée contiennent des électricités contraires ;
il suffit pour cela d'adapter à l'instrument deux petits pendules communiquant chacun avec l'une des garnitures, et
de répéter alors toutes les expériences que nous avons indiquées plus haut, sur le système de deux plateaux métalliques très voisins.

Fig. 372.

Lorsque la bouteille est chargée, le pendule communiquant avec l'intérieur est seul relevé. Mais si l'on isole
l'instrument, en le posant, par exemple, sur une plaque
de verre, le pendule de la garniture extérieure s'élève aussi
peu à peu, et indique conséquemment de l'électricité libre
sur cette garniture. Cela tient à ce que l'électricité intérieure, se perdant en partie au contact de l'air et de la tige,
ne peut plus retenir à l'état latent toute l'électricité exté-

rieure, qui se manifeste alors. Sitôt qu'une portion de cette dernière est devenue libre, les deux garnitures perdent de l'électricité; mais, d'après la loi connue, l'intérieur plus chargé doit perdre davantage, en sorte que les deux charges tendent à s'égaliser. On voit en effet, au bout d'un certain temps, les deux pendules, s'ils sont bien comparables, indiquer la même répulsion; ils descendent ensuite des mêmes quantités, car les charges absolues et leurs pertes restent égales à partir de cette époque. Une bouteille de Leyde ayant été chargée, et ensuite isolée, si l'on touche successivement sa tige et sa face extérieure, à chaque contact on obtient une étincelle, et le pendule de la garniture touchée baisse, tandis que l'autre se relève; enfin on finit par décharger ainsi l'appareil, les électricités accumulées devenant insensibles après un certain nombre de contacts.

704. On a vu (§ 698) que l'accumulation de l'électricité, dans le condensateur, est donnée par le rapport $\frac{E}{\epsilon}$;

Utilité des garnitures.

E représentant la charge totale du plateau qui reçoit l'électricité de la source, et ϵ la portion de cette charge à l'état libre, ou non-retenue par l'attraction du fluide latent de l'autre garniture. Il semble d'après cela qu'on pourrait toujours déterminer cette force condensante, ou le rapport $\frac{E}{\epsilon}$, en portant deux fois à la balance de torsion, un plan d'épreuve qui aurait successivement touché au même point le plateau collecteur, faisant d'abord partie de l'instrument et ensuite détaché; ou autrement le rapport $\frac{E}{\epsilon}$ étant égal à la fraction $\frac{1}{1-m^2}$, il suffirait de déterminer, par le plan d'épreuve, le rapport m des énergies électriques des

III. 4

deux plateaux, quand ils sont séparés de l'instrument. Mais il faudrait pour cela que les électricités accumulées résidassent toujours sur les plateaux mêmes ; or c'est ce qui n'a lieu, ni dans la bouteille de Leyde, ni dans le carreau magique.

L'expérience prouve en effet que les garnitures métalliques sont seulement utiles pour la charge et la décharge, mais que ce n'est pas sur elles que résident les électricités accumulées. On se sert d'une bouteille de Leyde dont les garnitures puissent être enlevées, ou ce qui revient au même d'un simple plateau de verre, intercalé entre deux plaques métalliques ; on peut charger ce condensateur par le procédé ordinaire, séparer ensuite successivement les plaques métalliques du plateau de verre, pour leur enlever par le contact avec le sol l'électricité libre qui peut y être répandue, et remonter de nouveau l'instrument ; établissant alors une communication entre les plaques, à l'aide d'un excitateur, on obtient une décharge presque aussi forte que si l'on n'eût pas fait cette série d'opérations. On doit conclure de ce résultat que la charge réside presque tout entière sur les deux faces du verre. Cependant la lame de verre étant chargée, ensuite séparée des plaques métalliques, si l'on fait communiquer les deux surfaces, on n'obtient pas de décharge instantanée.

Les garnitures des condensateurs sont donc principalement utiles pour la charge et la décharge, comme remédiant à la non-conductibilité du verre. La garniture intérieure n'agissant ainsi que comme corps conducteur, on peut lui substituer de l'eau. On peut même la supprimer, en terminant par une pointe intérieure la tige qui traverse le bouchon, et enlevant l'air contenu dans la bouteille par la machine pneumatique; l'électricité qui se meut librement dans le vide, se répand facilement sur les parois intérieures du vase, lorsqu'on charge l'instrument à la manière ordinaire.

705. Pour montrer que les deux garnitures d'une bouteille de Leyde sont chargées d'électricités contraires qui tendent à se réunir, on peut placer un pendule isolé entre deux boules conductrices, maintenues à la même hauteur, et communiquant avec les deux garnitures. Quand on a chargé, puis isolé la bouteille, le pendule est amené à la place indiquée; son électricité naturelle est décomposée par la double influence des boules voisines; celle de la garniture intérieure agissant plus fortement, l'attire d'abord, puis le repousse; il voyage ensuite successivement d'une boule à l'autre comme les pendules entre les timbres du carillon électrique; à chaque contact il y a étincelle ou recomposition de fluide naturel; et cette série d'oscillations finit par opérer la décharge de l'appareil.

Un physicien allemand a imaginé une expérience curieuse, qui prouve également que les garnitures d'une bouteille de Leyde chargée contiennent des fluides contraires. Elle consiste à tracer d'abord avec la boule qui communique avec l'intérieur, des lignes ou des dessins sur la face plane d'un gâteau de résine, en tenant alors à la main la garniture extérieure. La bouteille étant ensuite posée sur un isolateur, on la prend par la boule, et l'on promène sur le même gâteau de résine, un point de la garniture extérieure, de manière à y tracer d'autres dessins. La non-conductibilité de la résine retient les électricités des deux garnitures, aux points de la surface du gâteau où le contact les a déposées. Pour manifester leur présence en ces points, on emploie un mélange de deux corps pulvérulens, qui s'électrisent par leur frottement mutuel ; ce sont ordinairement du minium et du soufre ; la poudre du premier corps s'électrise positivement, celle du second négativement. On projette ces poudres mélangées sur la surface du gâteau de résine, au moyen d'une espèce de soufflet ; le soufre s'attache aux points sur lesquels on a déposé l'électricité positive, et le minium à ceux qui ont reçu l'électricité négative ; ce qui fait paraître les dessins tracés, l'un en jaune, l'autre en rouge. En examinant de près ces dessins, on observe que les deux poudres affectent des formes différentes : elles sont arrondies pour le minium, anguleuses pour le soufre.

Moyens d'augmenter l'intensité de la charge.

706. La décharge de la bouteille de Leyde, ou celle de tout condensateur en général, produit des effets remarquables, lorsqu'elle se fait à travers des corps de diverse nature, établissant la communication entre les deux garnitures métalliques. Mais avant de décrire ces effets, il est nécessaire de rechercher d'abord les moyens dont on peut disposer pour augmenter l'intensité de la décharge, ou les masses d'électricités contraires, traversant pour se recombiner les conducteurs qui servent à l'opérer ; car on conçoit que les phénomènes, produits par cette décharge, doivent être d'autant plus sensibles qu'elle est plus intense. D'après la théorie de l'électricité latente les quantités de fluides, accumulées sur les garnitures d'un condensateur, sont d'autant plus grandes que la source employée est plus énergique, que la lame de verre est moins épaisse, et que les surfaces métalliques sont plus étendues. Il s'agit d'examiner jusqu'à quel point ces trois causes différentes peuvent concourir au but proposé.

La source ne peut être qu'une machine électrique en
activité ; son énergie dépend alors de la nature et de l'é-
tendue des frottoirs, de la vitesse de rotation du plateau,
et de la conductibilité de l'air. En effet, lorsque le système
des conducteurs est muni d'un pendule indicateur (§688),
on voit ce pendule s'élever successivement, tandis que la
machine est en jeu, mais il finit toujours par atteindre une
position stationnaire ; on conclut de là que la tension électrique s'accroît sur les conducteurs, mais non indéfiniment,
et qu'il arrive un moment où la charge n'augmente plus.
C'est que, si le mouvement uniforme du plateau fournit
de l'électricité avec une vitesse constante, en même temps
le contact de l'air enlève à la charge, déjà acquise par les
conducteurs, une portion d'autant plus grande que cette
charge devient plus forte ; la perte croissante, d'abord plus
faible que le gain, doit donc finir par l'égaler ; et à partir
de cette époque, il y a autant d'électricité enlevée par le
contact de l'air, que d'électricité développée par le jeu de
la machine. Cet équilibre s'établit d'autant plus tard, et
conséquemment la limite de la charge est d'autant plus
forte, que le mouvement du plateau fournit plus d'électricité, et que l'air en enlève moins. L'énergie de la source
sera donc favorisée par toutes les circonstances qui augmentent le développement de l'électricité, et par celles
qui diminuent la conductibilité de l'air. Ainsi, plus les
frottoirs sont étendus et nombreux, plus le plateau de
verre est grand et se meut vite, plus l'air ambiant est sec,
et plus la machine est capable de charger fortement un
condensateur.

L'épaisseur de la lame de verre qui sépare les deux garnitures ne peut être diminuée au-delà d'une certaine li-

mite ; car l'expérience prouve que la tendance à la réunion des deux électricités, accumulées sur les deux surfaces de cette lame, peut en déterminer la rupture, quand leurs masses, ou plutôt les pressions qu'elles exercent sur le verre, sont trop considérables. On est donc obligé de conserver à la lame isolante une épaisseur telle, que sa rupture ne puisse avoir lieu. Il suit de là que le seul moyen, dépendant des proportions du condensateur, qui permettra d'augmenter sa charge, consiste à donner aux plaques métalliques de grandes surfaces.

Batterie électrique.

707. A cet effet on assemble plusieurs bouteilles, de telle manière qu'elles puissent se charger et se décharger à la fois ; cet appareil multiple porte le nom de *batterie électrique.* Toutes les bouteilles sont fixées dans une même boîte, recouverte d'une feuille d'étain, et communiquant avec le sol ; un conducteur formé de plusieurs tiges métalliques fait communiquer toutes les garnitures intérieures, et peut être mis en contact avec la machine électrique. Un condensateur dont les deux surfaces métalliques comprennent chacune 8 à 10 pieds carrés, suffit pour produire la plupart des phénomènes dus au passage instantané de l'électricité à travers les corps.

Fig. 374.

Lorsqu'une machine n'électrise que son conducteur, sa charge s'élève rapidement, et atteint bientôt une limite ; mais quand elle est employée à charger une batterie, le pendule indicateur monte beaucoup plus lentement, et son écart stationnaire est moins élevé. Ces différences s'expliquent aisément ; car la condensation produite par l'électricité latente produit le même effet que si l'on augmentait la surface du conducteur, d'autant de fois celle de la batterie, que le rapport $\frac{E}{\varepsilon}$ ou $\frac{1}{1-m^2}$ (§ 698) contient l'unité ;

c'est donc comme si la machine, dans son état ordinaire, avait un conducteur très étendu ; l'électricité fournie par le même plateau, animé de la même vitesse, devant ainsi se répandre sur une plus grande surface, l'accroissement de sa charge doit être plus lent dans le même temps. D'un autre côté, la perte par l'air, pour une même tension de l'électricité libre, est plus grande lors de la présence du condensateur, car la surface du conducteur se trouve augmentée de celle de la garniture intérieure, qui contient aussi de l'électricité libre ; ainsi l'état d'équilibre, entre les quantités d'électricité fournie et perdue dans le même temps, doit s'établir pour une charge plus faible que si la machine n'avait que son conducteur à saturer.

708. Il suit de là que pour charger directement, et tout d'une pièce, un condensateur à grandes surfaces, il devient nécessaire de disposer d'une très forte machine électrique. Mais on peut se servir d'un appareil ordinaire, en employant un artifice particulier, connu sous le nom de *charge par cascade*. La batterie est alors composée de plusieurs boîtes, contenant chacune 4, 6, ou 8 bouteilles, et placées à la suite les unes des autres. On fait communiquer la garniture intérieure de la première boîte avec la machine ; sa garniture extérieure avec celle intérieure de la seconde ; la garniture extérieure de cette seconde avec celle intérieure de la troisième ; ainsi de suite, jusqu'à la dernière qui communique avec le sol. En faisant agir la machine, l'intérieur de la première boîte se charge d'électricité positive, repousse le fluide du même nom de sa garniture extérieure, qui va charger l'intérieur de la se-

Charge par cascade.

conde, et ainsi de suite. Par cette opération, toutes les boîtes qui suivent la première sont moins chargées qu'elle, mais ensuite on interrompt les communications successives, pour jeter sur toutes les garnitures intérieures une même tringle communiquant avec le conducteur de la machine, et sur toutes les garnitures extérieures une autre tringle communiquant avec le sol. Quelques tours de plateau suffisent alors pour terminer la charge de la batterie entière.

Décharge incomplète. 709. Pour opérer directement la décharge d'une batterie, il faut mettre une des boules de l'excitateur en communication avec le système des surfaces extérieures, puis approcher l'autre boule d'un point du conducteur à branches qui réunit toutes les garnitures intérieures. L'étincelle est d'autant plus brillante et plus longue, le bruit qui l'accompagne d'autant plus intense, que la charge est plus forte. Souvent, dans les condensateurs à grandes surfaces, les électricités accumulées ne disparaissent pas en totalité par une première décharge, et l'excitateur donne encore, quelque temps après, une seconde étincelle, il est vrai beaucoup plus faible que la première. Ce fait indique que les garnitures ne sont pas douées d'une conductibilité parfaite, ou plutôt que les électricités accumulées, qui résident sur les deux faces de la lame de verre, ne s'en éloignent pas sans difficulté, et éprouvent une sorte de résistance, qui, toute faible qu'elle est, suffit pour retenir en quelques points de petites fractions d'électricité, pendant le court instant de la décharge. Ces résidus se répandent ensuite uniformément sur les faces de la lame, par l'intermédiaire des feuilles métalliques, et constituent une nouvelle charge.

QUARANTE-TROISIÈME LEÇON.

Effets produits par le passage instantané de l'électricité. — Effets
physiologiques. — Effets calorifiques et lumineux. — Transport
des particules pondérables; force expansive de l'électricité. —
Effets mécaniques. — Vitesse de transmission de l'électricité. —
Électricité atmosphérique. — Lois et variations de l'électricité
atmosphérique. — Formation des nuages orageux. — De l'éclair.
— Du bruit du tonnerre. — Effets de la foudre. — Paratonnerres.
Choc en retour. — De la grêle.

710. Après avoir exposé les lois des forces électriques, donné la théorie des instrumens propres à constater la présence de l'électricité libre, et à déterminer sa nature, enfin expliqué le jeu des appareils qui permettent de condenser le fluide électrique, il reste à décrire les effets produits par le passage instantané de l'électricité à travers les corps pondérables. Ces effets sont encore pour la plupart sans explication, mais leur étude est importante comme devant aider à la découverte de la cause réelle des phénomènes électriques. On peut les classer en effets physiques, chimiques et physiologiques; nous nous attacherons particulièrement à ceux de la première classe, ceux de la seconde seront mentionnés en un autre lieu; quant à ceux de la troisième, voici d'abord tout ce que nous pouvons dire à leur sujet.

Effets dus au passage instantané de l'électricité.

711. Le corps humain, conduisant assez bien l'électricité, principalement par les liquides dont il est imprégné,

Effets physiologiques.

peut remplir les fonctions de tout conducteur relativement à l'électricité. Ainsi lorsqu'une personne, communiquant avec le sol, est en présence d'une source d'électricité, son corps doit être chargé par influence de fluide contraire, et s'il approche par quelque point du conducteur d'une machine en activité, il en tire des étincelles. Si la personne, isolée sur un tabouret dont les pieds sont en verre, communique directement avec la source ; elle fait l'office du conducteur de la machine ; on peut tirer des étincelles de toutes les parties de son corps ; ses cheveux se hérissent, et deviennent lumineux dans l'obscurité comme toute pointe électrisée. Dans ces deux circonstances opposées, l'étincelle électrique, jaillissant d'une partie du corps, fait éprouver une sensation brusque et vive.

Quand on opère la décharge d'une bouteille de Leyde, en touchant à la fois les deux garnitures avec les mains, ou avec deux portions différentes de la surface du corps, on éprouve, principalement aux articulations, un mouvement accompagné d'une douleur d'autant plus vive que la charge est plus forte ; c'est là ce qu'on appelle la commotion électrique. Si plusieurs personnes se tenant par les mains à la suite les unes des autres, la première prend la bouteille chargée par sa face extérieure, et que la dernière vienne toucher le bouton de la tige, toutes éprouvent la même commotion. La décharge d'une batterie ordinaire suffit pour asphyxier, et peut occasioner des lésions dans l'organisme ; une batterie de plusieurs centaines de pieds carrés tuerait infailliblement. La charge secondaire, qui se forme après la première décharge d'un condensateur puissant, est même dangereuse ; il importe donc, pour éviter tout accident, de laisser pendant quelque temps une communication métallique, entre les deux garnitures d'une batterie déchargée.

712. Si l'on dispose certains corps sur le trajet de l'électricité, lors de la décharge d'une batterie, ou même d'une simple bouteille de Leyde, on remarque des effets qui exigent ordinairement une très haute température, tels que l'oxidation des métaux. Si les corps interposés ne sont pas très bons conducteurs, ils peuvent être brisés, perforés, et présenter des effets analogues à ceux produits par la foudre. Pour observer commodément ces phénomènes, on se sert de l'excitateur universel. Cet instrument se compose d'une petite table de bois, isolée par des pieds de verre; à chacune de ses extrémités, et un peu au-dessus, est disposée une tige métallique, terminée par deux boules, et mobile en son milieu autour d'un axe horizontal. C'est entre les deux tiges que l'on place le corps à éprouver, soit en l'attachant de part et d'autre à leurs extrémités voisines, soit en le posant sur la table, et abaissant les tiges pour qu'elles puissent le toucher. Les deux tiges sont ensuite mises en communication, l'une avec la garniture extérieure du condensateur par une chaîne conductrice, l'autre avec le système de la garniture intérieure à l'aide de l'excitateur ordinaire.

Effets calorifiques et lumineux.

Fig. 360.

Un fil de fer de petite dimension et de longueur convenable, fixé entre les deux branches de l'excitateur universel, devient incandescent lors de la décharge d'un condensateur, brûle et se disperse en une infinité de petits grains à l'état d'oxide. Un fil d'or dans les mêmes circonstances est volatilisé en poudre violette qui tache les objets voisins, en laissant sur elles des traces analogues à celles que l'on trouve sur les murs, après la disparition d'un cordon de sonnette que la foudre a traversé. L'étincelle électrique ou le passage rapide de l'électricité, suffit pour enflammer les corps combustibles, comme l'hydrogène dans le briquet à gaz, la résine, l'esprit de vin, la poudre à canon. De l'éther mis dans une capsule, en contact avec la machine électrique, s'enflamme lorsqu'on soutire une étincelle, en présentant le doigt ou un conducteur au-dessus de sa surface.

Il est difficile d'assigner la véritable cause du développement de la chaleur, qui semble devoir accompagner l'explosion, ou la décharge électrique, pour produire les différens effets qui viennent d'être signalés. On l'a attribué à la compression subite qui résulte du passage rapide des fluides électriques, sur les corps qu'ils traversent. L'expérience suivante prouve qu'il y a en effet déplacement de l'air, lorsqu'une décharge électrique s'opère par étincelle entre deux conducteurs voisins. L'appareil se compose d'un fort tube de verre, vertical, fermé à ses deux extrémités par des bouchons que traversent des tiges métalliques terminées intérieurement par deux boules en regard l'une de l'autre, à une distance convenable ; un autre petit tube, aussi vertical, communique par le bas avec le grand, et s'ouvre librement dans l'atmosphère ; enfin un liquide coloré occupe le fond de l'appareil, et s'élève dans le tube latéral, jusqu'à une certaine hauteur ; quant à la partie supérieure du gros tube, elle contient de l'air qui entoure les deux boules. Lorsqu'on met les parties extérieures des deux tiges respectivement en communication avec les garnitures d'un condensateur, la décharge s'opère entre les boules par une étincelle, et l'on remarque que le niveau du liquide s'élève momentanément dans le tube latéral.

Fig. 361.

L'air est donc déplacé, lorsque deux masses d'électri-cités contraires se portent l'une vers l'autre, pour se neu-traliser à travers ce fluide. Ce déplacement brusque fait naître une compression locale qui, se propageant dans les couches éloignées, occasione le bruit de l'explosion; et c'est à la chaleur dégagée par cette compression qu'on at-tribue la lumière de l'étincelle. Mais on ne saurait se ren-dre compte, dans cette hypothèse, des changemens de volume que subit la lumière électrique, lorsque l'explosion a lieu dans un air de plus en plus raréfié, ni de la lumière pâle et colorée que présente l'électricité, lorsqu'elle se ré-pand dans un espace vide.

On peut manifester la lumière électrique, en formant les conducteurs et les surfaces métalliques, sur lesquels l'é-lectricité doit se répandre, de particules séparées les unes des autres par de petits intervalles. Si l'on compose avec ces conducteurs discontinus les deux garnitures d'une bou-teille de Leyde, la charge et la décharge s'opèrent par une multitude d'étincelles, qui sillonnent les parois du vase dans tous les sens. On peut aussi disposer des parcelles métalliques disjointes, de manière à former des dessins sur des plateaux ou des cylindres de verre: ces dessins de-viennent lumineux lorsqu'on opère une décharge qui par-court toutes leurs lignes.

713. Le passage de l'électricité dans le vide peut être observé à l'aide d'un long tube de verre, fermé par deux garnitures métalliques traversées chacune par une tige réunissant deux boules, l'une intérieure et l'autre exté-rieure; on fait le vide aussi complétement que possible dans ce tube, par une ouverture à robinet que l'on visse sur la machine pneumatique. Cet appareil est ensuite dis-

posé de telle manière qu'une de ses extrémités communique avec le sol, tandis que la boule extérieure de la garniture opposée est maintenue à une petit distance du conducteur de la machine électrique. Quand on fait tourner le plateau, on aperçoit, dans l'obscurité, à chaque étincelle qui part du conducteur, un jet de lumière blanche et pâle, occupant tout l'intérieur du tube vide.

Au lieu de ce tube long et cylindrique, on se sert encore d'un vase fermé, de forme elliptique, appelé œuf électrique; on peut employer, pour faire le vide dans ce vase, le procédé imaginé par Rumford, dans le but de constater le rayonnement de la chaleur (§ 210). La lumière électrique se transforme alors en jets courbes et discontinus, de couleurs variées, et qui réunissent les deux boules intérieures, de manière à former une gerbe vers la boule la plus voisine de la source, et une sorte de foyer lumineux plus brillant à une petite distance de celle communiquant au sol.

Pour expliquer ces phénomènes, on remarque que le vide n'est jamais parfait lorsqu'il est obtenu par les machines pneumatiques, que le vide barométrique lui-même contient de la vapeur de mercure, et qu'il est permis d'attribuer encore l'apparition de la lumière, dans ces vides imparfaits, à la chaleur que développe la condensation subite des fluides rares qu'ils contiennent. Quant aux changemens de couleur de la lumière électrique, leur cause est encore plus obscure. On sait seulement que l'humidité peut les occasioner, car les étincelles électriques ont des couleurs différentes, suivant l'état hygrométrique de l'air.

714. La nature des corps, entre lesquels une forte décharge a lieu, influe aussi sur la couleur de l'étincelle; ce

qui semble tenir à ce que le fluide électrique emporte avec lui des particules, détachées des corps qu'il abandonne, comme l'indiquent les faits suivans, signalés par M. Fusinieri. Ce physicien a constaté que l'étincelle provenant d'une forte décharge, et qui part d'un globe de laiton ou d'argent, emporte avec elle du métal en fusion. Si le globe d'argent est séparé de la boule de l'excitateur par une lame de cuivre placée obliquement, l'argent emporté par l'étincelle, perfore la lame de cuivre sur une épaisseur qui peut avoir plusieurs centimètres, se loge en partie dans ce canal oblique, et le reste pénètre dans la boule de l'excitateur. L'or est transporté de la même manière à travers une lame d'argent. Une forte étincelle qui éclate entre deux boules de métaux différens, d'argent et de cuivre par exemple, entraîne du cuivre sur l'argent, et réciproquement de l'argent sur le cuivre ; chaque particule métallique transportée forme deux cavités opposées, l'une dans la boule d'où elle est détachée, l'autre dans la boule qu'elle pénètre, car chaque groupe de cavités correspondantes contient le même métal en fusion.

Il résulte de ces faits que l'étincelle, produite par une décharge entre deux corps conducteurs, entraîne avec elle des particules détachées de ces corps, lesquelles traversent l'air à l'état d'incandescence et de fusion, et brûlent à leur surface si elles sont facilement oxidables. C'est sans doute l'incandescence et la combustion de ces particules transportées, qui occasionne la lumière vive de l'étincelle dans ces circonstances, et ses diverses couleurs. Cette cause est rendue très probable par plusieurs faits, que nous citerons plus tard, sur la diversité des images produites, lors du passage de la lumière électrique à travers un prisme.

715. La force qui détache les particules métalliques transportées par l'étincelle, est très probablement due à la répulsion du fluide libre, accumulée sur une certaine épaisseur à la surface du conducteur; car les molécules pondérables qui se trouvent comprises dans cette épaisseur doivent se repousser, d'autant plus fortement que la charge électrique est plus considérable; et cette répulsion peut être assez intense pour vaincre la force d'agrégation. Dans cette manière d'envisager le phénomène, la chaleur dégagée ne serait qu'une conséquence de la séparation des molécules superficielles, et la lumière, qui accompagne cette séparation, s'expliquerait comme les étincelles obtenues par le choc de l'acier sur le silex.

Un grand nombre d'expériences prouvent en effet l'existence d'une force d'expansion, qui tend à éloigner d'un corps conducteur les particules de sa surface, lorsque ce corps est intantanément traversé par une grande masse d'électricité libre. Priestley a observé que la décharge d'une forte batterie électrique, opérée par une grosse chaîne de métal, fait dégager de cette chaîne une poudre noirâtre, qui tache les corps voisins; la chaîne se trouvant avoir perdu une petite partie de son poids, on doit conclure que la poudre observée est du métal très divisé. La chaîne étant placée pendant l'opération sur une plaque de verre, les taches déposées ont la largeur et la couleur de chaque chaînon; la poudre qui les forme s'enlève facilement à la partie supérieure, mais au-dessous elle fait corps avec le verre. Si la décharge s'opère à travers un morceau de charbon placé sur une feuille de carton, entre les branches de l'excitateur universel, le charbon est réduit en poussière, qui pénètre et déchire le carton.

Ainsi , le passage instantané de l'électricité à travers un corps conducteur, tout en désagrégeant sa couche super-ficielle, peut produire sur elle deux effets très distincts : la fondre par parties comme dans les expériences de Fusi-nieri , ou bien la réduire en poudre comme dans celles de Priestley. Il est d'autant plus difficile d'assigner la cause qui détermine un de ces effets plutôt que l'autre, qu'ils peuvent coexister sur le même corps conducteur, comme l'indiquent les faits suivans : Priestley, se servant d'une batterie de quarante pieds carrés, dont il opérait la dé-charge avec une petite plaque d'un métal poli, qui rece-vait l'étincelle directement en son centre, observa sur cette lame des taches circulaires, les unes composées de points brillans et de cavités indiquant une fusion superficielle, les autres d'une poussière noire peu adhérente; ces deux es-pèces de taches concentriques se succédaient alternative-ment; la tache centrale appartenait toujours à la première espèce. Ce phénomène se produisit sur des lames polies de tous les métaux, mais le nombre et la grandeur des cercles concentriques, ainsi que la profondeur des cavités, furent variables d'un métal à l'autre.

Tous ces effets, quelles que soient leurs différences, concourent à prouver que l'électricité libre, instantanément accumulée dans certaines parties d'un corps solide, tend à détruire la force d'agrégation ou l'attraction moléculaire. On prévoit, d'après cela, qu'un liquide électrisé doit pa-raître plus fluide ou moins visqueux, et éprouver une ac-tion capillaire plus faible, de la part des parois solides avec lesquelles il est en contact; c'est en effet ce que confirme l'expérience suivante. Si l'on suspend par une chaîne, au conducteur de la machine électrique, un vase métallique

T. II.   5 rempli d'eau, et muni d'un ajutage capillaire par lequel le liquide ne s'échappe que goutte à goutte; aussitôt qu'on fait tourner le plateau, les gouttes diminuent d'abord de grosseur et se succèdent plus rapidement, puis l'écoulement se transforme en une veine continue et très fine; la quantité d'eau fournie par l'orifice reste d'ailleurs la même dans tous les cas, et ne dépend que de la hauteur du liquide dans le vase. Cet effet est évidemment dû à une diminution, tant de la viscosité de l'eau, que de l'attraction capillaire exercée sur le liquide par les parois de l'orifice.

Effets mécaniques.

716. Un corps non conducteur en plaque mince, tel qu'un plateau de verre, est percé lorsqu'on le met entre deux pointes métalliques, fixées aux deux branches isolées d'un excitateur universel, et garnies de gouttes d'huile, pour empêcher la dispersion de l'électricité, et faire en sorte que la décharge ait lieu entre les deux pointes, à travers la lame isolante. C'est par un effet semblable qu'une bouteille de Leyde, dont le verre est trop mince, se brise quand on la charge fortement. Un vase fermé, de petites dimensions, rempli d'eau, et contenant deux boules en regard dont les tiges traversent les parois, est brisé lorsqu'une forte décharge électrique s'opère entre ces boules.

Fig. 363.

Si l'on place une carte parallèlement entre deux pointes métalliques, de telle manière que l'une soit à gauche et l'autre à droite, lors d'une décharge entre ces pointes la carte est percée, mais non au milieu : le trou est en face de la pointe où s'était accumulée l'électricité négative. Cette expérience fait penser que l'air oppose plus de résistance à l'électricité négative qu'à l'électricité positive; ce qui semble confirmer cette opinion, c'est que l'appareil étant mis en jeu dans un air raréfié, le trou se fait dans la carte, en un point qui s'éloigne d'autant plus de la pointe négative que la raréfaction de l'air a été poussée plus loin. L'apparence d'une aigrette lumineuse dans l'obscurité, à l'extrémité d'une pointe laissant échapper de l'électricité positive, tandis que l'on n'aperçoit qu'une auréole, ou même un simple point lumineux, lorsque c'est de l'électricité négative qui se dissipe, fournit une nouvelle preuve de la moindre résistance que l'air oppose à l'électricité positive. Les formes diverses affectées par les amas de poudre qui figurent des dessins sur le gateau de résine, dans l'expérience citée au paragraphe (705), confirment encore cette conclusion.

717. On a long-temps essayé sans succès de déterminer la vitesse avec laquelle se propage l'électricité à travers les corps conducteurs. Si l'on touche l'une des garnitures d'une bouteille de Leyde avec un fil métallique faisant un grand nombre de circonvolutions, et terminée par une petite boule conductrice placée très près de l'autre garniture, on ne peut observer aucun intervalle de temps appréciable, entre le moment du contact, et l'apparition de l'étincelle à l'autre extrémité du fil. Lorsqu'une décharge électrique s'opère dans un lieu très obscur, où des corps sont en mouvement, ces corps momentanément éclairés par la lumière des étincelles paraissent complétement immobiles, quelque rapide que soit leur mouvement réel. Cette apparence assigne une durée excessivement petite, et tout-à-fait inappréciable, au phénomène de l'étincelle électrique.

M. Wheatstone est parvenu à mesurer la vitesse de transmission du fluide électrique, en se servant d'un

5..

Fig. 364. appareil dont voici le principe. La pièce principale est une large plaque métallique, polie sur ses deux faces de manière à former un double miroir, mobile autour d'un axe vertical parallèle aux deux plans réfléchissans, et dont le prolongement parcourt la plaque longitudinalement, au milieu de son épaisseur. Un mécanisme convenable imprime le mouvement de rotation, et permet d'évaluer sa vitesse, ou de compter le nombre des révolutions faites dans un temps donné ; nous supposerons que cette vitesse ait été réglée à cinquante tours par seconde. D'après la loi de la réflexion, l'image d'un point lumineux fixe, observée dans le miroir mobile, doit décrire à chaque demi-révolution une circonférence de cercle horizontale, ayant son centre sur l'axe de rotation, et dont le rayon est la distance qui sépare cet axe du point brillant. Si cette distance est de quatre mètres, par exemple, et que la vitesse ait la grandeur supposée, l'image décrira, par seconde de temps, cent circonférences de 4 mètres de rayon, ou un arc d'un demi-degré, ayant trois centimètres et demi de longueur, dans la $\frac{1}{72000}$ e partie d'une seconde.

Imaginons que le phénomène lumineux, observé par réflexion sur le miroir mobile, soit une étincelle électrique, qui parte entre deux boules métalliques, situées verticalement l'une au-dessus de l'autre. On conçoit que cette étincelle doit mettre un certain intervalle de temps à se propager entre les boules, et que la lumière produite en chaque point de ce trajet doit y persister pendant un certain instant. Si la durée du parcours, et celle du passage en chaque point, étaient comparables à la $\frac{1}{72000}$ e partie d'une seconde, l'apparence due à la réflexion devrait être celle d'un rectangle oblique, lumineux sur toute sa surface, à cause de la persistance des impressions produites sur la rétine; la longueur mesurée des côtés horizontaux de ce rectangle permettrait d'évaluer la durée de la lumière électrique, à chaque point où elle paraît, et l'on déduirait facilement de l'obliquité des deux autres côtés le temps du parcours, ou la vitesse de transmission de la lumière électrique à travers l'air. Or dans ces circonstances l'apparence est une ligne brillante parfaitement verticale; le temps que l'étincelle met à se porter d'une boule à l'autre, est donc incomparablement plus petit que la $\frac{1}{72000}$ᵉ partie d'une seconde.

Soient maintenant six boules métalliques a, b, c, d, e, f, semblables et disposées sur une même verticale; a Fig. 365. communique avec la garniture extérieure d'un condensateur chargé; deux fils de laiton, ayant une même longueur de plusieurs centaines de mètres, réunissent b et c, d et e; enfin la sixième boule f est munie d'un fil métallique que l'on met en contact avec la garniture intérieure du condensateur. Au moment de ce contact, la décharge s'opère par trois étincelles, l'une de a à b, la seconde de c à d, la troisième de e à f. Ces trois étincelles, observées simultanément par réflexion sur le miroir mobile, présentent chacune une ligne brillante; mais des trois lignes, celle du milieu est sensiblement écartée de la verticale qui contient les deux autres; cet écart indique que l'étincelle cd est en retard d'un intervalle de temps appréciable, relativement aux deux étincelles ab et ef, lesquelles se manifestent au même instant. Cet intervalle de temps est évidemment celui que le fluide électrique met à parcourir un des fils métalliques, bgc, dhe, dont la longueur est connue. M. Wheatstone a conclu d'expériences faites à l'aide de ce procédé, que l'électricité se transporte, sur un fil de laiton de 0,^{m}002 de diamètre, avec une vitesse d'environ 460 000 000^m, ou de 115 000 lieues par seconde; cette vitesse surpasse celle de la lumière dans le vide planétaire, qui est de 70000 lieues.

Phénomènes électriques dans l'atmosphère.

718. On conçoit que les effets physiques et chimiques, dus au passage rapide de l'électricité, seraient plus faciles à étudier, si l'on pouvait se servir d'une source énergique et continue, fournissant toujours de nouvelles masses d'électricités contraires, qui dussent traverser des corps conducteurs pour se neutraliser. Or, il existe des sources de cette nature, et nous aurons l'occasion de citer les appareils qui permettent d'utiliser leurs propriétés. Il convient donc de suspendre ici l'analyse des effets produits par l'électricité, pour la reprendre quand ces appareils seront décrits et expliqués. La théorie de l'électricité statique suffit d'ailleurs pour comprendre les phénomènes électriques qui se manifestent dans l'atmosphère, et c'est ici le lieu d'aborder cette branche de la philosophie naturelle.

Preuves de l'électricité des nuages.

719. L'analogie des effets obtenus par les machines et les batteries électriques, avec ceux observés dans les temps d'orage, fit concevoir à Franklin la possibilité de démontrer l'identité de leurs causes; il imagina d'élever dans l'air des corps conducteurs, qui pussent rendre sensible l'électricité atmosphérique; mais n'ayant pas en Amérique les moyens nécessaires pour faire en grand ces expériences, il engagea les physiciens d'Europe à les essayer. Plusieurs d'entre eux élevèrent des pointes métalliques fixées à des cerfs-volans, dont les cordes, entourées de fils conducteurs, étaient retenues par des isolateurs, à une certaine distance du sol. Quand il passait un nuage orageux au-

dessus de la pointe d'un de ces cerfs-volans, on pouvait soutirer de sa corde de grandes étincelles, au moyen d'un excitateur communiquant avec le réservoir commun ; on observait alors des lames de feu de plusieurs pieds de longueur, dont l'apparition était accompagnée d'un bruit analogue à celui d'une arme à feu.

Charles, physicien français, fit construire un appareil semblable ; son cerf-volant était retenu par un fort cordon de soie entrelacé avec un fil métallique, dont l'extrémité inférieure s'enroulait sur un cabestan isolé, ayant une manivelle en verre ; on déroulait cette corde pour que le cerf-volant pût s'élever. Pour éviter tout danger, on avait placé, près de l'extrémité inférieure de la corde, un piquet de fer enfoncé profondément dans le sol ; l'électricité suivant toujours le meilleur conducteur à distances égales, il n'y avait rien à craindre tant que le piquet métallique se trouvait entre l'observateur et l'appareil. On put alors étudier tous les phénomènes dus à l'électricité de l'atmosphère, et reconnaître que cette électricité change rapidement de nature dans les temps orageux, et passe en quelque sorte instantanément du positif au négatif, et réciproquement.

720. Ce n'est pas seulement dans les nuages que l'on trouve de l'électricité libre : on peut s'assurer de sa présence dans l'atmosphère elle-même, au moyen d'un électromètre, dont la garniture est surmontée d'un conducteur plus ou moins long, terminé en pointe. Cet électromètre étant élevé, en rase campagne, à quelques mètres au-dessus du sol, indique des traces d'électricité, toujours positive lorsque l'air est très sec, mais qui dans les temps de pluie est tantôt positive, tantôt négative. Dans ces der-

Appareils pour reconnaître l'électricité atmosphérique
Fig. 366.

nières circonstances, il est nécessaire de fixer à la tige de l'électromètre un chapeau en laiton, de forme conique, et d'un diamètre assez grand pour que la garniture et la partie inférieure du conducteur soient préservés de la pluie.

Lorsqu'on veut faire ce genre d'expériences dans un cabinet, on réunit, par un fil conducteur, la garniture de l'électromètre avec une tige métallique isolée, fixée à la partie supérieure de l'édifice dans lequel on se trouve, et terminée en pointe vers le haut, disposition qui n'est pas indispensable, mais qui est quelquefois favorable. Il est prudent de fixer à une assez petite distance de la partie inférieure de cette tige isolée, une boule métallique dont la communication avec la terre soit bien établie, et sur laquelle cette tige puisse se décharger d'une trop grande masse d'électricité. La caisse de l'électromètre doit être petite, afin de diminuer le plus possible la masse d'air intérieure. Les pendules doivent être très mobiles, et peuvent être formés de deux boules de sureau suspendues à des fils métalliques très fins, ou simplement de deux pailles conductrices. L'écartement de ces pendules doit être observé à distance au moyen d'une lunette mobile sur un limbe horizontal. Enfin il est nécessaire de former d'avance une table de graduation, qui donne pour chaque écartement la force de charge de l'instrument.

Voici de quelle manière on peut déterminer les élémens successifs de cette table. On se procure deux électromètres parfaitement semblables, si l'un d'eux, étant électrisé directement, présente un écartement de n centimètres, et qu'on le touche avec la tige du second, la charge se partageant également entre les deux garnitures, le même écartement n', moindre que n, offert par les deux instrumens.

et qu'on mesure avec soin, doit correspondre à une charge moitié de la première. Rétablissant le second électromètre dans son état naturel, on le met encore en contact avec le premier; il en résulte un nouvel écartement n'', moindre que n', et qui doit correspondre au quart de la charge primitive; ainsi de suite. Les distances n, n', n'',.... ne décroissent pas aussi rapidement que les charges qu'elles mesurent, parce que la loi de la distribution de l'électricité sur les pendules change avec leur écartement.

Au lieu d'un conducteur d'une très grande dimension, Saussure se servait d'une boule creuse de métal, attachée au bout d'une chaîne, dont l'autre extrémité pouvait glisser le long de la tige de l'électromètre; il lançait avec force cette boule dans l'atmosphère, la chaîne se tendait, et par suite du mouvement ascensionnel, son anneau inférieur abandonnait la tige. L'instrument restait alors chargé d'électricité de même nom que celle disséminée dans l'atmosphère. Cette charge devait évidemment provenir d'une décomposition de fluide neutre, produite par l'influence de l'électricité atmosphérique, lors de l'ascension de la boule.

721. Par une longue suite d'expériences, entreprises au moyen de ces différens appareils, on a constaté depuis long-temps que l'électricité disséminée dans l'air sec est toujours positive, et que cette électricité libre croît en intensité à mesure qu'on s'élève dans l'atmosphère. Durant leur ascension aérostatique, MM. Gay-Lussac et Biot ont remarqué qu'un fil métallique assez long, suspendu à la nacelle, se trouvait électrisé négativement dans sa partie supérieure, quoique le temps fût parfaitement serein; ce fait résulte de ce que les couches supérieures de l'atmos-

phère, plus fortement chargées d'électricité positive que les couches inférieures, déterminaient une électrisation par influence plus puissante, dans le fil métallique vertical.

MM. Becquerel et Breschet ont, tout récemment, mis hors de doute la loi générale sur l'état électrique de l'atmosphère, en appliquant sur une plus grande échelle le procédé de Saussure. Leur observation fut faite, par un temps serein, sur un des plateaux du mont Saint-Bernard. L'appareil se composait d'un fil de soie, recouvert de clinquant, ayant 80 mètres de longueur, et déroulé sur un morceau de taffetas gommé de plusieurs mètres carrés, tendu horizontalement ; un des bouts de ce fil embrassait par un nœud coulant la tige de l'électromètre, et l'autre extrémité était attachée au fer de lance d'une flèche. Cette flèche, lancée verticalement avec toute la force de l'arc, emportait le fil, dont le nœud inférieur abandonnait la tige.

Or durant cette ascension on voyait les pailles de l'électromètre s'écarter progressivement, et finir par frapper fortement les parois de la cloche. L'électricité communiquée était toujours positive. La flèche ayant été lancée horizontalement à un mètre au-dessus du sol, l'électromètre resta à l'état naturel ; ce résultat prouve que l'électricité recueillie, lors de l'ascension verticale du fil, ne pouvait provenir du frottement de la flèche contre l'air ; il indique aussi que la couche atmosphérique, de un à deux mètres d'épaisseur, qui touche le sol, ne contient pas d'électricité libre.

En général les électromètres, disposés pour recueillir l'électricité de l'atmosphère, ne donnent aucun résultat dans les lieux bas et abrités, tels que les cours des maisons, les rues des villes, les vallées étroites. En rase campagne ou sur les plateaux, il faut élever les appareils à deux mètres au moins au-dessus du sol, pour obtenir un écartement sensible des pailles. Saussure dans les Alpes, et M. Becquerel sur les rochers de l'Auvergne, ont constaté que les signes de l'électricité atmosphérique, très sensibles au-dessus des sommets des monts, diminuent rapidement sur leurs versans, et sont nuls en général à leurs pieds.

722. Il résulte incontestablement de tous ces faits que l'atmosphère, par un temps sec, contient toujours de l'électricité positive libre, dont l'intensité va en augmentant avec la hauteur au-dessus de la terre. Des observations suivies, faites dans un même lieu, et toujours par un temps serein, ont prouvé que l'état électrique des couches inférieures de l'atmosphère, atteint chaque jour deux maxima et deux minima : un premier minimum deux heures environ avant le lever du soleil; un premier maximum quelques heures après ce lever; un second minimun deux heures environ avant le coucher du soleil; enfin un second maximum quelques heures après ce coucher.

Les variations ordinaires de l'hygromètre suffisent pour expliquer ces résultats généraux. Vers la fin de la nuit, une grande partie de l'électricité des couches inférieures de l'atmosphère s'est perdue dans le réservoir commun, tant par le dépôt de la rosée, que par la plus grande conductibilité de ces couches, due à leur maximum d'humidité ; quant aux couches supérieures, dont l'état hygrométrique reste toujours très différent de la saturation, elles conservent leur électricité, mais sont trop éloignées pour agir par influence d'une manière sensible ; l'électromètre, situé non loin de la terre, doit donc alors indiquer un minimum d'électricité. Dès que le soleil paraît sur l'horizon, la terre commence à s'échauffer, et les vapeurs qui s'élèvent vont donner plus de conductibilité aux couches moyennes, en sorte que l'électricité des couches supérieures se répand en plus grande quantité dans celles inférieures, pour se porter vers le sol ; l'électromètre doit donc marcher vers un premier maximum.

Plus tard l'action échauffante des rayons solaires dessèche l'air, c'est-à-dire diminue son état hygrométrique ; les régions élevées s'isolent plus·complétement, et l'état électrique des couches inférieures diminue ; l'électromètre doit donc descendre vers un second minimum. Mais quand l'astre s'approche rapidement·de l'horizon, l'air se sature de vapeur par refroidissement ; il devient meilleur conducteur, et l'écoulement de l'électricité des couches supérieures vers le sol reprenant son intensité, l'électromètre remonte vers un second maximum. Enfin toute la partie de l'atmosphère, limitée vers le haut par les couches où l'état hygrométrique est encore éloigné de l'humidité extrême, perd pendant la nuit la plus grande partie de son électricité, et l'électromètre descend alors jusqu'au jour suivant.

Il paraît plus difficile d'expliquer d'une manière satisfaisante pourquoi l'électricité de l'air serein, toujours mesurée dans la partie inférieure de l'atmosphère, est beaucoup moins forte en été qu'en hiver. On peut dire cependant que dans les beaux jours de l'été qui sont chauds et secs, l'écoulement vers le sol de l'électricité des régions supérieures doit être moins abondant qu'en hiver, époque à laquelle l'air est plus souvent voisin de l'humidité extrême. Quoi qu'il en soit, il résulte incontestablement d'observations suivies avec soin, que la charge moyenne de l'électromètre, mesurant l'électricité atmosphérique dans les jours sereins, augmente progressivement depuis le mois de juillet jusqu'à la fin de janvier, pour diminuer ensuite.

Les observations électrométriques, faites dans les temps de pluie et de neige, donnent des indications trop dissemblables et trop irrégulières, pour qu'on puisse espérer d'en déduire aucune loi générale. Si l'on rapproche les résultats obtenus pendant les jours pluvieux d'une même année, on trouve à peu près le même nombre de jours où la charge de l'électromètre était négative, que de jours où elle était positive. Souvent l'électricité manifestée change plusieurs fois de signe dans les vingt-quatre heures. Saussure a observé que dans les jours sereins de l'été, qui succèdent à la pluie, les périodes diurnes ont l'intensité de celles de l'hiver.

723. Les physiciens ont cherché long-temps la cause du développement de l'électricité dans l'atmosphère. Plusieurs faits semblent prouver que l'évaporation de l'eau à la surface de la terre est l'origine de ce phénomène. Si l'on jette dans un creuset rougi au feu, une dissolution saline ou de l'eau ordinaire, et que l'on mette en contact avec la vapeur qui se dégage alors, un fil métallique uni au plateau collecteur d'un électromètre condensateur, on reconnaît que cette vapeur est chargée d'électricité positive, ou de la même espèce que celle disséminée dans l'atmosphère, lorsque le temps est serein.

Mais d'autres expériences indiquent que le développement d'électricité, observé dans le changement d'état des corps, doit être souvent attribué au frottement des fluides élastiques contre les parois des vases. Une série d'expériences entreprises par M. Pouillet ont éclairci ces faits : elles ont démontré que l'eau pure en s'évaporant ne donne pas de signes sensibles d'électricité, mais qu'il y a au contraire de l'électricité libre développée, lorsque l'eau soumise à l'évaporation contient un sel en dissolution; la vapeur étant alors chargée d'électricité positive. Or l'eau ordinaire n'est jamais pure, on peut donc regarder son évaporation, à la surface de la terre, comme la source de l'électricité répandue dans l'atmosphère.

M. Pouillet a signalé une autre source de l'électricité atmosphérique dans l'acte de la végétation : ayant isolé des végétaux dans une caisse de verre, ce physicien observa que la caisse donnait au bout d'un certain temps des signes d'électricité négative, et que conséquemment le gaz acide carbonique formé était à l'état positif; on savait d'ailleurs, par d'autres expériences, que lors de la combustion du charbon, l'acide carbonique qui se forme est électrisé positivement, tandis que le charbon restant s'électrise négativement. En rapprochant ces deux faits, M. Pouillet a cru pouvoir conclure que c'est la combinaison du charbon avec l'oxigène qui produit de l'électricité libre pendant la végétation. Mais on objecte à cette conclusion que ce n'est pas à la surface extérieure du parenchyme que cette combinaison s'opère, mais bien dans son intérieur, en sorte que l'acide carbonique formé, restant dans un contact prolongé avec le charbon en excès avant de se dégager, les électricités développées par la formation du gaz doivent se réunir, et tout signe d'électricité libre disparaître.

D'ailleurs comme il y a probablement compensation entre la quantité d'acide carbonique formée pendant la nuit, et celle décomposée pendant le jour, il devrait y avoir des phénomènes contraires produits à ces deux époques, et en dernier résultat nullité d'électricité développée par cette cause dans l'atmosphère. On peut au reste attribuer l'électricité manifestée par la végétation, à l'évaporation de l'eau que contiennent les végétaux, et qui n'est jamais pure. Ainsi l'évaporation de l'eau, à la surface de la terre, est encore la seule cause à laquelle on puisse attribuer, dans l'état actuel de la science, le développement de l'électricité positive au milieu de l'atmosphère, dans les jours sereins.

724. Quoique l'air ne soit pas conducteur, on concevrait cependant que l'humidité qu'il contient pût transporter l'électricité développée à la surface de la terre, jusqu'à la hauteur des nuages, qui se trouveraient ainsi électrisés. Mais M. Gay-Lussac a trouvé une autre explication très satisfaisante de cette électrisation : il regarde les globules vésiculaires qui forment les nuages, comme donnant à la masse d'air enveloppée la propriété de conduire l'électricité ; un nuage étant ainsi considéré comme un corps conducteur, quoiqu'à la vérité assez imparfait, on conçoit qu'au moment de sa formation, toute l'électricité répandue dans la masse d'air qu'il embrasse, se porte peu à peu à sa surface ; et que des nuages, ainsi électrisés à la manière des conducteurs isolés de nos machines, puissent donner lieu à une explosion, lorsqu'étant chargés d'électricités contraires, ou inégalement chargés de la même espèce d'électricité, ils viennent à s'approcher ou à se rencontrer. Telle est probablement la cause première de l'accumulation de l'électricité dans les nuages.

725. Il reste à expliquer comment il se fait que les nuages soient électrisés, les uns positivement, les autres néga-

tivement, quoique l'atmosphère, où ils ont dû se former, ne contînt que de l'électricité positive. Les nuages occupant différentes hauteurs, et l'expérience indiquant que l'électricité atmosphérique, observée par un temps serein, est plus considérable à de plus grandes distances de la surface de la terre, on conçoit que les nuages supérieurs, chargés d'une plus forte quantité d'électricité positive que ceux formés au-dessous, peuvent agir par influence sur ces derniers, en repoussant leur fluide positif, qui se dissipant plus vite dans l'air que le fluide attiré, laisse de l'électricité négative libre sur les nuages inférieurs.

Il est encore une cause très générale qui peut donner lieu à la formation des nuages électrisés négativement. L'atmosphère étant généralement surchargée d'électricité positive, on conçoit que les corps situés à la surface de la terre, et principalement les sommets des monts par leur plus grande élévation, les masses d'eau à cause de leur plus grande conductibilité, doivent être électrisés par influence, et conséquemment surchargés d'électricité négative. Cet état électrique du sol résulte d'ailleurs d'un fait observé par Saussure et d'autres physiciens, que l'eau dispersée en gouttes fines, dans le voisinage des cascades, emporte avec elle de l'électricité négative. L'existence des nuages parasites qui s'attachent aux flancs des montagnes, et restent long-temps dans cette position malgré la force des vents, oblige d'admettre une force attractive, laquelle ne peut être que l'action à distance de l'électricité positive des nuages, sur de l'électricité négative accumulée à l'état latent aux cimes élevées du sol.

L'état électrique de la surface de la terre, inverse de celui de l'atmosphère, étant prouvé par ces faits, il est évident que les brouillards humides, qui se forment à la surface des fleuves, des lacs et de la mer, doivent être électrisés comme des corps conducteurs en contact avec le sol; et si l'échauffement des rayons solaires vient à déterminer l'ascension de ces brouillards, il doit en résulter des nuages électrisés négativement. Saussure a en effet constaté, dans les Alpes, que les brouillards qui s'élèvent du fond des vallées, emportent avec eux de l'électricité négative.

726. L'éclair est certainement dû à la réunion des deux électricités contraires, accumulées sur les parties voisines de deux nuages différens; mais contrairement à ce qui se passe dans le jeu de nos machines électriques, où l'étincelle est très courte et n'est produite que lorsque les deux corps entre lesquels elle apparaît sont très voisins l'un de l'autre, l'éclair ou l'étincelle due à la réunion des électricités de deux nuages différens peut avoir une longueur considérable, qui atteint quelquefois une lieue et plus. De l'éclair.

On peut remarquer, pour expliquer cette différence, que les nuages étant formés de vésicules de vapeur qui établissent une sorte de conductibilité entre les particules d'air interposées, sont seulement un peu meilleurs conducteurs que l'air qui les enveloppe, et auquel son état hygrométrique, voisin de la saturation, donne déjà à un assez haut degré la faculté de conduire l'électricité ; tandis que dans nos machines les conducteurs métalliques conduisent très bien l'électricité, et sont entourés d'air qui dans son état habituel la conduit très mal.

Il est donc probable que l'électricité des nuages ne peut acquérir une tension aussi forte que celle accumulée à la surface des conducteurs de nos machines; mais la masse de la première étant incomparablement plus grande, l'étincelle qu'elle produit peut encore être très forte, quoique sa tension soit faible. Or il peut résulter du petit excès de la conductibilité des nuages, sur celle de l'air compris entre eux, et par suite de la faible tension de l'électricité libre répandue à leur surface, que la décharge qui s'opère entre deux nuages se fasse à la fois sur plusieurs points, et qu'elle n'ait même lieu que successivement entre les différentes parties de chacun de ces nuages, circonstances qui peuvent expliquer la grande étendue apparente de l'étincelle atmosphérique, ou de l'éclair.

Bruit du tonnerre. **727.** Quant au bruit du tonnerre, il présente beaucoup de particularités dont il est difficile de donner une explication complétement satisfaisante ; toujours on entend, non pas un seul coup, mais un roulement qui va en s'affaiblissant ; souvent aussi on distingue plusieurs coups d'égale intensité. Le prolongement d'un seul son peut provenir de l'inégalité des temps que le son, produit par le déplacement de l'air dans les différens points du long trajet d'une étincelle, emploie à parvenir à l'oreille qui le perçoit.

Il existe dans l'atmosphère, par un temps d'orage, des couches d'air amenées par des courans de directions, de températures, et par suite d'états hygrométriques différens, qui peuvent avoir conséquemment des densités différentes ; or on prouve dans l'acoustique mathématique, que lorsqu'un son se propage à travers des milieux inégalement denses, il y a, à chaque changement de milieu, formation d'une onde sonore nouvelle qui se propage comme si l'onde directe était réfléchie. On conçoit d'après cela qu'il puisse résulter de l'existence de couches de densités différentes dans l'atmosphère, une série d'échos, qui fasse d'un

son unique, provenant d'une simple décharge électrique,
un son répété et décroissant d'intensité.

Pour expliquer la succession de plusieurs sons d'égale
intensité, on admet que l'imparfaite conductibilité des
nuages décompose la décharge totale, en une suite de décharges partielles, qui ont lieu à des intervalles de temps
appréciables. Suivant cette explication, à chaque décharge
les électricités contraires les plus voisines se réunissant, il
resterait encore de l'électricité libre sur chacun des nuages
en présence, qui n'ayant pu participer à la décharge précédente, à cause de la faible conductibilité des masses de vapeur vésiculaire, donnerait lieu à une nouvelle distribution
d'électricité, qui amènerait une nouvelle décharge; c'est
ainsi qu'une batterie électrique, après une forte décharge,
peut encore donner lieu à une décharge beaucoup plus
faible, provenant de l'imperfection de la conductibilité des
garnitures, qui ne permet pas aux deux électricités libres
de se réunir complétement lors du premier contact.

728. Les effets de la foudre ne sont autres que ceux dus
au passage instantané de l'électricité à travers les corps,
mais produits avec une intensité prodigieuse. Ainsi la foudre brûle, fond ou disperse en poussière les fils métalliques
qu'elle rencontre. Elle vitrifie ou réduit en poudre la surface des roches élevées qu'elle frappe; elle désorganise les
corps animés qu'elle tue instantanément. Ses étincelles en-
flamment les corps combustibles, tels que la paille, le foin,
la poudre. Elle fend et brise les corps médiocrement
conducteurs qui lui refusent un passage facile, tels que les
arbres. Si un corps mauvais conducteur la sépare d'un autre dont la conductibilité soit plus parfaite, elle brise le
premier pour atteindre le second; c'est alors qu'elle fend

Effets
de la foudre.

6..

les murs, et projette au loin les pièces métalliques qui s'y trouvent scellées; qu'elle perfore des couches de sable, en s'y creusant un tube dont elle vitrifie les parois, pour atteindre un terrain humide inférieur. Parcourant toujours la route, non la plus courte, mais celle formée par des corps meilleurs conducteurs de l'électricité, elle sillonne l'atmosphère en lignes brisées et anguleuses, pour suivre les parties de l'air plus chargées d'humidité, préfère les chaînes et les tiges métalliques aux corps animés, mais aussi ces derniers aux végétaux. Enfin la foudre transporte avec elle des particules matérielles, détachées des conducteurs ou recueillies dans l'atmosphère; abandonnant ensuite ces particules sur les corps où sa décharge s'opère, elle y laisse des traces de fer et de soufre.

Paratonnerres.   729. L'identité de la foudre et de l'électricité produite par les machines, ayant été constatée, Franklin eut l'idée de préserver les corps situés à la surface de la terre, de tous les accidens de la foudre, en se servant de *paratonnerres*, appareils destinés à faire écouler l'électricité des nuages dans le réservoir commun, au moyen, d'une série de corps bons conducteurs, assez forts pour résister au passage rapide d'une grande masse de fluide électrique. On se sert à cet effet de barres métalliques d'assez fortes dimensions; les précautions que l'on prend pour les disposer convenablement, ont été indiquées par la théorie, et ont suffi jusqu'à présent pour préserver les bâtimens.

On avait d'abord attaché une très grande importance à la forme de ces barres; la première idée de Franklin était que les paratonnerres devaient être terminés en pointes, pour soutirer ou neutraliser l'électricité des nuages; mais on a reconnu depuis que les pointes n'étaient pas indispen-

sables. Lorsqu'on ne veut que préserver un édifice, il suffit de présenter à la foudre des conducteurs de dimensions
convenables, et de les rapprocher assez pour garantir de
tout accident l'intervalle qui les sépare. Pour déterminer le
meilleur moyen de remplir ces conditions, on n'a pu agir
que par tâtonnement; en s'appuyant sur une multitude
d'observations, on est parvenu à assigner des limites aux
dimensions, et à la disposition relative des différentes
parties des paratonnerres, qui rendent extrêmement probable leur efficacité constante, tant qu'on se renferme
entre ces limites.

Il est préférable d'élever l'extrémité supérieure du conducteur, au-dessus du comble de l'édifice qu'on veut
préserver, pour n'être pas obligé de multiplier les branches métalliques. La foudre tombera toujours sur ces conducteurs, car l'électricité des nuages décomposant l'électricité naturelle des corps influencés, attire l'électricité de
nom contraire au sien, et repousse l'autre; or cette décomposition est instantanée dans les conducteurs métalliques,
et se fait plus lentement dans le bois, ou la pierre dont
est composé l'édifice, substances qui conduisent moins
bien; l'explosion se fera donc de préférence sur les conducteurs métalliques où l'attraction sera plus forte, qu'ils
soient terminés ou non par des pointes. On élève ordinairement les paratonnerres de cinq mètres au-dessus du
comble; l'expérience ayant indiqué qu'ils peuvent préserver
autour d'eux un espace circulaire d'un rayon double de
leur hauteur, on les place à 20 mètres les uns des autres.

On adapte au pied de chaque tige une suite de barres
métalliques soudées, qui descendent jusqu'à terre. On
emploie quelquefois une corde métallique, mais la rouille

qui s'établit dans les fissures intérieures de cette corde peut nuire à la conductibilité du paratonnerre. Une condition indispensable, c'est d'enfoncer la barre totale, à une certaine profondeur dans le sol : si le terrain est sec, il faudra que cette profondeur soit très grande, pour que la dissipation de l'électricité se fasse plutôt par le paratonnerre que par toute autre partie du bâtiment; il est bon de faire plonger la barre par plusieurs branches qui forment autant de racines. Lorsque le terrain est humide, on entoure ces ramifications métalliques de charbon fortement calciné ou de braise, pour éviter leur oxidation ; on pratique à cet effet des rigoles revêtues de couches de charbon, sur lesquelles on pose les différentes branches du conducteur. Quand on se trouve dans le voisinage d'une source, on y fait aboutir l'extrémité inférieure des barres, pour profiter de la conductibilité de l'eau. Enfin on ne saurait donner trop d'attention à la manière dont le conducteur est enfoncé dans le sol.

Ordinairement les orages arrivent dans une direction qui reste presque toujours la même pour un même lieu; à Paris cette direction est celle du sud-ouest. Il convient de placer le premier paratonnerre, très près de l'angle du toît placé vis-à-vis la direction habituelle des orages, afin d'éviter les accidens que pourraient occasioner des lambeaux détachés du nuage principal et moins élevés que lui. Dans les localités où ces lambeaux pourraient même venir frapper les flancs du bâtiment, il est nécessaire de placer, sur le côté, un conducteur terminé par une tige métallique inclinée. Les pointes pouvant soutirer ou neutraliser l'électricité des nuages, même lorsque l'explosion n'est pas imminente, et fonctionnant d'ailleurs aussi bien qu'une autre forme de conducteur, il est préférable de les employer. A cause de la facile oxidation du fer, on termine les paratonnerres par des pointes en cuivre et en platine.

730. Il arrive quelquefois que l'explosion de la foudre produit des accidens à des distances très grandes de l'endroit où elle a lieu; c'est un résultat de l'influence des nuages orageux, auquel on a donné le nom de *choc en retour*. Lorsqu'un nuage électrisé passe au-dessus d'un lieu, il agit par influence sur l'électricité naturelle de tous les corps situés à la surface de la terre, attire l'électricité contraire à la sienne vers les extrémités supérieures de tous ces corps, et repousse l'autre fluide dans le réservoir commun. Ainsi tous les corps qui couvrent une étendue de pays proportionnelle à celle du nuage, et qui peuvent être très éloignés les uns des autres, sont tous chargés d'électricité latente de nom contraire à l'électricité libre du nuage. Si l'explosion a lieu sur l'un d'eux, soit à cause de sa plus grande élévation, soit parce que le nuage descend plus près de lui, soit à cause de sa plus grande conductibilité, l'électricité du nuage ayant disparu par cette décharge, l'électricité latente répandue sur les autres corps, devenant libre et rentrant subitement dans le réservoir commun, ou attirant rapidement l'électricité de nom contraire nécessaire pour la neutraliser, il peut en résulter, sur les corps animés, que traversent rapidement ces masses de fluide, des effets analogues à ceux de la foudre.

La réalité du choc en retour est en quelque sorte démontrée, par l'expérience du *pistolet de Volta*. Cet instrument se compose d'un vase métallique que l'on remplit d'un mélange d'hydrogène et d'oxigène; une ouverture, pratiquée dans la paroi de ce vase, donne passage à un conducteur, renfermé dans un tube de verre afin qu'il soit isolé du reste de l'appareil, et qui se recourbe ensuite pour se terminer par une petite boule, à une petite distance de la surface intérieure de l'enveloppe. Si l'on expose cet instrument près d'une source d'électricité, en faisant communiquer avec le sol son enveloppe métallique, par un corps non très bon conducteur, tel que le bois, et aussi le fil métallique par une chaîne de métal, il subit l'influence de l'électricité libre de la source. Mais si on met cette source en contact avec le réservoir commun, l'électricité latente de l'instrument devenue libre, attire l'électricité contraire du réservoir commun; celle-ci venant plus rapidement par le fil métallique que par le bois, donne lieu à une étincelle, entre la boule et l'enveloppe, et par suite à une explosion due à la combustion du gaz hydrogène. Pour produire cet effet, il suffit de placer l'instrument sur la pièce de bois qui entoure le plateau de la machine, que l'on fait agir, et dont on touche ensuite le conducteur.

De la grêle.   731. La formation de la grêle dépend certainement de l'électricité atmosphérique, car les grêlons sont plus gros dans les orages, ou lorsque les nuages sont fortement électrisés. Volta attribuait la formation de ces glaçons, au refroidissement qu'occasionait l'évaporation des gouttes de pluie, produite par la chaleur solaire; mais l'action échauffante des rayons solaires sur les gouttes elles-mêmes, devant balancer cette cause de refroidissement, il n'est pas possible d'admettre cette explication. Il vaut mieux attribuer ce refroidissement à la basse température qu'apportent certains vents du nord. Si les grêlons n'avaient que deux ou trois millimètres de diamètre, on pourrait admettre qu'ils sont dus à la congélation des gouttes de pluie,

lorsqu'elles traversent des couches d'air ayant une température inférieure à zéro degré; mais ces grêlons ont quelquefois un volume tellement considérable, qu'il est impossible de concevoir que, dans le temps très court de leur
chute, l'eau qu'ils précipitent et congèlent à leur surface
puisse augmenter ainsi leur masse.

C'est ce qui conduisit Volta à rechercher si ces grêlons
ne pourraient pas rester dans l'atmosphère, pendant un
temps plus long que celui qui leur est nécessaire pour
tomber à la surface de la terre. Il imagina alors d'expliquer
le phénomène de la grêle, par analogie avec une ancienne
expérience connue sous le nom de *danse des pantins*, et
dans laquelle des corps légers sont successivement attirés
et repoussés par deux plateaux, dont l'un communique avec
le conducteur d'une machine électrique, et l'autre avec
le sol. Volta admettait, lors de la formation de la grêle,
l'existence de deux nuages placés l'un au-dessus de l'autre,
électrisés de manières différentes, attirant chacun et repoussant ensuite les grêlons, qui dans une série de voyages
entre les deux nuages, augmentaient de volume.

Cette explication a été rejetée par la plupart des physiciens. Il leur paraît difficile de concevoir que des corps
aussi pesans puissent remonter dans l'atmosphère; mais
quand on réfléchit aux effets mécaniques prodigieux produits par les trombes, on peut attribuer sans scrupule à
l'électricité, accumulée dans certaines parties de l'atmosphère, la puissance de soutenir et même de projeter des
grêlons volumineux. Car, quoique le phénomène des
trombes soit encore inexpliqué, les circonstances qui l'accompagnent ne permettent pas de douter qu'il n'ait une
origine électrique; et l'on a vu des trombes soulever jus-

qu'aux nues de grandes masses d'eau, faire pirouetter et engloutir des navires, déplacer des voitures pesantes, arracher et emporter les arbres, les toits des maisons, pour les projeter à des distances considérables.

On fait une objection plus sérieuse à l'idée de Volta : considérant les deux nuages, électrisés inversement l'un de l'autre, et qui se renvoient les grêlons, comme des conducteurs parfaits, on remarque que les mobiles, une fois parvenus dans l'intérieur d'un de ces nuages, où leur vitesse acquise doit nécessairement les faire pénétrer, ne peuvent alors éprouver aucune action, dépendante de l'électricité, qui tende à les en faire sortir ; puisque les actions exercées sur un point intérieur, par la couche électrique totalement située à la surface d'un conducteur, ont une résultante nulle. Mais on peut répondre à cette objection que les nuages sont des conducteurs très imparfaits, et peuvent recéler, dans leur intérieur même, une grande masse d'électricité.

Quoi qu'il en soit, plusieurs physiciens ont observé, sur le versant des monts, les mouvemens désordonnés des grêlons, dans les nuages mêmes où ils se forment, ou entendu le bruissement de leurs chocs, à peu de distance de ces nuages. Mais la seule conclusion importante que l'on puisse tirer d'observations recueillies dans un grand nombre de circonstances, c'est que le phénomène de la grêle, et celui des trombes, ont généralement lieu quand deux courans d'air très intenses, et inverses l'un de l'autre, coexistent dans l'atmosphère, soit à des hauteurs différentes, soit à la même hauteur.

QUARANTE-QUATRIÈME LEÇON.

Théorie physique des aimans. — Phénomènes magnétiques; pôles des aimans; attractions et répulsions magnétiques. — Analogies entre le magnétisme et l'électricité. — Hypothèse et théorie des fluides magnétiques. — Action directrice du globe; aiguille aimantée; déclinaison; inclinaison. — Aimans artificiels; force coercitive de l'acier; procédés d'aimantation. — Armure des aimans; pertes du magnétisme. — Points conséquens.

732. La théorie physique des aimans, à laquelle on donne le nom de *magnétisme*, a été long-temps isolée; tant qu'aucun fait ne la rattachait à l'électricité, ses progrès ont été peu sensibles. Les premiers phénomènes magnétiques qui aient été remarqués, sont les attractions que les aimans naturels exercent sur le fer. On observa plus tard que les corps aimantés, suspendus librement, prenaient une direction particulière. Cette propriété a été d'une immense utilité, en conduisant à la découverte de la boussole; mais considérée comme phénomène physique, elle est restée long-temps stérile. Cette action du globe terrestre sur les aimans paraissait alors dépendre uniquement de sa constitution intime, et cette circonstance, jetant une obscurité impénétrable sur les phénomènes magnétiques, rendait presque impossible toute recherche ayant pour but de trouver leur véritable cause.

La découverte, faite par OErsted, de l'influence puissante que l'électricité en mouvement exerce sur les corps aimantés, a indiqué la seule route à suivre pour remonter à l'origine du magnétisme, et de l'action directrice du globe. Mais il est nécessaire d'exposer d'abord la théorie physique des aimans, dans l'état où elle se trouvait à l'époque de cette découverte, afin de mieux comprendre l'impulsion qu'elle a reçue, et les nouveaux moyens d'exploration qu'elle a fournis à l'étude de l'électricité.

Propriétés magnétiques

733. On donne le nom d'aimans naturels, à certains minerais, qui exercent une action attractive sur le fer ou sa limaille; ils paraissent devoir cette propriété à leur séjour dans l'intérieur du globe, et à la position qu'ils occupaient alors par rapport à l'axe de la terre. Tous les oxides de fer sont plus ou moins magnétiques; plongés dans la limaille de fer, ils en entraînent une partie lorsqu'on les soulève. Tous les corps ne sont pas sensibles à l'action magnétique; si l'on ne considère que les corps en repos, trois métaux manifestent seuls cette propriété; car, outre le fer, le nickel et le cobalt sont attirés par les aimans; suivant M. Pouillet, le manganèse, à la température de 20° au-dessous de zéro, éprouve la même attraction. Toutes les autres substances à l'état de repos ne paraissent pas sensibles au magnétisme, mais il en est plusieurs qui le deviennent à l'état de mouvement.

Magnétisme durable de l'acier.

734. Quand le fer a reçu une préparation changeant peu ses qualités, quand il est combiné, par exemple, avec une petite quantité de charbon, qui l'a transformé en acier il peut éprouver encore l'action magnétique. Il conserve même alors des traces durables de magnétisme, ce qui le distingue essentiellement du fer pur. En effet, un morceau de fer doux, en contact avec un aimant, dont l'attraction

peut le retenir malgré son poids, attire lui-même des particules de limaille ; mais il perd cette puissance dès que l'aimant est éloigné, c'est-à-dire qu'il ne conserve alors aucune trace de magnétisme. Tandis qu'un morceau d'acier trempé attire la limaille, ou la retient contre l'action de la pesanteur, non-seulement lorsqu'il est sous l'influence de l'aimant, mais encore lorsque cette influence a été éloignée. Il est donc possible de se procurer des aimans artificiels, puisqu'on peut communiquer à des morceaux d'acier une vertu magnétique durable.

735. Quand on approche un aimant naturel de la li-maille de fer, on remarque certains centres d'action, vers lesquels les grains de limaille se dirigent de préférence ; ces points portent le nom de *pôles*. Chaque aimant en possède au moins deux, mais en manifeste souvent un plus grand nombre. De même un morceau d'acier, qui a acquis la vertu magnétique par son contact avec un aimant, ne re-tient pas la limaille en aussi grande quantité sur tous ses points, et possède des pôles, le plus souvent au nombre de deux seulement. Enfin, dans la plupart des barres de fer, on reconnaît l'existence d'un pôle à chaque extrémité.

Pôles des aimans.

736. On donne le nom d'aiguille aimantée à une petite barre d'aimant naturel, ou mieux d'acier aimanté n'ayant que deux pôles, situés à ses extrémités. Si l'on suspend une aiguille de cette nature sur un pivot vertical, après avoir pratiqué une chappe en son milieu, afin qu'elle soit mobile sur ce pivot, on remarque qu'après avoir oscillé quelque temps, elle s'arrête dans une direction particulière, qui est toujours la même dans le même lieu, pour tous les aimans ainsi disposés. A Paris, cette direction cons-tante fait avec le plan du méridien terrestre un angle de

Aiguille ai-mantée.

22°, à l'ouest pour la moitié de l'aiguille qui regarde le nord, à l'est au contraire pour celle qui se dirige vers le sud.

Méridien magnétique. Déclinaison.

737. En réalité cette direction n'est pas fixe, et varie continuellement avec le temps, entre des limites très rapprochées ; mais ce que nous venons de dire se rapporte à la position moyenne. On appelle *méridien magnétique* le plan vertical passant par les deux pôles de l'aiguille aimantée, mobile horizontalement, lorsqu'elle s'est arrêtée. On donne le nom de *déclinaison* à l'angle compris entre le méridien magnétique et le méridien terrestre, dans le lieu où se fait l'observation. La déclinaison est dite occidentale ou orientale, suivant que la moitié de l'aiguille tournée vers le nord, est à l'ouest ou à l'est du méridien terrestre.

Attractions et répulsions des pôles des aimans.

738. Pour des lieux très peu distans sur la surface de la terre, deux aiguilles aimantées suspendues comme on vient de le dire, et suffisamment éloignées l'une de l'autre, semblent parallèles. Mais si on les rapproche, de telle manière que celles de leurs extrémités, qui se dirigeaient vers les mêmes points de l'horizon, soient très voisines, on reconnaît qu'elles se repoussent. Si les extrémités que l'on rapproche ainsi, se dirigeaient au contraire vers des points opposés de l'horizon, on observe entre elles une attraction. Ainsi les extrémités ou les pôles semblables des deux aiguilles se repoussent, et les extrémités contraires s'attirent.

Supposons que l'on prenne un aimant naturel très puissant, n'ayant que deux pôles, ou mieux un fort barreau d'acier possédant la vertu magnétique, et qui se dirigerait conséquemment comme une aiguille, s'il était suspendu librement. Une petite aiguille aimantée, dont on place le pivot au milieu de ce barreau, se fixe dans une position d'équilibre, parallèle à l'axe du barreau aimanté, ou à la ligne qui joint les pôles. Car en vertu des attractions ou répulsions signalées dans l'expérience précédente, cette aiguille est sollicitée par des forces dirigées dans le plan vertical passant par l'axe du barreau, et doit conséquemment rester dans ce plan.

De plus, l'extrémité de l'aiguille qui se fût tournée vers le nord, sans l'influence puissante du barreau, est dirigée vers le pôle de ce barreau qui se tournerait au contraire vers le sud. Ainsi dans la position d'équilibre de l'aiguille, ses pôles se dirigent respectivement vers les pôles contraires de l'aimant. Si l'on place forcément l'aiguille de telle manière que ses pôles soient dirigés vers les pôles semblables du barreau, aussitôt qu'on l'abandonne à elle-même, elle quitte cette position d'équilibre instable, pour reprendre la première position, inverse de celle du barreau.

Dans l'action directrice de la terre, tout se passe comme si le globe était un aimant, ou comme s'il existait, à une certaine profondeur, des centres d'action ou des pôles magnétiques agissant sur l'aiguille aimantée de la même manière que les pôles du gros barreau dans l'expérience précédente. En admettant cette analogie comme une identité, il faut regarder la partie de l'aiguille aimantée, qui tend vers le nord, comme possédant des propriétés de même nature qus le pôle magnétique du globe situé dans l'hémisphère austral, et inversement, la partie de l'aiguille qui tend vers le sud, doit être regardée comme possédant la même propriété que le pôle magnétique de la terre situé dans l'hémisphère boréal. D'après cela on doit appeler pôle austral de l'aiguille aimantée, celle de ses extrémités qui se dirige vers le nord, et pôle boréal l'autre extrémité, c'est à-dire celle qui se tourne vers le sud.

Analogies du magnétisme et de l'électricité.

739. Un grand nombre d'actions magnétiques ont lieu dans des circonstances analogues à celles qui développent l'électricité. Par exemple, ce dernier phénomène se manifeste dans des conducteurs isolés soumis à l'influence de corps électrisés, comme si l'on avait directement communiqué de l'électricité à ces conducteurs; pareillement, des morceaux de fer doux, placés à distance d'aimans naturels ou artificiels, manifestent des phénomènes magnétiques comme s'ils étaient eux-mêmes des aimans. Les signes de l'électrisation par influence disparaissent lorsqu'on éloigne le corps électrisé; pareillement encore, les propriétés magnétiques du fer doux disparaissent quand on écarte l'aimant qui les a fait naître.

Si l'on suspend parallèlement l'un à l'autre deux petits cylindres de fer doux, à l'extrémité de deux fils de soie,

Fig. 368.

et qu'on approche au-dessous d'eux l'un des pôles d'un fort barreau aimanté, ces deux petits pendules s'écartent l'un de l'autre, et se rapprochent dès qu'on éloigne le barreau. Cette action est due à l'influence de l'aimant, qui donne momentanément la vertu magnétique aux deux fils de fer; les pôles semblables de ces petits aimans, étant alors voisins, se repoussent; mais l'influence cessant, les pendules perdent leurs pôles et reprennent la position verticale. Ce phénomène a beaucoup d'analogie, au moins pour les apparences extérieures, avec la répulsion de deux corps électrisés de la même manière.

Lorsqu'un barreau aimanté est assez puissant pour supporter une certaine masse de ferre doux contre l'action de la pesanteur, au moyen de l'attraction que l'un de ses

pôles exerce sur le pôle de nom contraire que son influence
a déterminé dans cette masse, si l'on approche parallèlement, mais dans une position inverse, un second barreau
de même force que le premier, la masse de fer doux se
détache. C'est qu'en ajoutant à l'influence du premier aimant, l'influence contraire du second, on annulle toute
aimantation dans le fer doux, qui reprenant son état naturel,
obéit à l'action de la pesanteur. C'est ainsi que deux corps
égaux et contenant des quantités égales d'électricités contraires, ne déterminent aucun phénomène électrique dans un
conducteur isolé, placé symétriquement par rapport à
eux, ou que l'un de ces deux corps détruit en s'approchant, les signes d'électricités que l'autre avait produits.

Un morceau de fer doux suspendu à une des extrémités
d'un barreau aimanté, devient lui-même un aimant capable de soutenir à son extrémité libre un second morceau
de fer doux; ce dernier, aussi aimanté par influence, peut
en soutenir un troisième, et ainsi de suite; mais l'action
s'affaiblit à mesure qu'on s'éloigne du barreau, et un des
morceaux de la suite ne peut plus en soutenir un du même
poids. Si le barreau est séparé et éloigné du premier morceau de fer, toutes les adhérences magnétiques de la chaîne
cessent en même temps. C'est comme une série de conducteurs isolés, situés sur une même ligne terminée par un
corps électrisé; tous ces conducteurs s'électrisent par influence; mais la quantité de fluide naturel décomposé, ou
les signes électriques sont moindres dans les conducteurs
les plus éloignés; tous rentrent d'ailleurs à l'état naturel
lorsqu'on éloigne le corps électrisé.

Quand les morceaux suspendus au barreau aimanté sont
d'acier trempé, ils conservent des propriétés magnétiques

III.

Fig. 370.

après la séparation, et peuvent agir alors comme de véritables aimans. On peut mesurer l'énergie d'un barreau, en présentant à l'attraction d'un de ses pôles un morceau de fer doux, soutenant un plateau de balance dans lequel on pose doucement des poids de plus en plus considérables, jusqu'à ce que l'attraction magnétique soit vaincue; le poids total qui détermine la séparation mesure la force de l'aimant. On reconnaît ainsi que, dans les aimans qui ont servi à communiquer la vertu magnétique à des morceaux d'acier, le pouvoir attractif n'est pas affaibli pour cela, et que même leur action est devenue plus énergique. Le magnétisme diffère en cela de l'électricité, qui se perd en partie dans un corps communiquant par contact ses propriétés électriques.

Si dans le procédé de mesure qui vient d'être indiqué, on substitue au fer doux soutenant la balance, un morceau d'acier d'égal volume, on trouve que l'attraction du même aimant exige pour être vaincue, un poids moins grand. Ce résultat prouve que le magnétisme ne se développe pas avec la même facilité dans l'acier que dans le fer doux; ainsi la vertu magnétique, plus durable dans l'acier, s'y manifeste aussi plus difficilement. De là résulte ce que l'on appelle *force coercitive*; c'est une résistance au développement des propriétés magnétiques, qui s'oppose également à leur disparition quand elles se sont manifestées. Cette résistance est d'ailleurs analogue à celle qui limite la décomposition et ralentit la recomposition de l'électricité naturelle, dans un corps médiocrement conducteur, tel que le bois, soumis à l'influence d'une source d'électricité voisine, comme lors de l'expérience du pistolet de Volta, citée au paragraphe (730).

740. Ces divers phénomènes magnétiques ont fait ima- Hypothèse des deux fluides magnétiques.
giner une hypothèse analogue à celle adoptée pour les phé-
nomènes électriques. On suppose que les corps sensibles
au magnétisme contiennent deux fluides qui s'attirent mutuellement, repoussent leurs propres molécules, et qui sont
appelés l'un *fluide austral,* l'autre *fluide boréal,* du nom
des pôles où leurs actions deviennent respectivement prépondérantes. Quand la vertu magnétique se manifeste, on dit
que ces deux fluides sont séparés. Mais pour que l'explication de tous les faits puisse être complétée, il faut admettre que les fluides magnétiques ne peuvent être trans-
portés, ni d'un corps dans un autre, ni même entre deux
parties du même corps.

Il faut regarder chaque particule d'un corps susceptible
d'aimantation, comme ne pouvant être abandonnée par
les fluides magnétiques qu'elle contient, lesquels sont com-
binés ou distribués également lorsque le corps est à l'état
naturel ; et qui se séparent pour occuper des parties opposées de cette particule, lorsque le corps est soumis à l'influence d'un aimant. L'acier s'aimantant plus difficilement
que le fer doux, et conservant des propriétés magnétiques
acquises, il faut encore admettre une force coercitive, qui
s'oppose en partie au transport des deux fluides dans l'intérieur même des particules, et qui gênant ainsi leur mouvement, s'oppose à leur recomposition autant qu'à leur
séparation.

Les phénomènes magnétiques et ceux de l'électricité
semblent donc avoir de grands rapports de similitude,
puisque outre les analogies qu'ils présentent, on est conduit
à adopter des hypothèses peu différentes pour expliquer les
uns et les autres. Mais ces apparences sont fort trompeuses.

7..

car on verra dans la suite que le magnétisme est très probablement dû à de certains mouvemens de la matière électrique, intérieurs aux corps aimantés ; ce qui lui assigne une cause bien différente de celle des forces attractives et répulsives, auxquelles on doit rapporter les phénomènes de l'électricité libre en repos.

Pôles nouveaux d'un barreau brisé

741. Lorsqu'on brise en plusieurs morceaux un barreau aimanté, qui ne présentait que deux centres d'action à ses extrémités, on reconnaît que chacun des deux morceaux manifeste aussi deux pôles. Ainsi, à chaque fracture, il se forme deux centres d'action nouveaux, de natures contraires, qui n'existaient pas avant. C'est surtout ce fait fondamental qui oblige d'admettre que les deux fluides magnétiques ne se transportent qu'à des distances insensibles du lieu où leur séparation s'opère. Il est nécessaire d'entrer ici dans quelques développemens théoriques, pour montrer comment l'hypothèse des deux fluides, ainsi modifiée, peut rendre compte des effets dus au développement du magnétisme, et expliquer le fait qui vient d'être signalé.

Théorie des fluides magnétiques. Fig. 371.

742. Considérons une particule d'acier M, dont une influence magnétique ait séparé les fluides, en attirant le fluide austral en a, et le fluide boréal en b. Lorsque l'influence aura été écartée, il y aura une recomposition partielle, qui sera limitée par la force coercitive F. Soient a et b les quantités de fluide qui resteront séparées; et le symbole $[a, b]$ leur attraction mutuelle. Il y aura équilibre entre cette attraction et la force coercitive; on peut exprimer cet équilibre par l'équation : $[a, b] = F$.

Supposons maintenant que deux particules d'acier, aimantées, M et M', soient placées à la suite l'une de l'autre, leurs pôles de même nom étant dirigés dans le même sens.

Les actions répulsives $[a, a']$ $[b, b']$, agiront, l'une pour recomposer, l'autre pour tenir séparés les fluides accumulés aux pôles des particules. Mais ces actions contraires ayant lieu avec des masses égales, et à des distances égales se détruiront, et il n'en résultera aucun effet. Il n'en sera pas de même des actions attractives $[b, a']$, $[a, b']$; la première s'opposera à la recomposition, la seconde y tendra, mais en vertu de la différence des distances la première l'emportera sur la seconde, et son excès concourra avec la force coercitive, pour retenir une plus grande quantité de fluides séparés dans les deux particules M et M', ou pour augmenter leur magnétisme de saturation. Ce nouvel équilibre peut être exprimé par l'équation : $[a,b,]=[b,a']-[a,b']+F.$

Il faut remarquer que l'influence mutuelle des molécules M et M', sera d'autant moindre qu'elles seront plus éloignées l'une de l'autre. Car les attractions et répulsions magnétiques diminuent avec l'accroissement de la distance, et de plus le rapport de la différence constante des distances $\overline{ab'}, \overline{ba'}$, à l'une d'entre elles, diminuent à mesure que ces distances augmentent. La connaissance des lois mêmes de ces variations n'est pas nécessaire pour qu'on puisse concevoir le décroissement de l'influence mutuelle de M et M', lorsqu'elles s'éloignent l'une de l'autre.

Considérons enfin un nombre $(n+1)$ de particules d'acier, que nous supposerons d'abord toutes également aimantées, placées sur la même ligne à des distances égales, et ayant leurs pôles de même nom, dirigés du même côté. La particule extrême M sera influencée par toutes les autres ; ces influences concourront toutes avec la force coercitive pour s'opposer à la recomposition des fluides séparés *a* et *b,* mais avec des intensités décroissantes, puisqu'elles auront lieu à des distances allant en augmentant. La seconde particule M' sera pareillement influencée par toutes les autres, mais plus fortement en somme que la première, car toutes les autres influences étant d'ailleurs respectivement égales, l'influence de M sur M' sera plus forte que celle de $M^{(n)}$ sur M, comme ayant lieu à une distance beaucoup plus petite. La troisième particule M'' sera plus fortement influencée que M'; car l'influence de M sur M'' surpassera celle de $M^{(n)}$ sur M', si n n'est pas moindre que quatre.

Il résulte de là que M' conservera une plus grande quantité de fluides séparés que M; M'' plus que M'. S'il y a cinq particules, par exemple, M'' et M resteront également aimantées ; mais elles le seront moins que M' et M''', et ces dernières moins encore que M''. Les masses de fluides, séparées dans chaque particule, devant être regardées comme égales en valeur absolue, on aura $a' > b$, $a'' > b'$ et $b'' > a'''$, $b''' > a^{\text{iv}}$. Ainsi en considérant l'intervalle qui sépare deux particules consécutives, ou deux masses de fluides contraires tendant l'une vers l'autre, le fluide austral accumulé d'un côté de cet intervalle, sera en plus grande quantité que le fluide boréal accumulé de l'autre côté, si cet intervalle est pris dans la moitié de la ligne terminée par un pôle austral ; et en plus petite quantité au contraire, si l'intervalle considéré appartient à l'autre moitié, qui se termine par un pôle boréal.

L'action de la ligue de particules, sur un corps extérieur, sera donc telle, que les actions provenant du fluide austral seront prépondérantes de la part des particules situées dans la première moitié, et que la seconde agira plus fortement

par son fluide boréal. Ou bien la première moitié semblera
ne contenir que du fluide austral, le fluide boréal étant latent ou déguisé ; tandis que la seconde ne manifestera que
du fluide boréal libre , son fluide austral étant au contraire
latent. Ce que nous venons de dire d'une seule ligne de
particules, sera évidemment vrai pour un assemblage de
plusieurs lignes semblables juxtaposées, ou pour un barreau aimanté. Chaque pôle ou centre d'action d'un barreau
aimanté , n'est alors qu'un point par lequel passerait la
résultante de toutes les actions concordantes d'une moitié
de ce barreau ; ce point ne peut donc pas être placé à
l'extrémité même, mais à une certaine distance de cette
extrémité. Ce résultat théorique est confirmé par l'observation (§ 750).

Il est facile d'expliquer maintenant les nouveaux centres
d'action qui naissent lorsqu'on brise un barreau aimanté.
Dans un des morceaux pris isolément; les pôles des particules d'acier qui forment la surface de fracture, lesquels
étaient déguisés en totalité, ou au moins en partie, avant la
séparation , agissent alors avec toute leur énergie ; de plus
les autres particules ne peuvent plus conserver les mêmes
quantités de fluides séparés que dans le barreau entier ,
puisque toutes les influences magnétiques du second morceau sont supprimées ; le magnétisme de ces particules diminuera donc, mais inégalement, car les plus éloignées
de la fracture en perdront moins. Ainsi l'état magnétique
des particules restera définitivement croissant à partir de
chaque extrémité du fragment, lequel constituera un nouvel aimant , présentant encore deux pôles ou centres d'action, mais nécessairement plus faibles que ceux du barreau
primitif.

En partant de ces principes théoriques, on se rend compte aisément de l'influence qu'un aimant exerce sur un barreau de fer doux ou d'acier qu'on lui présente ; et de la réaction que le magnétisme développé dans ce barreau peut produire sur l'aimant lui-même. Ces conséquences de l'hypothèse des deux fluides suffisent pour coordonner les faits que nous devons décrire. Pour simplifier, on peut représenter l'action d'un barreau aimanté, sur une particule magnétique extérieure, par deux forces émanées des pôles de l'aimant, comme si des masses de fluides contraires se trouvaient concentrées en ces points. Pareillement les actions réciproques de deux barreaux aimantés, ou l'action totale d'un seul barreau sur le morceau de fer ou d'acier dans lequel son influence a développé le magnétisme, peuvent être remplacées par les attractions et répulsions de quatre pôles. Mais il ne faut pas oublier que ces forces nouvelles ne sont que des résultantes, dont les intensités, les directions, et même les points d'application, varient avec la distance et la position relative des aimans.

743. La dénomination des pôles et des fluides magnétiques repose sur l'analogie qui existe entre l'action directrice du globe, et celle d'un aimant. Il importe de prouver que toutes les déductions tirées de cette analogie, érigée en principe, sont vérifiées par l'expérience. La première conséquence qui se présente, c'est que la distribution du magnétisme dans un barreau aimanté, dont la loi vient d'être déduite de l'hypothèse des deux fluides, peut être appliquée à l'état magnétique du globe. Ainsi les actions concordantes d'un des hémisphères boréal ou austral, sur une particule magnétique, peuvent être représentées par une force unique, émanant d'un centre d'action ou pôle,

situé à une profondeur telle , que l'on puisse regarder la direction et l'intensité de cette résultante comme constantes, relativement à différens points peu éloignés les uns des autres à la surface de la terre. D'un autre côté, les actions concordantes d'un des pôles magnétiques du globe, sur l'une des moitiés d'un barreau aimanté, dont toutes les directions doivent être regardées comme parallèles, peuvent être remplacées par une force unique, appliquée suivant cette direction commune au pôle correspondant du barreau.

Soient donc A et B les pôles très éloignés du globe terrestre, a et b, ceux du barreau, ou mieux d'une aiguille aimantée suspendue par un fil sans torsion attaché en son centre de gravité. Le pôle a est sollicité par deux forces, l'une attractive $[B, a]$, l'autre répulsive $[A, a]$, qui sont respectivement égales, parallèles, et opposées aux deux forces sollicitant le pôle b, desquelles l'une $[B, b]$ est répulsive, et l'autre $[A, b]$ est attractive. L'aiguille aimantée est donc soumise, en dernier résultat, à l'action d'un couple de deux forces égales, parallèles et opposées, appliquées l'une en a , l'autre en b. D'après cela l'aiguille doit tourner jusqu'à ce que son axe, ou la ligne ab, soit dans la direction commune de ces forces; et il ne peut résulter de l'action uniquement directrice du globe sur l'aimant, aucune force qui tende à déplacer son centre de gravité.

L'expérience confirme ce résultat général. Lorsqu'une aiguille aimantée est suspendue par un fil attaché en son centre de gravité, et qu'elle atteint sa position d'équilibre, le fil reste vertical ; ce qui indique que l'aiguille n'est sollicitée, en vertu de l'action magnétique du globe, par

Fig. 372.

aucune composante horizontale. Si l'on suspend un levier à un fil attaché en son centre de gravité, que l'on place à une de ses extrémités une aiguille aimantée, dans la direction que l'influence du globe lui donnerait si elle était librement suspendue, enfin que l'on fixe à l'autre extrémité du levier, un contre-poids égal au poids de l'aiguille pris avant son aimantation, on remarque que le levier reste en équilibre ; l'action du globe sur l'aiguille n'a donc pas de composante verticale. Ces expériences vérifient le résultat déduit de la théorie, c'est-à-dire que l'influence magnétique du globe sur un aimant se réduit à une action directrice, ou à un couple de deux forces égales, parallèles et opposées, agissant sur les pôles de l'aimant.

Inclinaison de l'aiguille aimantée.

744. Pour reconnaître la direction que le globe tend à faire prendre à l'aiguille aimantée, dans un lieu donné de la surface de la terre, on peut déterminer d'abord, par le tâtonnement, le centre de gravité d'une aiguille d'acier non aimantée, en cherchant le point où elle doit être attachée à un fil de soie vertical et sans torsion, pour rester indifféremment dans toutes les positions qu'on lui donne autour de ce point. On aimante ensuite cette aiguille, qui s'arrête dans la direction cherchée, lorsqu'on la suspend de nouveau au point trouvé. L'angle que son axe fait alors avec l'horizon, donne ce que l'on appelle *l'inclinaison* de l'aiguille aimantée. On reconnaît ainsi qu'à Paris, par exemple, le pôle nord ou austral de l'aiguille aimantée s'incline vers le bas, et que son pôle sud ou boréal est au contraire soulevé, qu'enfin l'inclinaison est à Paris de 70° environ. Nous indiquerons plus loin un moyen plus expéditif et plus commode de déterminer l'inclinaison de l'aiguille aimantée, dans un lieu donné.

745. L'action du globe terrestre pouvant être représentée par celle de deux pôles magnétiques, doit exercer sur une barre de fer ou d'acier la même influence qu'un aimant. Cette influence doit être surtout sensible, si l'on donne à la barre la direction même des actions magnétiques du globe, c'est-à-dire la position dans laquelle s'arrête une aiguille aimantée suspendue à un fil par son centre de gravité. En effet, lorsqu'on amène dans cette direction une barre de fer doux, elle devient magnétique : une petite aiguille présentée aux extrémités de cette barre, est successivement attirée et repoussée, de manière à indiquer l'existence de deux pôles magnétiques contraires ; le pôle nord de l'aiguille est attiré par l'extrémité supérieure de la barre, et repoussé par l'autre ; le contraire a lieu pour le pôle sud. Et ce qui prouve que ce n'est pas une propriété permanente de la barre qui produit ces effets, c'est qu'ils restent les mêmes, dans les mêmes positions, lorsque la barre est retournée de manière à changer les extrémités de place.

Aimantation due à l'influence du globe.

Une barre de fer doux offre toujours deux pôles à ses extrémités, dans toutes positions, pourvu qu'elle ne soit pas perpendiculaire au méridien magnétique ; cette aimantation est encore due aux actions des pôles magnétiques de la terre, lesquelles donnent toujours des composantes efficaces, dirigées suivant l'axe de la barre. Cette aimantation par l'influence du globe explique la formation des aimans naturels, et tous ces signes de magnétisme, en apparence développés spontanément, que l'on observe souvent dans les objets en fer ou en acier. On a remarqué qu'un choc très violent, imprimé à une barre de fer, favorisait singulièrement l'influence du globe, et augmentait beaucoup l'énergie du magnétisme développé ; que des coups de marteaux assez forts pour produire un commencement d'écrasement, ou mieux une torsion puissante, donnaient même au fer pur une sorte de force coercitive, qui lui permettait de conserver des propriétés magnétiques durables.

Le fer s'aimante encore dans son passage à la filière, lorsqu'il ne se trouve pas dans une direction perpendiculaire au méridien magnétique. Mais si on le recuit ensuite, il rentre à l'état naturel. En général, lorsqu'on chauffe au rouge un morceau de fer, aimanté par les circonstances qui viennent d'être signalées, il perd sa vertu magnétique, qui persiste cependant si les différentes températures qu'il subit ne sont pas très élevées. Tous les outils en fer, dans les arts ou dans les ménages, les pelles, les pincettes, les ciseaux sont de véritables aimans. Pour reconnaître l'existence des pôles dans ces ustensiles, ou dans le fer qui a subi les préparations précédentes, il faut se garder d'employer une aiguille aimantée trop forte, qui pourrait développer par influence, des propriétés magnétiques capables de masquer celles qu'on se propose de constater.

Le passage de l'électricité à travers le fer, y développe aussi le magnétisme : on a remarqué que les tiges des paratonnerres, et les morceaux de fer traversés par la foudre, deviennent des aimans. Sans doute que dans ces circonstances l'électricité produit le même effet qu'un choc mécanique, et favorise l'influence du globe. L'électricité en mouvement, dans le voisinage d'un corps susceptible d'aimantation, suffit, comme nous le verrons plus tard, pour y développer des propriétés magnétiques, sans que le corps soit lui-même traversé par le fluide électrique.

746. Lorsqu'on veut former des aimans artificiels un peu énergiques, il faut employer du fer aciéré ; on le combine avec une petite proportion de charbon , afin qu'il puisse acquérir la force coercitive capable de conserver les propriétés magnétiques qu'on doit y développer. En combinant le fer avec un peu de soufre , ou d'arsenic , ou de phosphore, on obtient le même résultat. Mais la proportion de la substance ajoutée doit être très petite , autrement la force coercitive devient tellement puissante, qu'elle s'oppose à toute aimantation.

Quand l'acier possède une proportion de charbon convenable, il faut le tremper pour qu'il puisse conserver le magnétisme ; car l'acier mou se conduit comme le fer doux. La force coercitive de l'acier dur croît avec le degré de trempe ; une trempe trop forte résiste à tout procédé d'aimantation ; celle qui convient le mieux est celle du rouge obscur. Toute force coercitive disparaît dans un barreau d'acier, dès qu'on détruit la trempe , par l'échauffement au rouge obscur et un refroidissement lent ; si lors du refroidissement, le barreau, primitivement aimanté , est resté dans un position perpendiculaire au méridien magnétique, on ne trouve plus en lui aucune trace de magnétisme ; ce qui prouve que la force coercitive a été détruite , et que les fluides se sont neutralisés.

On se propose ordinairement de faire acquérir à l'acier l'aimantation la plus forte qu'il puisse conserver. Lorsque le procédé que l'on emploie développe plus de magnétisme que la force coercitive n'en peut retenir, l'excès se perd dès que l'influence est écartée ; c'est-à-dire qu'une portion des fluides séparés se recomposent au bout de quelque temps ; l'acier reste alors aimanté à saturation , l'équilibre existant entre la force coercitive et l'attraction mutuelle des fluides développés.

747. Les moyens que l'on emploie pour aimanter à saturation les aiguilles et les barreaux d'acier, varient avec leurs dimensions, et suivant la puissance des aimans naturels ou artificiels dont on peut disposer. Ces procédés ont été suggérés par l'expérience plutôt que par la théorie; il est même presque impossible de se rendre compte de toutes les circonstances reconnues favorables au développement du magnétisme, et qui rendent ces procédés plus efficaces. Quand il s'agit d'une aiguille légère ou d'un très petit barreau, on peut se contenter de la méthode de la simple touche : on fait glisser le barreau suivant sa longueur, à l'extrémité d'un fort aimant; après plusieurs frictions sur les deux faces, faites de la même manière, et toujours dans le même sens, le barreau se trouve aimanté.

Pour une forte aiguille, on emploie la méthode de la double touche : on place au-dessus de l'aiguille deux forts barreaux aimantés, en approchant leurs pôles contraires, de telle sorte que la surface de jonction de leurs extrémités soit en son milieu; on retire ensuite les aimans en sens contraires, de telle manière que chacun d'eux frotte l'aiguille sur l'une de ses moitiés; plusieurs frictions semblables sur les deux faces suffisent ordinairement. L'opération est abrégée, et le développement du magnétisme favorisé, quand l'aiguille repose sur les pôles contraires de deux aimans artificiels fixes, qui exercent eux-mêmes une aimantation par influence.

Lorsqu'on veut aimanter à la fois deux aiguilles, ou même deux barreaux d'acier de moyenne grosseur, on peut employer la méthode suivante, dite de Duhamel. Après avoir formé un rectangle avec les deux barreaux placés parallèlement et deux morceaux de fer doux, on promène Fig. 374 deux aimans sur l'un des barreaux comme dans la méthode du double contact; la réaction du magnétisme développé dans le fer doux, seconde l'action directe des aimans; après un nombre suffisant de frictions, on retourne le barreau pour les recommencer sur l'autre face. Durant cette opération, le magnétisme développé dans les morceaux de fer aimante aussi par influence le second barreau, que l'on sature ensuite par des frictions directes, mais en plaçant les pôles des aimans mobiles dans une position inverse; on peut alors se contenter d'un moindre nombre de frictions.

Pour aimanter des barreaux de fortes dimensions, le procédé le plus énergique est celui d'Æpinus. Les extrémités du barreau reposent sur des aimans artificiels fixes très puissans; on réunit deux autres aimans énergiques, soit parallèlement dans des positions inverses, soit bout-à-bout par des pôles de noms contraires; leur couple est ensuite appuyé sur le barreau, verticalement dans le premier cas, horizontalement dans le second; enfin on promène plusieurs fois ces aimans, mais sans les séparer, sur toute la longueur du barreau et dans les deux sens. L'expérience a indiqué que le contact des aimans mobiles agissait plus efficacement, lorsqu'ils étaient inclinés en sens contraire sur Fig. 375. le barreau frotté, d'un même angle de 20° environ; ce qui semble tenir à ce que les centres d'action de ces aimans, d'une part agissent à une moindre distance du barreau aimanté que s'ils lui étaient perpendiculaires, et d'autre part à ce qu'ils sont plus rapprochés l'un de l'autre, que si les aimans mobiles étaient couchés sur ce barreau.

Dans cette méthode d'aimantation, les actions des pôles

contraires des aimans mobiles, tendent toutes les deux à développer les fluides, dans les particules magnétiques du barreau, situées entre les projections de ces pôles. Lorsque ces pôles sont passés, ils tendent à détruire derrière eux l'effet qu'ils ont produit, mais alors ils sont moins efficaces, car ils n'agissent plus qu'avec la différence de leurs actions sur chaque fluide ; la recomposition du magnétisme développé n'a donc lieu qu'en partie. La disposition et la puissance des aimans fixes qui supportent le barreau s'opposent d'ailleurs à cette recomposition.

On obtient des aimans artificiels très puissans, en réunissant des lames d'acier ou des barreaux minces, aimantés à saturation. On les place les uns sur les autres, en accolant à leurs extrémités deux talons ou morceaux de fer doux. Il est convenable que les extrémités des lames partielles soient, non sur la même ligne, mais successivement en retraite jusqu'au milieu de l'épaisseur totale ; par cette disposition tous les pôles semblables agissent moins obliquement sur les corps qu'ils doivent influencer.

748. Les aimans naturels produiraient des effets assez bornés, si on ne les armait pas de masses de fer, dans lesquelles ils développent du magnétisme, et qui réagissent à leur tour sur ces aimans. Voici de quelle manière ils convient de disposer ces armures. On détermine la position des centres d'action de l'aimant naturel, par l'inspection de la limaille qui reste suspendue à sa surface, lorsqu'on l'a plongé dans un amas de cette substance ; il est facile de reconnaître ensuite la nature de ces pôles, par l'effet qu'ils produisent sur l'aiguille aimantée. Ces données étant obtenues, il faut tailler dans l'aimant deux faces planes, perpendiculaires à la ligne qui joint deux centres d'action de noms con-

traires. On applique sur ces faces deux lames minces de fer   Fig. 370.
doux, terminées chacune par un talon, et que l'on maintient par des collets convenables.

Les talons des armures deviennent des pôles magnétiques par l'influence de ceux de l'aimant. La position de
ces nouveaux pôles est très commode pour y suspendre,
par leurs seules attractions, des masses de fer et des poids,
qui sont d'autant plus considérables que l'aimant naturel
est plus énergique. Ces armures en fer, et le poids qu'elles
soutiennent, réagissent par leur magnétisme développé,
sur celui de l'aimant, qui peut ainsi acquérir plus de force,
et devenir capable, au bout de quelque temps, de supporter un plus grand poids. Tandis qu'un aimant naturel non
armé, ou dont les armures ne sont pas chargées d'un poids
suffisant, perd de son magnétisme avec le temps.

Les aimans artificiels doivent être aussi convenablement
armés, pour pouvoir conserver toute leur énergie. Lorsqu'ils sont en grand nombre, on en forme un faisceau
prismatique, que l'on arme comme un aimant naturel.
Deux barreaux aimantés de même force, et de mêmes di-   Fig. 378.
mensions, conservent assez bien leur magnétisme, lorsqu'étant disposés dans une boîte, parallèlement et en sens
inverse l'un de l'autre, ils forment un rectangle avec deux
armures de fer doux qui joignent leurs pôles contraires. Un
aimant artificiel, ayant la forme d'un fer à cheval, con-   Fig. 379.
serve mieux son magnétisme qu'un barreau prismatique de
même force; ce qui tient au voisinage des deux pôles, et
à l'action conservatrice qu'ils exercent alors sur l'autre, le
rapprochement des extrémités dans cette forme d'aimant,
donne en outre une grande facilité pour y suspendre des
armures et des poids.

III.   8

749. La perte du magnétisme dans un aimant dépourvu de toute armure provient de diverses causes. L'action par influence du globe terrestre peut opérer la recomposition d'une partie des fluides, quand l'aimant se trouve fortuitement, et durant un temps assez long, dans une direction plus ou moins contraire à celle qu'il prendrait s'il était librement suspendu. Plusieurs aimans reposant sans ordre dans le voisinage les uns des autres, peuvent s'influencer de manière à détruire une portion de leur magnétisme. Ces effets destructeurs sont favorisés par des chocs violens. Mais la cause la plus puissante de déperdition du magnétisme, dans un aimant artificiel, réside dans les variations de température qu'il subit. On a vu plus haut qu'un barreau aimanté chauffé au rouge, et refroidi dans une direction perpendiculaire au méridien magnétique, perdait toute puissance ; mais quelle que soit l'élévation de température qu'il éprouve, et dont il descend ensuite lentement, ces variations occasionent toujours un moindre degré de trempe, par suite une diminution dans la force coercitive, et enfin une perte de magnétisme ; de telle sorte que le barreau aimanté, revenu à sa température primitive, ne recouvre plus la même énergie.

750. Lorsqu'on a communiqué à un barreau d'acier, la plus forte aimantation qu'il puisse conserver, il arrive quelquefois, surtout en employant la méthode d'Æpinus, qu'outre les deux pôles dont on reconnaît la présence à ses extrémités, d'autres centres d'action se manifestent sur le barreau. Ces pôles secondaires sont toujours alternativement de natures contraires ; leur développement, lors de l'aimantation, est dû à une trop grande force coercitive, ou à une trempe trop dure. Il est important de les éviter dans la préparation

les aiguilles de boussole, qui ne doivent avoir que deux pôles contraires situés aux extrémités ; on y parvient en n'employant que de l'acier très homogène, auquel on donne une trempe modérée.

On désigne ces pôles secondaires sous le nom de *points conséquens ;* et l'on appelle *points d'indifférence ,* les mieux des intervalles qui séparent des pôles consécutifs, parce que ces points ne font pas dévier l'aiguille aimantée qu'on leur présente, et semblent indifférens au magnétisme. Pour étudier le nombre et la distribution des pôles d'un barreau aimanté , on le couche horizontalement, et après l'avoir recouvert d'une feuille de papier ou de carton, on y projette de la limaille de fer. En frappant légèrement cette feuille, les parcelles de limaille, suspendues un instant , retombent dans des positions particulières déterminées par les forces qui les sollicitent. On remarque alors que ces parcelles se disposent toujours de manière à tendre vers les centres d'action.

Si le barreau n'a que deux pôles, les petites aiguilles de limaille situées sur une perpendiculaire au milieu de l'axe de l'aimant, sont disposées parallèlement à cet axe ; à droite et à gauche de cette perpendiculaire, elles s'inclinent de plus en plus vers les pôles, qui ne sont pas situés aux extrémités mêmes du barreau, mais à une certaine distance de ces extrémités. Autour de chaque pôle les parcelles métalliques sont disposées en courbes rayonnantes dans toutes les directions. Si le barreau aimanté est une lame mince d'acier très dur, les courbes formées par la limaille indiquent ordinairement des centres d'action intermédiaires, ou points conséquens, et des points d'indifférence, pour lesquels les élémens de ces courbes sont parallèles à l'axe

Fig. 38 .

de la lame. On peut encore reconnaître la position de ces différens points, en promenant verticalement la lame d'acier devant une aiguille aimantée suspendue sur un pivot, et remarquant les points vers lesquels se dirigent successivement les deux pôles mobiles.

QUARANTE-CINQUIÈME LEÇON.

Loi du magnétisme. — Balance magnétique. — Loi de la force directrice du globe. Momens magnétiques. — Lois de la distribution du magnétisme dans les aimans. — Lois des attractions et répulsions magnétiques. Méthode des oscillations. — Mesure de l'inclinaison, de la déclinaison, de l'intensité du magnétisme terrestre. — Lignes sans déclinaison. Équateur magnétique. Lignes isodynamiques. Pôles magnétiques du globe. — De la boussole et de son compensateur. — Considérations sur la théorie du magnétisme. Actions singulières des aimans.

⊸◉⊶

751. L'aiguille aimantée mobile sur un pivot vertical, ou autour d'un axe horizontal, ou enfin suspendue à un fil, offre un moyen précieux de comparer entre elles les intensités des actions magnétiques des aimans, lorsque les circonstances influentes, de distance, de position, de temps et de température, viennent à varier. Cette comparaison est fondée sur la déviation plus ou moins grande que l'aiguille aimantée éprouve, lorsqu'une influence étrangère au globe l'écarte de la direction qu'elle tend à prendre; ou sur le nombre plus ou moins grand d'oscillations qu'elle fait dans un temps donné, quand on l'écarte d'une position d'équilibre. Mais avant d'indiquer tout le parti qu'on peut tirer de ce genre d'exploration, il convient d'étudier d'abord les lois de l'action directrice du globe sur l'aiguille aimantée.

On a vu plus haut (§ 743) que l'action du globe sur un

Loi
de la force
directrice
du globe.

aimant se réduisait à deux forces égales, parallèles et opposées, appliquées aux deux pôles de l'aimant. Soit une aiguille aimantée, mobile autour d'un axe passant par son centre de gravité, dans un plan qui ne soit pas perpendiculaire à la direction commune de ces forces; concevons chacune de ces forces décomposée en deux autres, l'une parallèle à l'axe de rotation, l'autre parallèle au plan que l'aiguille peut décrire, et située dans le méridien magnétique; la première composante sera détruite par le mode de suspension, la seconde sera seule efficace pour faire tourner l'aiguille, et la ramener dans le méridien magnétique, si on l'en écarte. Lors du mouvement de l'aiguille, les deux composantes efficaces, égales, parallèles et opposées, appliquées à ses deux pôles, agiront d'une manière continue sur ces points, dans une direction constante, et toujours avec la même intensité.

Il résulte de là que chaque moitié de l'aiguille se mouvra comme une pendule simple, ayant pour longueur la distance du pôle correspondant à l'axe de suspension, et que les lois de ce mouvement seront identiquement les mêmes que celles du pendule. Or la force directrice n'est autre que celle qui tend à ramener dans la position d'équilibre chaque moitié de l'aiguille, lorsqu'elle en est écartée d'un angle α, ou la force artificielle qui maintiendrait cet écartement, et qui serait dirigée dans le plan des mouvemens de l'aiguille, perpendiculairement à sa longueur; cette force doit donc être proportionnelle à $\sin \alpha$, ou à l'angle α lui-même si cet écartement est très petit.

Il importe de vérifier cette loi, principalement pour l'aiguille mobile sur un pivot vertical, dont on se sert le plus habituellement pour comparer les actions des aimans.

L'horizontalité de l'aiguille, dans cet appareil, s'obtient en
équilibrant, par un excès de poids d'une moitié sur l'autre,
les composantes verticales des forces terrestres qui tendent
à soulever le pôle sud. D'après la théorie, ces composantes
doivent être constantes, dans quelque plan que se trouve
l'aiguille; et c'est en effet ce que démontre l'expérience,
car l'aiguille étant disposée de manière à être horizontale
dans un plan vertical, l'est dans tous les autres, lorsque
les influences étrangères au globe, qui peuvent agir sur elle,
n'introduisent pas de nouvelles composantes verticales.

752. Coulomb a constaté par l'expérience que la force
directrice d'une aiguille horizontale, est réellement proportionnelle au sinus de l'angle qui la sépare du méridien
magnétique. Pour vérifier cette loi, on se sert de la balance
de torsion, en suspendant à son fil d'argent une tige d'acier
aimantée, maintenue horizontalement sur une chappe de
cuivre. Une lame verticale, fixée à la chappe et du même
métal qu'elle, plonge dans l'eau d'un vase inférieur. Cette
disposition a pour but d'amortir les oscillations, et de faire
parvenir plus tôt la tige à sa position d'équilibre. On place
d'abord la cage de l'appareil de telle manière que l'aimant
suspendu, étant dans le méridien magnétique, soit dirigé
vers le zéro des divisions, et qu'en même temps le fil d'argent soit sans torsion.

On imprime alors différentes torsions au fil métallique,
jusqu'à ce que la tige aimantée s'arrête successivement à
1°, 2°, 3°, 4°, de sa position primitive. On trouve alors que
les angles de torsion nécessaires pour maintenir l'aiguille
dans ces différentes positions, sont proportionnels à l'écartement. Or, comme les forces de torsion correspondantes
suivent la même loi, il faut en conclure que les intensités

de la force directrice horizontale, décomposées perpendiculairement à la longueur de la tige, composantes qui font
directement équilibre aux forces de torsion observées, sont
réellement proportionnelles à l'angle que la tige aimantée
fait avec le méridien magnétique. Lorsque l'écartement
dépasse de beaucoup 4 ou 5°, on reconnaît que la force de
torsion qui le détermine, croît réellement comme le sinus
de cet angle.

Moment ma-
gnétique
de l'aiguille
aimantée.

753. La force directrice doit évidemment agir avec une
intensité variable, sur des aiguilles aimantées de diverses
dimensions, car cette intensité dépend de la distance des
pôles de chaque aiguille à l'axe de suspension, et de l'énergie de son magnétisme. Le balance de torsion donne un
moyen facile de comparer les forces directrices, ou ce que
Coulomb appelait les *momens magnétiques*, de plusieurs
aiguilles. Il suffit de substituer chacune d'elles à la tige aimantée de l'expérience précédente, et de tordre le fil de
suspension, de manière à obtenir un certain écartement. Les angles de torsion qui produisent une même déviation de toutes les aiguilles, sont évidemment proportionnels à leurs momens magnétiques.

Voici les résultats de plusieurs séries d'expériences, entreprises par Coulomb, dans le but d'étudier l'influence
des dimensions, et de la forme des aiguilles aimantées, sur
leurs forces directrices. Pour des aiguilles cylindriques, de
même diamètre mais de longueurs différentes, provenant
d'un même fil d'acier ou de fer écroui par la torsion, les
momens magnétiques ont diminué proportionnellement à
la longueur, jusqu'à la limite d'un pouce environ; au-
dessous de cette limite la diminution était plus rapide, et
suivait à peu près celle du carré de la longueur. Des aiguilles

cylindriques ayant été réunies en faisceaux, de grosseurs et
de longueurs différentes, mais telles que leurs volumes
fussent géométriquement semblables, les momens magnétiques de ces faisceaux, mesurés à la balance de torsion,
étaient entre eux comme les cubes de leurs diamètres, ou
de leurs dimensions homologues.

Deux aiguilles de même longueur et de même poids,
ayant été taillées dans la même lame d'acier, de telle manière que l'une eût la forme d'un rectangle, et l'autre
celle d'un parallélogramme oblique ou d'une double flèche;
toutes les deux étant ensuite trempées au rouge obscur, et
aimantées à saturation; le moment magnétique de la seconde
aiguille a été trouvé plus grand d'un huitième environ
que celui de la première. Des aiguilles rectangles, ayant
toutes leurs dimensions égales, furent prises dans la même
lame d'acier, trempées de la même manière et aimantées à
saturation ; on les superposa les unes aux autres, dans le
même sens, en nombre plus ou moins grand , de manière
à former des faisceaux de différentes épaisseurs , convenablement serrés par des cordons de soie; les momens magnétiques de ces faisceaux , mesurés à la balance de torsion ,
croissaient dans un rapport beaucoup moindre que l'épaisseur : celui d'un faisceau de 16 lames n'atteignait pas le
triple du moment magnétique d'une seule.

L'état magnétique des aiguilles de chaque faisceau, dans
les dernières expériences, s'était altéré très sensiblement
pendant leur réunion, et cela très inégalement : car Coulomb
ayant défait des faisceaux de 16 et de 8 aiguilles, trouva
que le moment magnétique d'une des lames extrêmes était
plus grand, dans le rapport de 8 à 5 , que la valeur moyenne
du moment magnétique de chaque lame intermédiaire,

Cette altération du magnétisme des aiguilles, lors de leur influence mutuelle, allait même jusqu'à renverser les pôles de quelques-unes d'entre elles.

754. La force magnétique des aiguilles peut être évaluée par la durée des oscillations qu'elles font, à droite et à gauche de leur position d'équilibre, sous la seule influence du globe; si leur longueur est la même, l'énergie de leur magnétisme aura pour mesure le carré du nombre des oscillations faites dans un temps donné, ou le rapport inverse du carré des temps employés à faire un même nombre d'oscillations. C'est à l'aide de cette méthode que Coulomb a étudié l'altération des aiguilles dans les expériences précédentes; un faisceau de 8 lames ayant été défait, une des lames de la surface faisait 20 oscillations en 90″, tandis que chacune des lames intermédiaires employait plus de 230″ à faire le même nombre d'oscillations. Un faisceau de plusieurs aiguilles possède à peu près le même moment magnétique qu'un seul barreau de même figure et de même poids; on doit conclure de ce rapprochement, que dans les barreaux aimantés, le magnétisme diminue depuis la surface latérale jusqu'à l'axe, comme dans les faisceaux composés.

La comparaison des temps que des aiguilles aimantées mettent à exécuter un même nombre d'oscillations, a encore été utilisée par Coulomb, pour étudier l'influence de la longueur et de la largeur sur le magnétisme des aiguilles. Des lames de même largeur et de longueurs différentes, prises dans une même tôle d'acier, toujours également trempées, et aimantées à saturation, ont employé à faire 20 oscillations, des temps proportionnels à leurs longueurs; ces temps augmentaient avec la largeur, mais faiblement, pour des longueurs égales. Le frottement d'une aiguille aimantée, sur son pivot, peut être mesuré par la déviation qu'elle peut supporter, sans tendre à revenir dans le méridien magnétique. Coulomb a appliqué ce genre d'exploration, pour déterminer les meilleures formes à donner aux pointes des pivots, et aux cavités des chappes ; les parties frottantes ayant d'ailleurs une très grande dureté, et le poids des aiguilles étant réduit autant que possible. Il résulte enfin de toutes les recherches de Coulomb que les aiguilles légères, étroites, plates, en forme de double flèche, doivent être préférées à d'autres plus pesantes et plus épaisses, ayant la forme prismatique ; quant à la longueur, pourvu qu'elle ne soit pas trop petite, elle n'entraîne avec elle aucun désavantage.

755. La proportionnalité trouvée entre la longueur et le moment magnétique, pour plusieurs tiges aimantées de même diamètre, tend à faire supposer que l'état magnétique des extrémités de toutes ces tiges a précisément la même énergie, et que les forces du globe, agissant alors avec des intensités égales, font varier le moment magnétique proportionnellement à la distance des pôles, ou à la longueur de la tige. Les recherches entreprises dans le but de déterminer la distribution du magnétisme, dans un barreau aimanté, ont confirmé cette supposition ; Coulomb s'est encore servi pour cet objet de la balance de torsion.

Ayant fixé une règle de bois dans le méridien magnétique, en sorte que la tige ou l'aiguille aimantée suspendue, et dirigée vers le zéro de torsion, touchât cette règle sans la presser, Coulomb plaçait verticalement le barreau aimanté, près de la tige et derrière la règle, dans un sens tel qu'il y eût répulsion. Le fil d'argent convenablement tordu, ramenait l'aiguille en contact avec la règle, mais toujours sans pression ; l'angle de torsion imprimé donnait alors la force répulsive qn'il s'agissait de mesurer. Le barreau aimanté étant placé à différentes hauteurs, on obtenait différentes valeurs de cette force répulsive. Suivant Coulomb, ces valeurs devaient être proportionnelles aux masses de fluide libre des couches du barreau, successivement amenées au niveau de la tige aimantée, et représentaient la loi empirique de la distribution du magnétisme dans le barreau.

Cette conclusion n'est pas rigoureusement exacte ; car la masse de fluide libre, ou non déguisé, contenue dans la couche en regard de l'aiguille, n'est pas la seule cause de la force répulsive mesurée à chaque observation ; laquelle est réellement la résultante des actions magnétiques de toutes les couches du barreau. Mais il faut remarquer que la tige et le barreau se croisent à angle droit, et à une distance très petite ; d'où il suit que les couches situées au-dessus ou au-dessous du niveau du croisement, agissent dans des directions très obliques, et influent conséquemment très peu sur la répulsion totale ; cette dernière résultante doit donc peu différer de l'action de la seule couche en regard de la tige, laquelle entre avec toute son intensité dans la composition de cette résultante. D'après cela, on peut adopter la conclusion précédente, surtout si l'on considère que, dans les expériences de Coulomb, la règle de bois était mince, et que le barreau aimanté n'était qu'un fil d'acier de très petit diamètre.

M. Biot, cherchant à interpoler les résultats des expériences de Coulomb, a reconnu qu'ils étaient représentés avec une exactitude remarquable par la formule.......
$\gamma = A(\mu^x - \mu^{2l-x})$; l étant la demi-longueur du fil aimanté soumis à l'observation ; x la distance qui sépare,

de l'extrémité du fil, la couche dont l'intensité magnétique est γ; A et μ, deux constantes déterminées par deux couples d'observations. Quand le fil est très long, et conséquemment son pôle opposé très éloigné, μ étant toujours moindre que l'unité, le terme μ^{2l-x} est insensible; et la formule plus simple, $\gamma = A\mu^x$, représente très bien la distribution du magnétisme vers une des extrémités; M. Becquerel a vérifié l'exactitude de cette dernière loi, sur des fils d'acier capillaires, qui n'avaient que $\frac{1}{75}$° de millimètre de diamètre.

756. Coulomb représentait graphiquement les résultats de ses observations, par des ordonnées proportionnelles aux intensités, et élevées, dans un même plan, perpendiculairement à l'axe du fil aimanté. La courbe formée par les extrémités de ces ordonnées se compose de deux branches, qui correspondent aux deux moitiés de l'aimant; ces branches ont une similitude d'autant plus parfaite que le fil d'acier est plus homogène; chacune d'elles est appelée *courbe des intensités*. Les ordonnées sont nulles au milieu du fil, et insensibles sur une certaine étendue de part et d'autre de ce point milieu. Il suit de là que la courbe des intensités semble se confondre avec l'axe de l'aimant, sur une grande partie de chaque moitié; elle s'en sépare pour s'élever rapidement, jusqu'à l'ordonnée correspondante à l'extrémité du fil. Si l'on cherche le centre de gravité de l'aire comprise entre cette ordonnée, la courbe et l'axe, le pied de l'ordonnée de ce centre de gravité est évidemment le centre d'action de la moitié de l'aimant, ou son pôle.

757. Dans des fils aimantés de même diamètre, et dont les longueurs différentes surpassent toutes 6 à 8 pouces, la courbe des intensités est exactement la même. Il suit de là

que les pôles sont à la même distance des extrémités, et ont la même énergie, les momens magnétiques de ces fils doivent donc être proportionnels à leurs longueurs, comme l'expérience le prouve directement (§ 753). La distance de chaque pôle à l'extrémité correspondante d'une aiguille cylindrique paraît varier à très peu près comme le diamètre de cette aiguille, pourvu que sa longueur ne soit pas inférieure à 6 pouces. Dans les aimans très courts, la position des pôles, toujours déduite par le calcul de la courbe des intensités, est à peu près au sixième de la longueur totale à partir de chaque extrémité; cette position paraît être une limite dont les pôles s'approchent à mesure que l'aimant devient plus court.

Loi des attractions et répulsions magnétiques.

758. Coulomb s'est encore servi de la balance de torsion, pour déterminer la loi des attractions et répulsions magnétiques, lorsque la distance du centre d'action influant vient à varier. Cette loi est celle de la raison inverse du carré des distances. Pour la vérifier, supposons que le micromètre de la balance soit à zéro, et que la tige ou l'aiguille aimantée suspendue soit dirigée vers le zéro de torsion, dans le méridien magnétique; si l'on approche un barreau aimanté vertical, de telle manière qu'un de ses pôles soit au lieu même qu'occupait le pôle de même nom de l'aiguille mobile, cette aiguille repoussée s'arrêtera lorsque la force directrice, dont la loi est connue, augmentée de la force de torsion correspondante, fera équilibre à la répulsion. Comme on peut augmenter la torsion en tournant le micromètre, on pourra observer autant de positions d'équilibre que l'on voudra, en conclure les forces répulsives pour des distances différentes, et vérifier ainsi la loi énoncée.

759. Mais ce mode d'observation est soumis à des er-Méthode des oscillations. reurs, provenant des actions négligées des pôles opposés, dont les effets varient avec la position d'équilibre de l'aiguille mobile; les résultats obtenus par ce procédé ne doivent donc être qu'approchés. On peut d'ailleurs constater la loi des attractions et répulsions magnétiques, en employant une autre méthode, qui s'applique à la mesure de toutes les forces accélératrices de la nature. Ces forces pouvant être regardées comme constantes pour des distances très peu différentes, agissent alors comme la pesanteur. La formule qui lie la longueur l du pendule simple, l'intensité g de la pesanteur, et la durée t d'une oscillation, étant

$$t = \pi \sqrt{\frac{l}{g}},$$

on pourra l'employer pour toute espèce de force accélératrice constante g, produisant un mouvement d'oscillation. En faisant osciller le même pendule, sous l'influence d'une force de même nature, mais d'intensité différente, g et t changeront seuls, et si g' et t' sont leurs nouvelles valeurs on aura :

$$t' = \pi \sqrt{\frac{l}{g'}};$$

d'où $g' : g :: t^2 : t'^2$; ou bien en désignant par n, n', les nombres d'oscillations faites dans le même temps, $g' : g :: n'^2 : n^2$. C'est-à-dire que les forces comparées seront entre elles comme les carrés des nombres d'oscillations.

D'après cela, on peut faire osciller une petite aiguille, à des distances différentes de l'un des pôles d'un barreau aimanté, et compter à chaque station le nombre des oscillations faites pendant un certain temps, une minute par exemple. La comparaison des nombres d'oscillations obtenus, et des distances comprises entre les pôles voisins du barreau et de l'aiguille, permettra de constater la loi des forces magnétiques. On choisit pour cela de petites aiguilles d'acier très courtes et fortement trempées, afin qu'elles puissent conserver le même degré de magnétisme sous l'influence des aimans, en possédant une grande force coercitive qui s'oppose à une nouvelle séparation des fluides magnétiques dans leurs particules.

Mais les forces qui agissent sur l'aiguille ne sont pas uniquement celles qui émanent des pôles de l'aimant, l'action directrice du globe en fait partie. Pour séparer leurs effets distincts on peut, ou rendre nulle l'action de la terre, ou la laisser subsister et en tenir compte par le calcul. On sait que les forces magnétiques du globe se réduisent à un couple, tendant à placer l'aiguille aimantée dans le méridien magnétique ; l'aiguille qu'on emploie, dans le genre d'expérience actuel, étant horizontale et mobile sur un pivot, on doit remplacer les deux forces égales du couple dont il s'agit, par leurs composantes verticales dont l'effet est détruit par le contre-poids qui détermine l'horizontalité de l'aiguille, et par leurs composantes horizontales formant un nouveau couple, qu'il faut annuler.

On y parvient en disposant sur le même plan horizontal que l'aiguille, et dans le méridien magnétique, un aimant puissant, de telle manière que son pôle le plus voisin soit semblable à celui que l'aiguille tourne de son côté par l'action seule du globe. L'expérience indique qu'on peut placer cet aimant, à une telle distance de l'aiguille, qu'elle semble indifférente à toutes les positions. Il est facile d'expliquer ce résultat. Les actions exercées par l'aimant sur l'aiguille, se réduisent à deux forces contraires, parallèles, qui sont sensiblement égales, à cause de la petitesse de l'aiguille, comparativement à la distance de l'aimant ; or on conçoit que ce couple nouveau puisse détruire l'effet du couple horizontal provenant de l'action du globe, si l'aimant est placé à une distance convenable.

L'aiguille étant ainsi rendue *astatique*, c'est-à-dire indifférente à l'action du globe, on peut en approcher un aimant horizontal, qui aura seul une influence efficace pour lui donner une position d'équilibre. On compte alors le nombre d'oscillations que l'aiguille fait dans un temps donné, de part et d'autre de cette position. Ce nombre varie avec la distance du pôle de l'aimant, et l'on trouve qu'il est en raison inverse de cette distance, d'où l'on conclut facilement que les forces magnétiques varient en raison inverse du carré de la distance. L'aiguille étant très petite, l'aimant doit être au contraire très long, afin que son pôle le plus éloigné n'influe pas d'une manière sensible, et qu'on ne soit pas obligé de considérer des distances différentes à chaque station, ce qui compliquerait beaucoup la comparaison des observations. Coulomb se servait à cet effet d'un long fil d'acier horizontal, dont il présentait un des pôles au pôle contraire de l'aiguille.

Autrement : on peut se dispenser d'annuler l'action du globe sur l'aiguille. On la fait osciller d'abord sous l'influence seule de cette action ; soient g l'intensité de la force magnétique du globe, et n le nombre d'oscillations que l'aiguille fait alors dans le temps T. On présente ensuite un aimant horizontal, ou mieux un long fil d'acier aimanté, situé dans le plan méridien, de telle manière que son pôle voisin agisse par attraction sur le pôle dont il s'approche ; l'aiguille oscille alors plus rapidement ; soient g' la force qui détermine les oscillations, et n' leur nombre dans le même temps T. Enfin si l'on approche plus ou moins l'ai-

III.   9

mant, l'aiguille est soumise, aux différentes stations, à des forces accélératrices différentes g', g'', g'''..., et exécute dans le temps T des nombres différens d'oscillations n', n'', n'''.... On a entre ces forces et ces nombres les relations : $g : n^2 :: g' : n'^2 :: g'' : n''^2 :$.... d'où $g'-g : n'^2-n^2 :: g''-g : n''^2-n^2 :: ....$ Or $(g'-g)$, $(g''-g)$... représentent évidemment les forces magnétiques dues à l'aimant seul, aux diverses stations, les différences (n'^2-n^2), (n''^2-n^2)... pourront donc servir à les mesurer ; et il ne restera plus qu'à les comparer aux carrés des distances, pour vérifier la loi énoncée.

Coulomb s'est aussi servi de la méthode des oscillations pour étudier la distribution du magnétisme dans les aimans. L'aiguille, suspendue à un fil de cocon, était cylindrique ; elle n'avait que 6 lignes de longueur, mais un diamètre moitié de cette longueur, afin d'être à la fois courte et massive. L'aimant soumis à l'épreuve était un fil d'acier de 2 lignes de diamètre, et long de 27 pouces ; on le plaçait successivement à différentes hauteurs, sur la même verticale, la distance qui le séparait de l'aiguille étant très petite, et toujours la même. On connaissait la durée d'une oscillation de l'aiguille sous l'influence seule du globe ; en comptant le nombre des oscillations faites dans un temps constant, à chaque station, on pouvait facilement en déduire, par différence, une mesure de l'action de l'aimant seul, que Coulomb supposait proportionnelle à l'action de la couche située au niveau de l'aiguille.

Cette supposition paraît moins exacte encore que celle du § 755, à cause de l'influence plus grande que les autres couches de l'aimant doivent avoir sur la résultante de ses actions. Mais la loi déjà trouvée, et que la formule de

M. Biot représente très bien, montre que cette proportionnalité peut être admise, pour les stations où l'extrémité du fil n'est pas trop voisine du niveau de l'aiguille. Pour le prouver, soient : $\overline{AB}$ le fil d'acier ; $\overline{ab}$ l'aiguille mobile ; X la couche de l'aimant située sur le plan horizontal $\overline{ab}$; X′ et X″ deux autres couches également éloignées de X ; $\overline{AX}=x$, $XX'=XX''=i$, $\overline{bX}=K$; $y,\ y',\ y''$, les intensités magnétiques des couches $x,\ x',\ x''$. Soit en outre λ une valeur de i, telle que les couches plus éloignées de X que cette distance λ, agissent trop faiblement sur le pôle b, ou suivant des directions trop écartées de $\overline{bX}$, pour influer d'une manière sensible sur l'action totale.

Pour obtenir la résultante des actions du fil sur le pôle b de l'aiguille, il faudrait sommer leurs composantes suivant la direction bX, et dans cette sommation les couches X′, X″, d'épaisseur di, introduiraient un terme de la forme $\dfrac{2k}{(i^2+k^2)^{\frac{3}{2}}}(y'+y'')di$. Or la fonction y, trouvée par M. Biot (§260), donne identiquement $y'+y''=(\mu^i+\mu^{-i})y$, comme on l'a vu dans un autre problème de physique mathématique (§ 260). qui conduit à une loi tout-à-fait semblable. La résultante cherchée sera donc égale à my, si l'on désigne par m l'intégrale définie $2k\displaystyle\int_{0}^{\lambda}\dfrac{\mu^i+\mu^{-i}}{(i^2+k^2)^{\frac{3}{2}}}di$. D'après cela, les actions totales du fil aimanté sur l'aiguille mobile, aux différentes stations, sont proportionnelles aux intensités magnétiques des couches successivement amenées au niveau de l'aiguille, tant que ces couches ne sont pas trop voisines de l'extrémité A, ou que leurs distances à cette extrémité sont plus grandes que λ.

9..

Ainsi la méthode des oscillations peut conduire à des conséquences exactes, sur la distribution constante ou variable du magnétisme dans un corps aimanté. M. Kupfer a fait l'application de cette méthode à l'étude du magnétisme développé par la seule influence du globe, dans un barreau d'acier fondu et non trempé; voici quelques-uns des résultats obtenus par ce physicien. Lorsque le barreau était long-temps resté dans une position qui favorisait l'action du globe, son magnétisme était uniforme, c'est-à-dire que les deux pôles, également intenses, se trouvaient à la même distance des extrémités correspondantes, ou que le point d'indifférence se trouvait au milieu même.

Quand on retournait le barreau, il perdait l'état magnétique dû à la première position, mais ne prenait pas instantanément l'état opposé; il se développait d'abord un faible degré de magnétisme vers les extrémités, qui augmentait ensuite avec le temps. Le barreau soumis à l'expérience, ayant reçu artificiellement un faible degré de magnétisme, par la méthode de la simple touche, fut placé dans la direction de l'aiguille d'inclinaison, mais en sens contraire, c'est-à-dire le pôle nord en haut; le pôle sud tourné vers le bas parut alors plus fort que l'autre, car le point d'indifférence se rapprocha de lui. Eu retournant le barreau, son intensité magnétique augmenta, et le point d'indifférence revint au milieu.

Mesure de la déclinaison et de ses variations. 760. Après avoir étudié les lois des actions magnétiques, il convient de décrire les appareils et les procédés dont on se sert pour déterminer, en chaque lieu, la déclinaison et l'inclinaison de l'aiguille aimantée, ainsi que l'intensité du magnétisme terrestre, et d'exposer les lois empiriques déjà trouvées sur les variations de ces divers élémens. Mais cet objet d'étude faisant maintenant partie du cours de géodésie, nous devons nous dispenser d'entrer ici dans tous les détails qui le concernent, et nous borner à l'énoncé des résultats généraux, dont la connaissance est nécessaire dans le cours de physique.

L'observation de la déclinaison, ou de l'angle formé par l'aiguille aimantée horizontale, avec le méridien terrestre, exige des instrumens qui appartiennent à l'astronomie, si l'on veut l'obtenir avec toute la précision désirable. Lorsque la position du méridien terrestre est connue d'avance, on peut se servir d'une simple boussole, munie d'un limbe horizontal ayant son centre sur l'axe du pivot de l'aiguille; on place alors le diamètre de ce limbe passant par le zéro de sa graduation, dans la direction connue du méridien terrestre, et l'angle qui mesure la déclinaison est directement observable. Pour constater et mesurer les variations de la déclinaison, lesquelles sont toujours peu étendues, on se sert d'une très longue aiguille prismatique, suspendue à un fil sans torsion, et renfermée dans une boîte longue qu'on dirige suivant le méridien magnétique; cette boîte ne laisse à l'aiguille que l'espace nécessaire pour qu'elle puisse décrire ses oscillations. Chaque extrémité de l'aimant porte un vernier qui se meut directement au-dessus d'un petit arc divisé fixe; au moyen de loupes ou de lunettes convenablement placées, on peut observer la marche du zéro de chaque vernier sur l'arc fixe correspondant, et évaluer ainsi avec une grande exactitude les variations de position de l'axe de l'aiguille.

761. L'inclinaison s'obtient à l'aide d'un appareil dans lequel l'aiguille aimantée est mobile autour d'un axe horizontal, fixé normalement au centre d'un limbe vertical, Mesure de
l'inclinaison.

ce limbe peut être placé dans divers azimuts, en tournant autour d'un axe vertical, et sa rotation est mesurée sur un autre limbe, horizontal et fixe. Pour chaque azimut l'aiguille fait un angle particulier avec l'horizon; on fait tourner le limbe mobile, jusqu'à ce que l'aiguille devienne verticale; le limbe est alors perpendiculaire au méridien magnétique; il suffit donc de le faire tourner d'un quadrans pour qu'il soit parallèle à ce méridien, et qu'on puisse y observer directement l'inclinaison de l'aiguille aimantée. Ou bien on observe les angles que l'aiguille fait avec la verticale ou l'horizon, lorsque le limbe mobile est successivement amené dans deux azimuts quelconques perpendiculaires entre eux, et l'inclinaison cherchée se déduit par une formule très simple de cette double observation. Cette formule et ses applications sont exposées dans un autre cours.

Chaque observation de la déclinaison et de l'inclinaison, a besoin d'être répétée quatre fois, si l'on veut que le résultat soit corrigé de toute erreur provenant du non parallélisme de l'axe magnétique de l'aiguille et de son axe de figure, ainsi que de l'hétérogénéité de sa substance. Après avoir fait une première observation, on retourne l'aiguille de telle manière que les deux parties de son axe changent de coussinets, et que ses deux faces soient substituées l'une à l'autre; on fait une seconde observation dans cette position de l'aiguille; la moyenne entre les deux résultats se trouve corrigée de la première cause d'erreur. Pour écarter la dernière, celle dépendant de l'hétérogénéité possible de l'aiguille, qui rendrait un de ses pôles plus fort que l'autre, il faut l'aimanter en sens contraire de manière à changer ses pôles de place, et recommencer deux autres observations semblables aux précédentes. La moyenne des quatre résultats obtenus est l'observation corrigée, et la seule exacte.

762. Pour observer l'intensité du magnétisme terrestre, on se sert d'un petit barreau aimanté, suspendu horizontalement à un fil sans torsion. Après l'avoir écarté du méridien magnétique, par l'influence d'un morceau de fer qu'on rejette ensuite au loin, on compte les oscillations qu'il fait dans un temps donné, une minute, par exemple; le carré de ce nombre sert de mesure à l'intensité de la force directrice décomposée horizontalement; connaissant l'inclinaison, il est facile d'en conclure l'intensité de la force directrice totale. Souvent au lieu d'observer durant un temps constant, on compte au contraire les secondes que le barreau emploie à décrire un certain nombre d'oscillations toujours le même; les forces directrices horizontales sont alors entre elles en raison inverse des carrés des temps. Les séries d'observations faites avec deux barreaux différens deviennent facilement comparables, quand on connaît le rapport des énergies magnétiques de ces aimans, ou celui des carrés des nombres d'oscillations qu'ils font, durant des temps égaux, dans le même lieu et à la même époque.

Les observations d'intensité, obtenues avec un seul barreau, ne sont comparables qu'autant qu'elles ont été faites à la même température. Lorsque cette condition n'est pas remplie, les résultats doivent être corrigés; et pour que cette correction puisse être faite, il faut joindre à chaque observation d'intensité magnétique, celle de la température. M. Kupfer, qui s'est beaucoup occupé du décroissement dans le magnétisme des aiguilles, par suite de leur

Mesure de l'intensité du magnétisme terrestre.

échauffement, a donné des règles et des tables, à l'aide desquelles on peut effectuer la correction dont il s'agit. Au retour d'un voyage où l'on a recueilli une série d'observations d'intensité, on doit éprouver l'aimant dont on s'est servi, au lieu même du départ, afin de reconnaître s'il n'a pas perdu une portion de son magnétisme. Dans la construction de tous les appareils qui servent aux observations magnétiques, à l'exception de l'aiguille aimantée qui en fait la partie principale, il faut n'employer que des substances totalement privées de fer; toutes les parties accessoires sont ordinairement en cuivre rouge ou en bois. L'observateur doit prendre soin de ne porter sur lui aucun objet en fer. Enfin il faut opérer loin de toute habitation, dans un pavillon, ou sous une tente qui ne contienne pas de fer.

Lignes sans déclinaison. 763. La déclinaison varie d'un lieu à un autre sur la surface du globe; elle est occidentale en Europe, orientale en Amérique et dans le nord de l'Asie. Les lieux où la déclinaison est nulle paraissent former deux lignes très irrégulières. L'une de ces lignes sans déclinaison a été reconnue dans l'Océan atlantique, entre l'ancien et le nouveau monde; elle coupe le méridien de Paris par 65° de latitude australe, remonte au nord-ouest jusqu'au 35ᵉ degré de longitude, et devient presque nord-sud en longeant les côtes du Brésil. La seconde ligne part du grand Archipel, s'élève vers le nord, et vient traverser la partie orientale de la Sibérie. Ces lignes sans déclinaison se déplacent; elles sont douées d'un mouvement séculaire, dirigé de l'est à l'ouest. Il y a cent soixante-dix ans, celle de l'Océan atlantique passait par Paris et Londres. M. Kupfer a conclu, d'observations qu'il a faites à Kasan pendant plusieurs années, que la seconde ligne marche aussi dans le même sens. Il paraît que le déplacement n'est pas uniforme dans toute l'étendue de ces lignes, puisque la déclinaison n'a pas varié sensiblement à la Nouvelle-Hollande depuis cent cinquante ans.

764. L'inclinaison augmente en général avec la latitude, et en sens contraire dans les deux hémisphères. Il existe dans la zone torride une suite de points où l'inclinaison est nulle, formant une ligne à laquelle on donne le nom d'équateur magnétique, et qui, par ses sinuosités fort irrégulières, ne figure que très imparfaitement un grand cercle de la sphère. M. Morlet a déduit, d'observations recueillies par Cook, Vancouvert, et d'autres navigateurs, vers la fin du dernier siècle, la forme de l'équateur magnétique, et la position de ses nœuds, c'est-à-dire des points où il coupe l'équateur terrestre.

Il est en totalité au sud de ce dernier entre l'Amérique et l'Afrique, et vient le couper par 18° de longitude orientale. En partant de ce nœud, et se dirigeant vers la mer des Indes, la ligne sans inclinaison s'éloigne rapidement de l'équateur, et parvient dans la mer d'Arabie au maximum de ses excursions boréales qui est de 12° environ, par 62° de longitude orientale. De là jusqu'au second nœud qui existe par 174° de longitude, au-delà de l'Archipel des Carolines, la ligne sans inclinaison décrit plusieurs sinuosités, mais se maintient toujours dans l'hémisphère boréal. Entre ce second nœud et le premier, les sinuosités sont beaucoup plus prononcées, car on a reconnu un point de l'équateur magnétique commun avec l'équateur terrestre, dans l'Océan Pacifique, par 120° de longitude occidentale; mais avant et après ce point, la ligne sans inclinaison s'infléchit vers le sud.

On doit à M. Hansteen un travail semblable à celui de M. Morlet, aussi basé sur les observations de la fin du siècle dernier. L'équateur magnétique, qu'il a tracé, ne diffère du précédent, que par la position et le nombre des nœuds. Suivant M. Hansteen, le nœud de l'Afrique serait de 4°, celui des Carolines de 23° plus à l'est. Dans l'Océan Pacifique, au lieu d'un seul point commun avec l'équateur terrestre, il y aurait deux nœuds, distans de 15 degrés, entre lesquels la ligne sans inclinaison passerait dans l'hémisphère boréal, où elle s'écarterait de l'équateur d'un degré et demi au maximum.

Les observations d'inclinaison faites dans ces dernières années, durant les voyages de MM. Freycinet et Duperrey, du capitaine Sabine, ne s'accordant pas avec la position de l'équateur magnétique, déduite d'observations qui remontent à l'année 1780, M. Morlet a conclu de ce rapprochement que la ligne sans inclinaison se déplace avec le temps. M. Arago a en effet démontré que les différences des résultats, obtenus aux deux époques, s'expliquent en admettant que l'équateur magnétique est doué d'un mouvement de translation séculaire, de l'est à l'ouest, et par conséquent dans le même sens que le mouvement des lignes sans déclinaison. On trouve, d'après cette explication, que les nœuds ont dû marcher d'au moins 10°, dans ce sens, depuis 1780.

M. Duperrey a discuté les nombreuses observations d'inclinaison, recueillies dans ses voyages, vers 1823 et 1824; après les avoir rapprochées d'autres observations détachées faites à peu près à la même époque, il a tracé la nouvelle forme de l'équateur magnétique. Les nœuds sont au nombre de deux seulement, et presque diamétralement opposés; celui de l'Afrique est maintenant dans l'Océan Atlantique, à peu de distance des côtes du golfe de Guinée; le second nœud est dans le grand Océan, toujours à l'ouest des Carolines, et presque sous le méridien de Paris. Il existe entre la partie boréale, et la partie australe de ce nouvel équateur magnétique, une symétrie remarquable, et l'ensemble ne s'éloigne que par des sinuosités assez faibles d'un grand cercle de la sphère.

765. La déclinaison éprouve, en chaque lieu, des changemens annuels, qui paraissent dépendre du mouvement des lignes sans déclinaison. A Paris, en 1580, l'extrémité nord de l'aiguille aimantée déviait de 11° à l'est du méridien terrestre; en 1664 la déclinaison était nulle. Devenue occidentale, elle a progressivement augmenté jusqu'à près de 23°, mais elle diminue depuis 1819. Outre ces variations séculaires, la déclinaison est soumise, en chaque lieu, à des variations périodiques, annuelles et diurnes. *Variations de la déclinaison.*

Des observations faites par M. Cassini, et qui remontent à l'année 1786, ont fait découvrir qu'à Paris, l'extrémité nord de l'aiguille marchait chaque année vers l'est, durant les trois mois qui séparent l'équinoxe du printemps du solstice d'été, et vers l'ouest pendant les neuf mois suivans. M. Gilpin a confirmé cette loi, par des observations faites à Londres vers l'année 1800, mais il a trouvé pour cette oscillation annuelle une amplitude moindre que celle assignée par M. Cassini. En rapprochant ces observations de celles faites par le colonel Beaufoy, en Angleterre, vers 1819, et par M. Bowditch, à Salem aux États-Unis, M. Arago en a tiré les conclusions suivantes : quand la déclinaison est occidentale, et augmente d'année en année, elle est soumise à une oscillation annuelle, et marche vers l'est d'avril en juillet; l'amplitude de cette oscillation diminue à mesure que le mouvement séculaire se ralentit, elle disparaît quand la déclinaison atteint la limite de son mouvement occidental; enfin quand la déclinaison diminue séculairement, on observe de nouveau une oscillation annuelle, mais le mouvement vers l'est a lieu de septembre en décembre.

Les lois relatives aux variations diurnes sont plus générales et plus tranchées. En Europe l'extrémité nord de l'aiguille aimantée marche tous les jours vers l'ouest, depuis le lever du soleil jusqu'à une heure après-midi, et retourne ensuite vers l'est; l'amplitude de cette oscillation diurne est plus grande en été qu'en hiver. Il résulte d'anciennes observations faites par John Magdonall, à Sumatra et à Sainte-Hélène, et surtout de celles recueillies par M. Freycinet, que les variations diurnes sont sensiblement moindres entre les tropiques qu'en Europe; et que dans l'hémisphère austral elles ont lieu en sens contraire, c'est-à-dire que le pôle nord de l'aiguille marche le matin vers l'est, et le soir revient à l'ouest. D'après M. Arago, ce serait l'équateur magnétique et non l'équateur terrestre, qui sépare les deux zones où les variations diurnes ont lieu dans des sens opposés.

Outre les variations régulières et périodiques, tous les observateurs ont constaté l'existence de variations subites et irrégulières, dans la déclinaison de l'aiguille aimantée. Ces anomalies ont toujours lieu quand une aurore boréale apparaît dans le nord, et s'observent à la même époque en des lieux très éloignés les uns des autres. Cette coïncidence importante paraît jeter quelque jour sur la cause du magnétisme terrestre, et indique en même temps que l'aurore boréale est un phénomène électrique; mais ces conséquences ne peuvent être comprises qu'après avoir étudié une autre théorie partielle, dont nous devons nous occuper plus tard.

766. Les variations séculaires et périodiques, ainsi que les anomalies de l'inclinaison de l'aiguille aimantée, n'ont pas été étudiées par les observateurs autant que celles de la déclinaison; mais quoique étant en général plus faibles et moins faciles à constater, leur existence paraît démontrée. Suivant M. Kupfer, les variations de l'intensité magnétique horizontale observées dans un même lieu, à l'aide des oscillations d'un barreau, sont presque uniquement dues aux variations de l'inclinaison. Ce physicien a constaté à Kasan, que la durée moyenne d'une oscillation de l'aiguille horizontale, atteint un maximum en septembre ou octobre, un minimum en février, et que cette durée subit une variation diurne plus grande en été qu'en hiver; d'où il conclut que l'inclinaison, à Kasan, atteint un maximum en été, un minimum en hiver, et éprouve des variations diurnes inégales. M. Kupfer a encore observé des différences dans la durée d'une oscillation de l'aiguille horizontale, lors des variations anomales de la déclinaison, qui semblent prouver que l'inclinaison diminue à Kasan, lorsque l'aiguille s'écarte irrégulièrement vers l'ouest, et augmente au contraire quand cet écart a lieu vers l'est.

767. Les observations d'intensité faites dans un grand nombre de lieux différens, ont conduit M. de Humboldt à cette découverte importante que l'intensité magnétique du globe terrestre augmente en général avec la latitude, ou de l'équateur vers les pôles. Les points de la surface du

globe, où l'intensité a une même valeur, forment des courbes appelées *isodynamiques*. M. de Humboldt a suivi dans le nouveau continent une de ces courbes, qu'il croyait être celle du minimum d'intensité; elle coupait presque à angle droit l'équateur magnétique, au Pérou, par 7° de latitude australe, et 81° de longitude occidentale. L'intensité magnétique observée à ce nœud péruvien étant prise pour unité, M. de Humboldt trouve, pour représenter l'intensité magnétique, à Naples 1, 2745, à Milan 1, 3121, à Paris 1, 3482. Des observations de M. Rossel, celles du capitaine Sabine, indiquent que l'intensité sur l'équateur magnétique, est encore moindre dans l'Archipel des grandes Indes, et sur les côtes occidentales de l'Afrique, qu'au Pérou. M. Humboldt regarde comme très probable que l'intensité magnétique varie sur la surface du globe entre des limites qui sont entre elles comme l'unité à 2, 6.

M. Hansteen a déduit, d'observations faites de 1790 à 1830, plusieurs lignes d'égale intensité. M. Duperrey a fait un travail semblable, en s'appuyant sur des données plus nombreuses; il est parvenu à construire neuf courbes isodynamiques, s'étendant sur les deux hémisphères, lesquelles diffèrent peu de celles de M. Hansteen pour l'hémisphère boréal. Ces courbes sont totalement distinctes de celles d'égale inclinaison, qu'elles coupent sous toutes les directions, souvent même à angle droit, comme au nœud péruvien de M. de Humboldt, et comme la ligne isodynamique 1, 60, suivie par M. Erman dans la Sibérie. M. Duperrey a trouvé que les courbes isodynamiques présentaient des formes analogues à celles des courbes isothermes, déterminées par M. de Humboldt, ou des lignes d'égale température moyenne sur la surface du

globe; ce rapprochement semble indiquer que les différences d'intensité magnétique dépendent des variations
de la température.

768. Les nombreuses irrégularités de toutes les courbes
magnétiques à la surface du globe, jettent une grande obscurité sur la position et même le nombre de ses pôles magnétiques, c'est-à-dire des points où l'aiguille aimantée,
suspendue en toute liberté de mouvement, doit être verticale. Si la terre était plus homogène et plus régulièrement
aimantée, l'équateur magnétique serait un grand cercle de
la sphère terrestre, celui dont s'éloigne peu la portion de
la ligne sans inclinaison comprise dans l'Océan atlantique;
l'inclinaison aurait alors la même valeur sur chaque petit
cercle parallèle à cet équateur; enfin il y aurait deux pôles
magnétiques opposés, par les 76mes degrés de latitude, les
25e et 205e degrés de longitude occidentale.

Mais les voyages exécutés récemment dans les mers po-
laires, paraissent prouver que le pôle magnétique boréal
est plus occidental que le lieu assigné par les inductions
précédentes. En outre, pour que les inclinaisons observées
en divers lieux puissent s'expliquer, il faut supposer que
les deux centres d'action magnétique de la terre sont très
rapprochés de son centre; mais les inflexions de l'équateur
magnétique obligent d'admettre un nouveau centre d'action dans la mer du Sud; et M. Hansteen a cru devoir conclure des sinuosités des courbes isodynamiques dans l'hémisphère boréal, qu'il possédait au moins deux centres
d'action.

769. Les observations d'intensité, faites à différentes
hauteurs au-dessus du niveau des mers, par M. de
Humboldt dans les Andes et les Cordillières, par M. Kupfer

dans les montagnes du Caucase, paraissent mettre hors de doute le fait du décroissement de l'intensité magnétique dans les lieux élevés. Lors de leur voyage aérostatique, MM. Gay-Lussac et Biot ont cependant trouvé que ce décroissement était insensible; mais les changemens que subit le magnétisme des aimans, par suite des variations de température, expliquent ce résultat; car les régions élevées de l'atmosphère étant beaucoup plus froides que la surface de la terre, le barreau oscillant devait avoir acquis un excès de magnétisme, qui a pu compenser ou déguiser la diminution réelle de l'action magnétique du globe. C'est surtout dans ce genre d'observation qu'il importe d'appliquer la correction relative à la température.

De la boussole et de son compensateur.

770. Pour se diriger dans la haute mer, on se sert de l'aiguille aimantée, à laquelle on donne alors le nom de *boussole;* nous renvoyons au Cours de Géodésie pour tout ce qui est relatif à la construction et à l'usage de cet instrument. Dans cette application des propriétés de l'aiguille aimantée, on se fonde sur ce que le méridien magnétique fait avec le méridien astronomique un angle constant, ou qui varie d'une manière connue avec la longitude et la latitude; lorsqu'on connaît cet angle et ses variations, on peut déduire de la position de l'aiguille aimantée, la direction dans laquelle marche un vaisseau, par rapport au méridien terrestre.

Mais sur un vaisseau, il y a des masses de fer inégalement réparties, qui peuvent agir d'une manière très variable sur la boussole, et la faire dévier du méridien magnétique d'une quantité différente suivant l'orientation du bâtiment. Un officier de la marine anglaise, M. Barlow, a trouvé un moyen de déterminer cette influence, et de corriger les erreurs qu'elle entraîne ; il repose sur ce fait : que les actions exercées sur la boussole par toutes les masses de fer, quels que soient leur nombre et leurs distances, peuvent toujours être remplacées par un seul disque de fer doux ; c'est-à-dire que si l'on supprimait toutes ces masses de fer, le disque, disposé convenablement, reproduirait les mêmes déviations de la boussole, pour toutes les orientations du navire. Nous ne pouvons décrire les opérations qui servent à déterminer, par tâtonnement et pour chaque vaisseau, la position exacte du disque de fer qui produirait cet effet. Lorsque cette position est trouvée, voici comment on parvient à corriger les observations de la boussole : on observe la direction de l'aiguille, d'abord en éloignant le disque, et ensuite après l'avoir remis exactement à sa place ; la déviation hors du méridien magnétique peut être regardée comme étant double, à la seconde observation, de ce qu'elle était à la première ; la comparaison des deux résultats fait donc connaître la déviation due au fer du vaisseau, et par suite la correction que doit subir la première observation.

771. On doit à M. Barlow, une autre découverte remarquable : il a trouvé qu'une sphère pleine, de fer, aimantée par l'influence du globe, n'agissait pas plus fortement sur l'aiguille aimantée qu'une sphère creuse du même métal et de même dimension, dont l'épaisseur était moindre que la $\frac{1}{75}$° partie du diamètre total. M. Barlow avait conclu de cette expérience que le magnétisme, comme l'électricité, se transportait à la surface extérieure des corps. Cependant il est impossible d'admettre le transport des fluides magnétiques : la faculté, que possèdent les aimans, d'aimanter le fer et l'acier sans perdre de leur magnétisme ; l'apparition

Considéra-
tions
sur la théorie
du
magnétisme.

de nouveaux pôles dans les fragmens d'un barreau aimanté que l'on brise, et leur disparition lorsque ces fragmens sont réunis de manière à reformer le barreau primitif, qui ne présente plus alors que deux pôles ; tous ces
faits repoussent l'hypothèse du transport des fluides magnétiques, hors des dernières particules des corps susceptibles d'aimantation.

D'ailleurs M. Poisson, en appliquant le calcul à l'hypothèse fondamentale des fluides non transportables, a
démontré que le fait trouvé par M. Barlow en était une
conséquence mathématique. M. Poisson a pareillement déduit de l'analyse un théorème qui explique le succès du
compensateur de M. Barlow : ce théorème démontre qu'il
est possible de remplacer l'action qu'exercent sur l'aiguille
de la boussole, les masses de fer en nombre quelconque
qui peuvent être situées autour d'elle dans un vaisseau,
par une seule masse du même métal, qui produise le même
effet que toutes ces masses, quelle que soit l'orientation du
bâtiment.

L'inégalité de l'action de deux barreaux de même volume extérieur, l'un de fer doux, l'autre de nickel ou de
cobalt, est un fait singulier dont il paraît difficile de se
rendre parfaitement compte dans la théorie du magnétisme
que nous avons adoptée jusqu'ici. Il semblerait, d'après
cette théorie, que le volume extérieur d'un morceau de
fer et d'un morceau de nickel étant le même, une aiguille aimantée devrait développer dans ces deux morceaux une aimantation par influence d'égale intensité, d'où
devraient naître des forces attractives égales ; l'expérience
prouve cependant que l'action magnétique est moins énergique sur le nickel que sur le fer. M. Poisson a fait voir

que ce résultat pouvait s'expliquer, en admettant que le
rapport des espaces vides et pleins de matière pondérable
était différent d'un métal à l'autre ; en sorte que le volume
des parties réellement magnétiques pouvait être très différent, sous un même volume apparent de fer et de nickel.
Cette explication est plus probable que celle qui attribue-
rait le fait énoncé, à une différence dans la nature du magnétisme des différens corps dont il s'agit.

Lorsqu'on compare les densités des métaux avec les poids
spécifiques de leurs atomes fournis par la chimie, on trouve
qu'à peu d'exceptions près, le fer, le nickel et le cobalt,
sont de tous les métaux, ceux pour lesquels le rapport des
espaces pleins et vides de matière pondérable est le plus
grand ; ou ceux dont les dernières particules sont le plus
rapprochées ; le manganèse viendrait ensuite dans la série
des métaux ainsi rangés par ordre de porosité. Il semblerait d'après cela, que la propriété dont jouissent exclusivement ces quatre métaux, d'être sensibles à l'action magnétique lorsqu'ils sont en repos, tiendrait au plus grand
rapprochement de leurs particules, ou à leur moindre porosité ; ce qui expliquerait la diminution ou l'augmentation
de l'énergie magnétique, lorsque la température augmente
ou diminue, et que conséquemment les corps aimantés se
dilatent ou se contractent.

Cette hypothèse paraît encore plus probable, quand on
observe qu'un boulet de fer, à la température du rouge-
blanc, n'agit pas sur l'aiguille aimantée. Cependant il est
difficile d'expliquer pourquoi certaines combinaisons chimiques dans lesquelles le fer entre comme composant, ou
certaines substances minérales qui ne contiennent que très
peu de fer, sont sensibles à l'action magnétique, quoique

10..

les distances des particules, dans ces combinaisons et ces substances, soient incomparablement plus grandes que dans d'autres, tout-à-fait inertes lorsqu'elles sont en repos en présence des aimans.

772. Coulomb a fait un grand nombre d'expériences, dans le but de reconnaître si d'autres substances n'étaient pas sensibles au magnétisme ; il fit osciller de petites aiguilles de bois, de verre, de gomme laque, suspendues à des fils de soie sans torsion, entre les deux pôles contraires de deux forts barreaux aimantés ; en comparant les nombres d'oscillations faites par ces petites aiguilles, sous l'influence des aimans, avec celles qu'elles faisaient dans le même temps, avant cette influence, il avait cru reconnaître que les corps qu'on pouvait regarder comme exempts de fer, devenaient sensibles au magnétisme dans le mode d'expérience ci-dessus. Mais en calculant la quantité de fer qu'il faudrait mélanger avec des substances inertes, pour produire les faibles effets observés, on trouve qu'elle serait assez petite pour échapper à l'observation dans l'analyse chimique de ces substances ; les résultats des expériences de Coulomb ne pouvaient donc prouver, d'une manière certaine, que les corps essayés étaient sensibles à l'influence des aimans.

M. Becquerel a constaté depuis, que des aiguilles de bois, de verre, suspendues à des fils de soie sans torsion, tendaient à prendre une certaine direction, lorsqu'elles étaient placées dans le voisinage des pôles contraires de deux forts barreaux aimantés. Il a trouvé que cette direction variait avec les distances de chaque aiguille aux pôles des barreaux : à égale distance de ces pôles, sur la ligne qui les unissait, les aiguilles éprouvées semblaient se diriger perpendiculairement à l'axe commun des aimans.

M. Lebaillif a aussi imaginé un appareil qui paraît prouver que toutes les substances agissent sur l'aiguille aimantée. Cet appareil se compose d'une paille de trois décimètres de longueur environ, suspendue à un fil de cocon; trois aiguilles à coudre, aimantées à saturation, sont fixées horizontalement, l'une dans l'axe de la paille à une de ses extrémités, les deux autres perpendiculairement à cet axe vers la seconde extrémité, de telle manière que leurs pôles contraires se regardent; ces deux dernières pourraient être remplacées par un contre-poids. La première aiguille rend l'appareil sensible à l'action du globe, en sorte que la paille se place dans le méridien magnétique. Le tout est entouré d'une cage en verre, percée latéralement d'un trou par lequel on présente à l'aiguille les corps que l'on éprouve; un arc divisé, maintenu au-dessus de la paille, sert à mesurer ses déviations. Lorsqu'on présente différens corps à l'aiguille, elle est tantôt attirée, tantôt repoussée; le bismuth et l'antimoine produisent tous les deux une répulsion. Mais ces effets sont toujours très petits, malgré la grande sensibilité de l'appareil.

Fig. 384.

En général les actions singulières que les aimans paraissent exercer sur tous les corps, d'après les expériences de Coulomb, de MM. Becquerel et Lebaillif, sont si faibles, qu'il faut employer des précautions très minutieuses pour écarter toutes les causes étrangères qui pourraient les dénaturer; ce sont ces difficultés qui n'ont pas encore permis d'assigner la cause probable de ces phénomènes. Il n'en est pas de même d'un autre genre d'action, découvert par M. Arago, et qui est exercé sur les aimans par les corps ayant une position fixe relativement à des aimans mobiles:

M. Faraday a prouvé que cette action était due à des courans électriques, que le mouvement relatif de l'aimant et du corps éprouvé faisait naître dans ce dernier ; nous décrirons ces nouveaux faits et leur explication probable, à la fin de la théorie physique de l'électro-magnétisme.

QUARANTE-SIXIÈME LEÇON.

Sources d'électricité. — Électricité développée par la pression; par le clivage; par la chaleur. — Galvanisme. — Électricité développée par le contact; dans les actions chimiques. — Pile de Volta: ses diverses formes. — Effets généraux de la pile. Commotion voltaïque. Effets calorifiques et lumineux. Décomposition de l'eau. — Des piles sèches.

773. L'électricité statique et le magnétisme formeraient les deux dernières théories de la physique, sans les faits découverts depuis cinquante ans; ces faits ont considérablement agrandi le domaine de l'électricité, en prouvant que cette cause naturelle joue un rôle dans presque tous les phénomènes physiques et chimiques, et qu'elle doit être regardée comme l'origine des actions magnétiques. Il en est résulté une science toute nouvelle et fort étendue, que l'on peut appeler généralement l'électricité dynamique, car tous les phénomènes qui la composent ne peuvent s'expliquer que par le mouvement continu des fluides électriques. Mais avant de définir et d'étudier les effets produits par l'électricité en mouvement, il ne sera pas inutile d'exposer d'abord plusieurs faits, dépendant encore de l'électricité statique, et qui serviront en quelque sorte d'introduction, à la recherche de toutes les circonstances dans lesquelles il peut y avoir décomposition de fluide neutre.

774. Le frottement est l'origine de l'électricité libre , dans les machines électriques qui ont été décrites précédemment. Mais d'autres causes peuvent donner lieu à la décomposition du fluide naturel ; la pression exercée sur des corps solides, compressibles ou élastiques , est une de ces causes. Le premier fait relatif au développement de l'électricité libre par pression a été signalé par M. Libes ; ce physicien remarqua qu'un disque de métal isolé et non verni étant pressé sur du taffetas gommé s'électrisait négativement ; tandis qu'il s'électrisait positivement si on le frottait sur le même corps. Un plateau de verre poli s'électrise aussi négativement, s'il est pressé sur du taffetas gommé.

Haüy a découvert plus tard que la pression exercée sur des cristaux dont le clivage n'est pas très serré , peut occasioner un développement d'électricité libre. La chaux carbonatée cristallisée, ou le spath d'Islande, présente ce phénomène d'une manière très sensible ; il suffit de le comprimer avec les doigts, et de le présenter ensuite à une des extrémités d'une aiguille métallique , mobile sur un pivot conducteur, et communiquant avec le réservoir commun ; l'aiguille est alors déviée , par l'attraction que le fluide libre, répandu sur le cristal comprimé , exerce sur le fluide de nom contraire que son influence accumule à l'extrémité de cette aiguille. Les cristaux comprimés peuvent conserver leur électricité libre pendant plusieurs heures, et même pendant plusieurs jours ; cette puissance conservatrice est principalement remarquable dans le spath d'Islande. Cette propriété de donner des signes d'électricité par la pression , et sa permanence plus ou moins longue , ont été introduites , par Haüy , au nombre des moyens de distinguer les unes des autres les substances minérales.

M. Becquerel a étudié de plus près les phénomènes dus au développement de l'électricité par pression; son électromètre était une balance électrique, dont le fil métallique était capillaire; un appareil particulier lui permettait de graduer à volonté les pressions exercées, et de les faire cesser, soit instantanément, soit avec une vitesse déterminée. Ses expériences l'ont conduit aux lois suivantes : lorsque deux corps de nature différente sont pressés l'un contre l'autre, et ensuite subitement séparés, ils se trouvent chargés d'électricités contraires. Si les deux corps sont mauvais conducteurs, ou si, étant bons conducteurs, ils ont été pressés ou séparés en les tenant isolés, l'électricité libre répandue sur chacun d'eux se manifeste par les signes ordinaires. Si un seul de ces deux corps non isolés, est mauvais conducteur, il manifeste seul de l'électricité libre. Enfin si les deux corps pressés sont bons conducteurs et constamment en contact avec le réservoir commun, l'électricité libre développée par la pression n'est sensible sur aucun d'eux, comme on devait s'y attendre.

La quantité de fluide neutre décomposée par la pression, ou la masse d'électricité libre répandue sur chacun des deux corps pressés, après leur séparation, dépend à la fois, et de l'intensité de la pression qu'ils ont subie, et de la rapidité avec laquelle ils ont été séparés. Lorsque la vitesse de séparation est la même, les charges électriques sont proportionnelles à la pression exercée. Lorsque la pression est la même, l'électricité libre répandue sur chaque corps séparé est d'autant moindre que la séparation a été opérée moins rapidement. Les corps conservent d'autant

plus long-temps l'électricité libre développée par pression,
que leur conductibilité est plus faible.

La chaleur influe beaucoup sur ces phénomènes : le
spath d'Islande qui, à la température ordinaire, se charge
d'électricité positive par la pression, prend au contraire,
dans les mêmes circonstances, l'électricité négative, lorsque
sa température est suffisamment élevée. Deux corps de
même nature et à la même température étant pressés l'un
contre l'autre, ne donnent aucun signe électrique après la
séparation ; mais si l'un de ces corps est plus échauffé que
l'autre, il se trouve chargé d'électricité négative, et le
plus froid est électrisé positivement.

Pour observer ces phénomènes, il faut avoir soin d'es-
suyer et même de sécher les corps que l'on doit presser,
car l'humidité adhérente à leur surface peut agir comme
corps conducteur pour recomposer les deux fluides électriques développés ; l'expérience prouve en effet que sans ces
précautions les corps pressés ne donnent aucun signe d'é-
lectricité libre après leur séparation. On peut constater
l'existence de l'électricité développée par la pression sur
des morceaux de liége, de gomme élastique, de moelle de
sureau, tenus par des manches isolans.

Il ne faut pas confondre le développement de l'électricité par la pression seule, avec celui dû au frottement
entre les corps pressés. Les premiers faits cités plus haut
prouvent que ces phénomènes sont très distincts, car un
même corps peut se trouver chargé, après l'opération,
d'électricités différentes dans l'un ou l'autre cas. M. Péclet
paraît avoir démontré, par une longue suite d'expériences,
que l'énergie de la pression n'a pas d'influence sensible sur
la quantité d'électricité développée entre des corps frottés

sous cette pression continuellement agissante. Ces nouveaux faits ne sauraient contredire les lois, trouvées par M. Becquerel, sur l'électricité développée par la pression, puisque cette classe de phénomènes est d'une tout autre nature que celle étudiée par M. Péclet.

775. Lorsqu'on sépare dans l'obscurité deux lames de mica, il y a lumière produite ; et si ces deux lames sont isolées, elles sont chargées d'électricités contraires. Deux lames de chaux sulfatée, privées de leur eau de cristallisation par la chaleur, donnent lieu au même phénomène. Les deux parties d'une carte dédoublée se trouvent aussi électrisées de manière différente. Ces faits semblent devoir dépendre de la même cause que le développement de l'électricité par la pression ; ils ne sont sensibles que dans les corps cristallisés, ou dans ceux dont les deux surfaces après la fracture, peuvent être considérées comme offrant quelque différence relativement à la disposition des molécules. L'expérience prouve en effet que deux morceaux d'un bâton de verre ou de résine rompu ne sont pas électrisés. Le choc peut aussi développer de l'électricité, sans doute par la compression qu'il occasione dans les corps choqués ; la lumière ou la phosphorescence qui accompagne le choc dans l'obscurité, doit être attribuée à la réunion des deux électricités développées par la percussion.

776. Certains cristaux naturels présentent des phénomènes électriques, lorsqu'on élève leur température. La tourmaline, cristallisée en prismes hexagonaux ou triangulaires allongés, est très commode pour étudier cette propriété ; il paraît que les phénomènes sont plus prononcés pour une certaine longueur du cristal éprouvé. Quand on chauffe une tourmaline, en la plongeant dans l'eau bouil-

lante, on remarque que ses deux moitiés sont chargées d'électricités contraires; la présence des deux électricités est principalement sensible vers les deux extrémités du cristal prismatique.

Lorsque deux cristaux de tourmaline chauffés, sont présentés l'un à l'autre, ils s'attirent ou se repoussent, suivant que les extrémités rapprochées sont chargées d'électricités contraires, ou électrisées de la même manière. Pour faire commodément cette expérience on pratique une chappe au milieu de chaque cristal, et on le place sur la pointe d'une aiguille métallique non isolée, après l'avoir plongé dans l'eau bouillante. Les deux cristaux de tourmaline peuvent ainsi se mouvoir facilement et céder à une attraction ou à une répulsion électrique très faible.

Il paraît que l'électricité développée dans ces circonstances est due à une inégale distribution de la chaleur. Nous avons déjà dit qu'une simple différence de température entre deux corps de même nature, frottés l'un contre l'autre, suffisait pour décomposer leur fluide naturel, et les charger d'électricités contraires; nous aurons l'occasion de constater par la suite que le simple contact entre ces mêmes corps produit des phénomènes semblables. Il y a tout lieu de croire que la propriété dont jouissent certains cristaux, d'être électriques par la chaleur, est due à des causes analogues; car le fait du clivage dans les substances cristallisées, permet de les considérer comme des couches de même nature juxta-posées, et l'on conçoit que l'arrangement régulier des molécules qui composent chaque couche, peut établir une telle différence entre la nature de ses deux faces, que la chaleur s'y doive distribuer inégalement.

Une tourmaline chauffée étant brisée transversalement,

chacun de ses fragmens offre deux pôles électrisés différemment. Ce fait indique que les électricités développées par la chaleur dans chaque couche, n'en sortent
pas, mais qu'elles se transportent seulement, après leur
séparation, vers ses deux faces opposées. La polarité de
la tourmaline doit alors s'expliquer de la même manière
que celle des aimans, dans la théorie des fluides magnétiques.

Il y a, pour chaque cristal de tourmaline, deux limites
de température entre lesquelles les phénomènes électriques
sont sensibles ; ces limites sont en général 10° et 150° centigrades : elles sont peu différentes pour deux tourmalines
de même longueur, mais elles varient avec cette dimension.
Quand on chauffe régulièrement une tourmaline, ses pôles
ou centres d'action électriques restent de même nature,
tant que sa température s'élève. Mais si on la laisse se re-
froidir ensuite, ses pôles disparaissent un instant, pour re-
paraître ensuite en changeant de position.

M. Becquerel, qui a beaucoup étudié le développement
de l'électricité par la chaleur dans les substances cristallisées, et à qui l'on doit la découverte du renversement des
pôles, lors du refroidissement de la tourmaline, a remarqué qu'une tourmaline chauffée ou refroidie par une de ses
moitiés seulement, l'autre étant entretenue à une température constante, donnait des signes d'une seule électricité
libre sur la première moitié, tandis que la seconde restait
à l'état naturel. Ce fait semble contraire à tous les autres
phénomènes électriques connus, dans lesquels les deux
électricités se développent en même temps ; mais il peut
se faire que, dans cette expérience, les deux électricités
existent réellement séparées, mais qu'étant inégalement

distribuées dans l'épaisseur et même la longueur du cristal, elles soient inégalement perceptibles.

Galvanisme. 777. De toutes les causes de développement de l'électricité, la plus importante est sans contredit celle qui donne lieu aux phénomènes galvaniques. L'ensemble de ces phénomènes constitue une partie de la physique fort étendue, et d'une grande utilité pour l'étude de la chimie. Voici l'origine de leur découverte, qui remonte à l'année 1790. Galvani, disséquant des grenouilles mortes, dans le voisinage du conducteur d'une machine électrique, aperçut certains mouvemens convulsifs dans leurs cadavres mutilés. Cherchant ensuite à éclaircir ce phénomène qui n'était qu'un choc en retour, il reconnut qu'il suffisait de mettre en communication les nerfs et les muscles d'une grenouille récemment tuée, au moyen d'un arc métallique, et surtout d'un arc composé de plusieurs métaux, pour y faire naître de vives convulsions.

Ce fait peut être constaté sur un grand nombre d'animaux; mais les animaux à sang froid, tels que les grenouilles, sont préférables à ceux à sang chaud, parce qu'ils conservent plus long-temps après la mort l'irritabilité musculaire, nécessaire à la production du phénomène dont il s'agit. Pour préparer convenablement une grenouille, on coupe son corps transversalement au-dessous des bras; on dépouille promptement ses cuisses et ses jambes de leur peau; on enlève ensuite toutes les chairs qui recouvrent les nerfs lombaires, qu'on a soin de ne pas attaquer; on met ainsi à nu les nerfs et les muscles qui se rendent aux pattes postérieures.

Lorsqu'on place un fil ou une lame métallique, de cuivre, par exemple, sous les deux nerfs lombaires, une lame d'un autre métal sur les muscles ou les jointures , on peut faire naître dans ces muscles de vives convulsions, soit en rapprochant les deux lames jusqu'au contact , soit en les mettant en communication par un arc métallique de même nature que l'une d'elles , ou par un troisième métal. Ces convulsions naissent encore, mais beaucoup plus faiblement, lorsque le circuit galvanique ne contient qu'un seul métal.

Galvani, pour expliquer ce phénomène, admettait que les nerfs et les muscles constituaient deux armures électrisées de matières différentes, analogues à celle de la bouteille de Leyde; qu'une substance, isolante comme le verre, empêchait la réunion des deux électricités; qu'il y avait décharge en réunissant ces deux armures par un arc métallique ; et enfin que les muscles et les nerfs éprouvaient alors l'effet dû au passage de l'électricité.

778. Volta fut conduit à une autre explication. Il constata d'abord que les phénomènes étaient plus prononcés quand l'arc galvanique était composé de métaux différens. En effet, lorsqu'on n'emploie qu'un seul métal , il faut des circonstances particulières pour obtenir des résultats sensibles ; il faut surtout prendre un animal mort très récemment , et qui au moment de la mort fut dans un état de vie bien développé. Volta crut pouvoir attribuer l'origine de l'électricité galvanique au contact des métaux. Il avait déjà imaginé l'instrument appelé condensateur, dont la force condensante peut aller jusqu'à centupler la tension d'une source électrique. Il chercha à faire voir, au moyen de cet instrument, que le contact seul de deux métaux de nature différente, occasionait un développement d'électricité.

Pour cela, il se servit de deux disques, l'un de zinc, l'autre de cuivre, munis de deux manches isolans. Il les mettait l'un sur l'autre, les séparait ensuite, mettait l'un d'eux, et toujours le même, en contact avec le plateau inférieur du condensateur, tandis que le plateau supérieur communiquait avec le sol. Il répétait cette opération un grand nombre de fois, et parvenait à observer des signes d'électricité sur le plateau collecteur, lorsqu'il enlevait le plateau supérieur. Il est rare cependant que cette expérience réussisse.

Si le seul contact suffit pour développer l'électricité, le système isolé de deux plaques soudées, l'une de zinc, l'autre de cuivre, devra être constamment électrisé ; les deux métaux devront se charger d'électricité libre de noms contraires ; cependant la quantité de ces électricités sera sans doute trop faible pour être observée. Mais si l'on se sert du condensateur, que l'un de ses plateaux communiquant avec le sol, on touche l'autre, qui est ordinairement en cuivre, avec l'extrémité cuivre du système des deux plaques soudées, tandis que l'extrémité zinc est tenue à la main, l'équilibre électrique ne pourra s'établir que lorsque la tension de l'électricité libre du plateau touché, sera égale à la force répulsive due à la décomposition de fluide naturel qui s'opérera au contact des plaques, et à laquelle Volta a donné le nom de *force électro-motrice*. Or l'électricité latente, maintenue sur le plateau par l'action du condensateur, pouvant être cent fois plus considérable que cette électricité libre, l'écartement des deux plateaux pourra donner des signes électriques observables. C'est en effet le résultat que donne l'expérience.

Il semblerait, d'après cela, que si l'on touchait le plateau du condensateur avec l'extrémité zinc, en tenant l'extrémité cuivre à la main, le condensateur devrait manifester de l'électricité contraire à celle observée dans le cas précédent; mais dans ces circonstances on n'observe aucun effet. Volta expliquait cette anomalie, en observant que le plateau du condensateur étant de la même nature que la plaque de cuivre, la plaque de zinc se trouvait en contact par ses deux extrémités avec du cuivre, et que les forces électro-motrices opposées, dues à ce double contact, détruisant leurs effets, le fluide naturel du zinc ne pouvait être décomposé. En effet cette anomalie disparaît lorsqu'on interpose entre le zinc et le plateau du condensateur, un des corps que Volta regardait comme simplement conducteurs, ou ne jouissant pas des propriétés électro-motrices, tel que du papier mouillé; alors le condensateur donne des signes sensibles d'électricité contraire à celle manifestée dans le cas précédent.

Dans ces expériences le cuivre se charge d'électricité négative, et le zinc d'électricité positive. D'autres métaux éprouvés de la même manière donnent des résultats analogues. Il n'y aurait d'après Volta que certains corps qui jouiraient de la propriété électro-motrice, et qu'il nommait pour cela corps électro-moteurs; il appelait non-électro-moteurs, ou simplement conducteurs, les autres corps, dont le contact ne détermine pas un développement d'électricité capable de masquer celle que donnent les premiers, mais qui conduisent cependant très bien les fluides électriques.

779. D'après Volta, la force électro-motrice d'un système de deux plaques en contact, de métaux différens, de cuivre et de zinc par exemple, ne serait pas diminuée si

l'on chargeait ce système, comme tout autre corps conducteur, d'électricité positive ou négative. C'est-à-dire que le système contenant isolé, $(+ 1)$ d'électricité positive sur sa partie zinc, $(- 1)$ d'électricité négative sur sa partie cuivre, et recevant d'une source d'électricité une quantité $2n$ d'électricité positive, contiendrait ensuite une quantité $(n + 1)$ d'électricité sur sa partie zinc, et une quantité $(n - 1)$ sur sa partie cuivre; en sorte que la différence (2) de l'état électrique de ces deux parties serait constante, et servirait de mesure à la force électromotrice.

C'est ce principe qui conduisit Volta à imaginer la pile qui porte son nom. Cette découverte a eu une influence immense sur les progrès de la physique et de la chimie, et cependant la théorie de l'appareil qu'elle a fourni est encore très imparfaite; car parmi les différentes hypothèses qu'on a conçues pour l'expliquer, il n'en est pas une qui soit exempte de doutes et d'objections. En admettant le principe posé par Volta, on en déduit, comme conséquence, que l'équilibre électrique ne peut exister entre deux plaques de cuivre et de zinc en contact, que si la différence entre leurs états électriques est égale à la force électro-motrice; tandis que si ces plaques sont séparées par un conducteur humide non-électro-moteur, leurs états électriques doivent être égaux.

Il est facile de voir, d'après cela, qu'en plaçant au-dessus d'un couple de plaques de cuivre et zinc (c_1, z_1) un disque de papier ou de drap mouillé, puis au-dessus un autre couple des mêmes métaux (c_2, z_2), l'équilibre électrique ne peut exister dans ce système, que lorsque la différence entre les états électriques du premier cuivre (c_1),

Fig. 385.

t du dernier zinc (z_2) est double de la force électro-motrice; qu'en plaçant au-dessus du second couple un second disque de drap mouillé, puis un troisième couple (c_3, z_3), l'équilibre n'est établi que lorsque la différence des états électriques de c_1 et z_3 est triple de la force électro-motrice; enfin que l'équilibre ne peut exister dans la pile de Volta, que lorsque la différence des états électriques du premier cuivre et du dernier zinc, est égale à autant de fois la force électro-motrice, que cette pile contient de couples ou d'élémens.

On déduit de là que, si n est le nombre des élémens d'une pile isolée, et ($+2$) la force électro-motrice, le premier cuivre sera chargé d'une quantité ($-n$) d'électricité négative, et le dernier zinc de ($+n$) d'électricité positive; que si cette pile communique avec le sol par son extrémité cuivre, dont l'état électrique sera conséquemment zéro, son extrémité zinc sera chargée d'une quantité ($2n$) d'électricité positive, en sorte que la tension de électricité à cette seconde extrémité sera proportionnelle au nombre des élémens.

On constate facilement que la pile, composée comme nous venons de le dire, est chargée d'électricités contraires à ses deux extrémités lorsqu'elle est isolée, d'électricité positive à son extrémité zinc, lorsque son extrémité cuivre touche le sol, ou d'électricité négative à son extrémité cuivre, lorsque son extrémité zinc est en contact avec le réservoir commun. Il suffit pour cela de mettre en communication avec le plateau collecteur du condensateur de Volta, l'extrémité de la pile dont on veut étudier l'état électrique. Mais lorsqu'on veut vérifier la loi de proportionnalité, que la théorie de Volta assigne entre les tensions extrèmes et le nombre des élémens de la pile, en se servant à cet effet du plan d'épreuve et de la balance de Coulomb, tout en constatant que ces tensions augmentent avec le nombre des élémens, on trouve pour cette augmentation, une loi moins rapide que la loi théorique, et qui peut même varier entre des limites très étendues, d'une pile à une autre.

Électricité développée dans les actions chimiques.

780. Depuis la découverte de la pile de Volta, on a étudié en détail toutes les circonstances qui peuvent influer sur le développement et le mouvement de l'électricité dans cet appareil. On n'a pas tardé à s'apercevoir que l'action chimique, exercée entre les métaux et les liquides conducteurs qui le composent, avait une grande part à la décomposition de fluide naturel que l'on y observait. C'est ainsi que les acides qui corrodent les métaux, semblent être les meilleurs conducteurs à employer pour favoriser l'énergie des phénomènes voltaïques. Wollaston a avancé le premier que c'était seulement à cette action chimique, qu'étaient dus les phénomènes de la pile ; les expériences que nous citerons par la suite donnent un grand poids à cette opinion.

On peut d'ailleurs prouver, en employant encore le condensateur de Volta, qu'il y a un développement d'électricité dans les actions chimiques. Si l'on place sur le plateau collecteur un disque de papier mouillé, et dessus une capsule de zinc, dans laquelle on verse de l'acide sulfurique qui agit chimiquement sur ses parois, et qu'on plonge dans le liquide une tige de platine communiquant avec le sol, le condensateur indique bientôt une charge électrique sensible. Il y a donc décomposition de fluide naturel pendant l'action chimique : l'une des électricités se répand dans le sol

en suivant la tige de platine ; l'autre se transmet de la capsule au plateau du condensateur, à travers le conducteur
humide. Cette expérience répétée sur un grand nombre de
substances métalliques, et de liquides acides différens,
susceptibles d'agir chimiquement sur ces métaux, a donné
dans tous les cas des résultats semblables.

M. Pouillet a constaté que la combustion du charbon
donne de l'électricité, en empêchant le contact de la
partie non brûlée, avec le produit de la combustion, pour
éviter la recomposition des deux électricités. Ainsi en plaçant sur le condensateur un charbon, incandescent à sa
surface supérieure, de telle manière que l'acide carbonique formé, plus chaud que l'air, s'élève dans l'atmosphère, on trouve que le charbon s'électrise négativement,
et l'on reconnaît facilement que le gaz acide emporte de
l'électricité positive. M. Becquerel a démontré qu'il y a
développement d'électricité, lors de l'action chimique des
acides et des bases, des acides ou des alcalis sur les sels,
et même des sels entre eux ; qu'en un mot toute action
chimique, quelque faible qu'elle soit, développe de l'électricité (cinquantième leçon).

781. Ainsi il peut y avoir de l'électricité développée
dans la pile par l'action chimique, et cela en plus ou moins
grande quantité, suivant l'ordre des substances métalliques que l'on met en contact, et suivant le liquide que
l'on emploie comme corps conducteur. Maintenant on doit
se demander si le contact des métaux différens est seul suffisant pour développer l'électricité manifestée dans la pile, et
si la faiblesse des actions chimiques exercées n'aurait pas
induit Volta en erreur. Ne serait-il pas possible qu'une
action chimique, exercée par l'oxigène de l'air sur les

élémens de la pile, donnât naissance à l'électricité que Volta attribuait au seul contact des métaux ?

On a cherché si l'électricité continuerait à se développer dans une pile que l'on placerait au milieu d'un gaz qui ne pourrait exercer aucune action chimique sur les élémens, tel que l'hydrogène ou l'acide carbonique. On a trouvé de cette manière que les métaux accouplés, qui donnaient les phénomènes électriques les plus marqués lorsque la pile qu'ils composaient était au milieu de l'air, ne donnaient plus aucun signe d'électricité développée quand l'appareil était entouré d'un gaz sans action chimique sur eux. Lorsque les élémens d'une pile exposée à l'air sont composés chacun de deux métaux soudés, l'appareil n'agit bien que si les bords de ces élémens sont parfaitement décapés ; mais lorsque leur surface latérale s'est recouverte d'oxide, l'appareil est sans efficacité. Ce fait est une nouvelle preuve en faveur de l'opinion qui attribue à une action chimique le développement d'électricité observé dans la pile de Volta.

Nous avons dit qu'en tenant à la main la partie zinc du système de deux plaques cuivre et zinc, soudées bout à bout, tandis que la partie cuivre touchait le plateau du condensateur, on obtenait des signes électriques sensibles. Mais ce fait ne pourrait-il pas provenir de ce que l'humidité, due à la transpiration cutanée, exerce sur le zinc une action chimique ? Si l'on tient le zinc avec une pince en bois suffisamment conductrice, on n'observe plus aucun signe électrique. Si tenant le zinc avec la main, on dépose sur ce métal quelques gouttes d'acide sulfurique, l'électricité recueillie paraît beaucoup plus forte. Dans ce dernier cas, les deux électricités développées par l'action chimique se recomposeraient si le système des plaques était isolé ; en le faisant communiquer au contraire avec le sol, une des électricités se perd, l'autre se répand sur le plateau collecteur. Toutes ces expériences tendent au moins à faire considérer le contact des métaux comme insuffisant pour expliquer les phénomènes de l'électricité voltaïque.

M. Becquerel a d'ailleurs prouvé par des expériences directes, que les liquides ne sont pas de simples corps conducteurs comme Volta le supposait ; qu'ils exercent dans la pile une action comparable à celle des métaux, et qui peut même l'emporter sur cette dernière. Quelle que soit donc la théorie au moyen de laquelle on parviendra à expliquer d'une manière complète, tous les phénomènes qui se rattachent au galvanisme, il est certain que les idées de Volta sur la cause du développement de l'électricité dans la pile, ne peuvent plus être soutenues, et que les actions chimiques ont une grande part à ce développement, si même elles n'en forment pas la seule et unique cause.

Après avoir étudié les phénomènes que la pile peut produire, on verra que ses effets peuvent s'expliquer en admettant que les actions chimiques seules y développent les électricités manifestées, et cela d'une manière plus complète qu'en les attribuant au seul contact des métaux. Il serait cependant faux de conclure, de cette théorie moins imparfaite, que le simple contact entre des corps ne produit jamais d'électricité libre ; car on peut reconnaître, à l'aide d'un électromètre condensateur très sensible, qu'il y a électricité développée, lors du contact d'un morceau de peroxide de manganèse, avec un métal non oxidable dans l'atmosphère, tel que l'or ou le platine ; et il serait impossible d'attribuer l'effet observé dans cette circonstance à une action chimique. Mais on peut adopter la théorie chimique de la pile, sans nier pour cela qu'il puisse y avoir de l'électricité libre produite par le seul contact de certains corps ; on doit seulement regarder cette dernière cause comme entrant pour une très faible part dans les phénomènes voltaïques.

782. Les premières piles qu'on ait construites se composaient, comme nous l'avons vu, de couples de deux métaux, séparés par des conducteurs humides. Les métaux employés étaient souvent l'argent et le zinc. On a substitué depuis le cuivre à l'argent comme moins dispendieux. Les disques de carton ou de drap, interposés entre les couples métalliques, étaient imbibés d'eau pure ; on ne tarda pas à s'apercevoir qu'il était très avantageux, pour obtenir des phénomènes plus prononcés, de dissoudre dans le liquide employé des substances salines ou des acides. Les deux plaques de cuivre et zinc de chaque couple étaient simplement juxta-posées ; on trouva qu'il était plus efficace de les souder ensemble ; on donna plus d'épaisseur à la plaque de zinc, qui s'use plus vite que l'autre. Mais cette forme de la pile voltaïque, à laquelle elle doit son nom, présente un grand inconvénient : le poids des couples, comprimant les disques intermédiaires, en fait sortir le liquide ; ce qui, d'une part diminue la conductibilité intérieure, et de l'autre établit souvent une communication extérieure entre des couples éloignés, deux circonstances qui diminuent beaucoup, et peuvent même annuler les effets de la pile.

783. On a alors imaginé une forme nouvelle, à laquelle on a donné le nom de pile à couronnes et à tasses. Dans cet appareil chaque couple se compose de deux lames de zinc et cuivre soudées bout-à-bout, et recourbées de ma-

nière à former un arc métallique ; des vases en verre con- Fig. 385.
tenant une dissolution saline ou acide, sont successivement réunis par des arcs métalliques semblables et semblablement placés , dont les extrémités plongent dans les
masses liquides, mais sans que les deux extrémités, l'une
cuivre et l'autre zinc, des deux axes consécutifs qui plongent dans le même vase, viennent à se toucher. Dans ce
système chaque arc métallique remplace l'élément de la
pile précédente, et le liquide de chaque tasse le disque de
carton ou de drap mouillé. Mais l'intervalle compris entre
deux élémens consécutifs, et qu'occupe le liquide, est trop
considérable pour que sa conductibilité soit suffisante ; il
en résulte que ce genre de pile a peu d'énergie ; elle est
d'ailleurs d'une forme très incommode.

784. La pile à auges fut imaginée plus tard. Ce nouvel Pile à auges.
appareil consiste dans une caisse en bois, divisée en compartimens ou cases, par des cloisons composées chacune Fig. 387.
d'un couple de deux plaques cuivre et zinc soudées ensemble, qui s'engage dans une rainure pratiquée sur les
parois de la caisse, contre lesquelles il est ensuite mastiqué.
Les cases sont remplies d'une dissolution saline , ou d'un
liquide acidulé. Deux fils métalliques plongés dans les
cases extrêmes , se chargent à leurs bouts libres d'électricités contraires, que l'action de l'appareil accumule aux
extrémités de la caisse. Ce sont ces bouts que l'on désigne
par le nom de pôles de la pile, ou de *réophores*, et qui,
étant facilement transportables, rendent la pile à auges
d'un usage fort commode.

Pour mettre en activité cet appareil, ou pour suspendre
son action, il suffit d'y verser le liquide conducteur, ou
de l'en rejeter : opérations qui sont faciles et promptes.

Ici les actions chimiques suffisent pour décaper les métaux, tandis que dans la première pile décrite, composée de couples superposés, les oxides formés restent à la surface des métaux, et l'on est obligé de les en détacher. On peut composer la pile à auges de plusieurs caisses semblables, que l'on réunit par des lames métalliques, plongeant dans les cases extrêmes. Malgré tous ces avantages la pile à auges a un inconvénient : les caisses se déjettent et laissent échapper le liquide.

Pile de Wol-
laston.

785. La forme de pile la plus avantageuse dans bien des circonstances, est celle connue sous le nom de pile de Wollaston. Les plaques sont montées sur une traverse en bois, et peuvent être plongées immédiatement dans une série de vases en verre séparés, correspondant chacun à un couple de plaques, et qui contiennent le liquide acide. Le couple de plaques qui plonge dans un même vase, se compose du cuivre d'un des élémens, et du zinc de l'élément suivant ; ces deux métaux doivent être contournés de manière à ne pas se toucher. Au moyen de cette disposition on peut faire commencer ou cesser l'action de la pile, en baissant ou soulevant la traverse en bois, et expérimenter au moment même où l'action commence ; ce qui est très important, car c'est alors que la pile agit avec plus d'énergie ; on peut aussi exciter cette action en employant un liquide plus fortement acidulé, sans craindre que les métaux se détériorent, puisqu'on peut la suspendre à volonté.

Fig. 388.

Wollaston a imaginé de recourber dans chaque couple la plaque de cuivre autour de la plaque de zinc, et de doubler ainsi la surface par laquelle elle doit recevoir l'électricité développée par l'action chimique. L'expérience a prouvé que cette disposition rendait plus énergique l'action de l'appareil ; ce qui tient à ce que l'électricité à faible tension, comme celle qui se développe dans la pile, ne passe pas sans résistance dans les métaux. Cette résistance est moindre pour les métaux facilement attaquables par les acides que pour ceux qui le sont peu ou point ; or le zinc étant fortement attaqué, tandis que le cuivre ne l'est pas ordinairement, il est nécessaire d'augmenter la surface de ce dernier métal, pour qu'il puisse livrer passage à la même quantité d'électricité que le premier. Cependant cet avantage cesserait d'exister, si l'électricité développée dans la pile avait une grande énergie, car la différence des résistances offertes au passage des fluides électriques, par une même surface de cuivre et de zinc, diminue lorsque les tensions de ces fluides augmentent.

786. Enfin il y a encore une forme de pile très simple et des plus économiques, que l'on emploie pour produire des phénomènes qui exigent, non une grande tension, mais une grande masse d'électricité en mouvement. Elle se compose de deux lames de cuivre et de zinc parallèles, dont l'ensemble est contourné en forme de spirale, mais qui ne se touchent nulle part ; les spires sont séparées par un tissu d'osier qui les maintient à un petit intervalle ; au milieu se trouve un noyau en bois auquel tout l'appareil est fixé, et qui sert à le soulever. En le plongeant dans un baquet contenant un liquide acide, on a ainsi de très grandes surfaces en contact avec le liquide. On recuit ordinairement les extrémités des lames en fils métalliques. Cet appareil est une pile d'un seul élément, mais il y a des cas où ce seul élément est préférable à une pile multiple.

787. Après avoir décrit toutes les formes de piles en

usage, il convient d'indiquer quelques-uns des phénomènes que l'on peut faire naître avec ce genre d'appareil. Ces phénomènes peuvent être rangés en trois classes distinctes : les effets physiologiques, physiques et chimiques. On ne peut ici que parcourir rapidement ces divers effets, et se borner à en citer quelques exemples, leur étude complète exige la connaissance des lois qui régissent le développement et le mouvement de l'électricité dans la pile voltaïque, d'après les actions chimiques exercées entre les métaux et les liquides qui la composent; et ces lois ne seront exposées qu'après avoir décrit plusieurs instrumens, dont l'explication ne pourrait être comprise maintenant.

En général, les effets de la pile sont dus au passage continu de l'électricité, ou à des courans électriques, qui s'établissent lorsque les deux extrémités de l'appareil sont mises en communication par un corps suffisamment conducteur; ou quand les deux réophores sont assez rapprochés pour que les électricités contraires, qui s'y portent sans cesse, puissent se réunir en franchissant l'intervalle qui les sépare. On conçoit que dans une pile dont les extrémités sont ainsi en communication constante, l'équilibre électrique est impossible; car d'une part les forces électromotrices de l'appareil, ou mieux les actions chimiques qui s'y passent, tendent toujours à accumuler vers les extrémités des fluides contraires; et de l'autre part, le conducteur interpolaire réunit incessamment les électricités accumulées. Les deux fluides sont donc toujours en mouvement dans la pile fermée par un conducteur qui réunit ses pôles : le fluide positif tourne sans cesse, en marchant de l'extrémité cuivre à l'extrémité zinc dans l'appareil, et de la seconde à la première dans le conducteur ; le fluide négatif tourne aussi, mais en sens inverse.

Voici plusieurs dénominations adoptées, dont il importe de connaître la définition. Le *pôle positif* est l'extrémité, ordinairement terminée par une plaque de zinc, où le fluide positif tend à s'accumuler. Le *pôle négatif* est l'extrémité terminée par une plaque de cuivre, et vers laquelle le fluide négatif est repoussé. Quand les deux pôles de la pile sont réunis par un conducteur, ou par une suite de corps conducteurs, on dit que le *circuit voltaïque* est formé. On désigne l'ensemble des courans électriques, qui parcourent ce circuit, par le nom de *courant voltaïque*. Enfin on est convenu d'indiquer le sens du courant multiple, par celui du fluide positif ; ainsi le courant voltaïque va du pôle négatif au positif dans la pile même, et inversement du pôle positif au négatif dans le conducteur interpolaire.

788. La commotion que l'on ressent en touchant avec les deux mains mouillées les extrémités d'une pile isolée, peut être aussi vive et aussi redoutable que celle produite par la décharge d'une batterie électrique. Elle se distingue de celle de la bouteille de Leyde, en ce qu'elle n'est pas ressentie aussi avant dans les bras ; elle est d'autant plus intense que la pile est composée d'un plus grand nombre de paires ; avec cinquante paires elle s'étend jusque dans la poitrine. En formant une chaîne de plusieurs personnes pour réunir les deux pôles de la pile, la commotion n'est ordinairement sentie que par les personnes les plus voisines de ces pôles. Avec une très forte pile, la commotion devient insupportable, et même dangereuse. Il est facile de concevoir pourquoi la commotion voltaïque augmente avec le nombre des élémens de la pile : c'est qu'elle dépend de la tension

des fluides électriques aux extrémités de l'appareil, et que cette tension augmente avec le nombre des paires. La forme primitive de la pile, celle imaginée par Volta, paraît être celle qui convient le mieux à ce genre de phénomène.

La commotion voltaïque est évidemment due à la réunion des deux électricités, qui exercent leur tension aux extrémités de l'appareil. C'est une recomposition de fluide naturel, semblable à celle qui s'opère quand on touche les deux garnitures d'une bouteille de Leyde. Mais il y a cette différence, que la décharge de la bouteille de Leyde étant instantanée, la commotion qui s'ensuit l'est pareillement, tandis que la pile se rechargeant rapidement après chaque décharge, est constamment en état de faire éprouver de nouvelles secousses. C'est ce qui donne à la commotion voltaïque une sorte de continuité qui forme son caractère principal.

Ce qui prouve au reste l'analogie qui existe entre les deux genres de commotions électriques dont nous venons de parler, c'est la possibilité de charger une bouteille de Leyde avec la pile, en mettant en communication un des pôles avec la garniture intérieure de la bouteille, et l'autre pôle avec le sol et la garniture extérieure. Cette charge est beaucoup plus faible que celle fournie par une machine électrique ordinaire ; mais elle ne dépend pas sensiblement du plus ou du moins de temps pendant lequel la bouteille de Leyde est en communication avec les deux pôles ; elle est en quelque sorte instantanée. La rapidité avec laquelle elle s'opère, tient à ce que l'électricité entre en mouvement dans l'appareil, aussitôt que l'équilibre voltaïque est détruit, avec une vitesse comparable à celle de l'électricité libre.

On a fait un grand nombre d'expériences pour constater
et étudier les contractions et les mouvemens extraordinaires
qu'un courant voltaïque fait éprouver aux corps organisés,
vivans ou récemment privés de la vie. Mais la plupart de
ces effets, et les différences qu'ils présentent, dépendant
évidemment de la nature et de la constitution des organes
traversés, appartiennent plutôt à la physiologie qu'à la
physique. Telle est, par exemple, la loi remarquable qui
résulte d'expériences faites par M. Lehot, et des recherches
de M. Marianini, savoir : que, quand le courant positif
du circuit voltaïque se propage dans les nerfs, en suivant
leurs ramifications, il produit une contraction musculaire
au moment où il commence, et une sensation quand il
cesse ; tandis que s'il se propage en sens inverse des ramifications des nerfs, il produit une sensation quand il subsiste, et une contraction au moment de son interruption.

On est parvenu à rappeler à la vie des animaux asphyxiés
depuis une demi-heure, au moyen d'un courant voltaïque.
En faisant agir ce même courant sur les organes convenables, on a rétabli la respiration et même les fonctions
digestives, dans des cadavres récemment suppliciés. Tout
indique donc la puissante influence que l'électricité peut
avoir sur les différentes parties des corps animés ; mais le
peu de succès des nombreux essais faits par les médecins
pour utiliser le galvanisme, fait douter qu'il puisse être
réellement efficace dans le traitement d'aucune maladie.

789. Quand on rapproche, presque au contact, les deux
réophores, ou les pointes de deux fils métalliques communiquant avec les pôles d'une pile en activité, on aperçoit
entre ces pointes des étincelles qui se succèdent rapidement, et même une traînée de lumière continue, qui peut

être d'autant plus longue que la pile est plus forte. Si l'on fixe aux réophores deux morceaux de charbon calcinés, et rendus conducteurs par leur immersion à chaud dans un bain de mercure, qu'on les approche ensuite l'un de l'autre, il se produit aux points de contact une lumière d'un éclat comparable à celui du soleil; ce phénomène a lieu dans le vide, aussi bien que dans l'air ou tout autre gaz. L'un des réophores étant entouré d'une feuille mince de métal, d'argent, par exemple, si l'on promène l'autre réophore sur les bords et les plis de cette feuille, elle brûle ou devient incandescente vers les points touchés; cette combustion ou cette incandescence est accompagnée de jets de lumière qui présentent des couleurs variées.

Un fil métallique, suffisamment mince et court, qui réunit les deux pôles d'une pile, s'échauffe, rougit et quelquefois même se fond ou brûle. Ce qu'il y a de remarquable dans ce phénomène, c'est la prolongation ou la continuité de l'incandescence du fil, quand sa nature, ou l'énergie limitée du courant, ne permet pas la fusion ou la combustion. Cette permanence, qui s'observe tant que la pile est active, a fait renoncer à l'explication que l'on donnait du phénomène de l'incandescence d'un fil, par la décharge instantanée d'une bouteille de Leyde, ou d'une batterie électrique, et qui consistait à supposer que l'électricité, par un effet analogue à celui d'une forte compression, exprimait instantanément du corps traversé une portion de son calorique.

M. Delarive attribue les effets calorifiques de la pile à la difficulté ou à la résistance qu'éprouve le courant électrique en passant d'un courant à un autre, ou d'une molécule d'un même corps à la suivante. Voici les faits qui rendent cette dépendance très probable. M. Children, étudiant les différences que des fils métalliques de même longueur et de même diamètre, mais de nature différente, présentaient sous le rapport de leur incandescence, lorsqu'ils étaient traversés par un même courant voltaïque, reconnut que lorsqu'on faisait passer ce courant par une suite de fils métalliques de même longueur et de même diamètre, attachés ou soudés bout à bout, mais alternativement d'espèces différentes, les fils d'une même nature, de celle la moins conductrice, devenaient incandescens, tandis que les fils de la nature la plus conductrice restaient froids. Si les métaux employés sont le platine et l'argent, ou l'or, ou le cuivre, les fils de platine rougissent, ceux d'argent, d'or ou de cuivre ne s'échauffent pas. Quand ces métaux sont le platine ou le fer, c'est le fer qui rougit, tandis que le platine reste froid. Dans tous les cas ce sont les fils du métal conduisant le moins bien l'électricité, qui entrent en incandescence. Ce rapport inverse entre la conductibilité d'un métal et la propriété de devenir incandescent est un indice favorable à l'opinion précédente.

Il est plus difficile de constater directement le développement de chaleur produit par le passage de l'électricité dans les liquides; deux causes tendent à diminuer la quantité de calorique libre apparente : d'une part la grande chaleur spécifique et la masse du liquide employé, de l'autre la production des gaz qui se forment par sa décomposition, et qui doivent absorber nécessairement une grande portion de la chaleur dégagée. Cependant l'élévation de température du liquide est sensible surtout dans les portions voisines des conducteurs; elle est moindre vers le pôle où se dégage le plus grand volume de gaz; ainsi dans la décom-

III.   12

position de l'eau, elle est moindre au pôle négatif où se dégage l'hydrogène, dont le volume est double de celui de l'oxigène, qui peut se dégager au pôle positif (§ 791).

Il y a d'ailleurs plusieurs moyens d'augmenter la chaleur sensible développée par le passage du courant voltaïque au travers d'un liquide. On peut le diviser en plusieurs compartimens, et multiplier ainsi les changemens de conducteur; mais il faut employer, pour former les diaphragmes, des membranes minces et non des métaux qui donneraient lieu à des dégagemens de gaz. Lorsqu'on fait passer le courant d'une forte pile, d'abord dans un tube de verre plein de liquide, et ensuite dans une mèche de coton imprégnée du même liquide, le tube reste froid, tandis que le liquide de la mèche s'échauffe beaucoup; les fissures du coton produisent ici l'effet des compartimens précédens. Mais le meilleur appareil dont on puisse se servir est une tige de plante aqueuse, qui peut être regardée comme un conducteur liquide, séparé en cellules par des diaphragmes non métalliques; lorsqu'on le place dans le circuit voltaïque, le calorique développé est assez intense pour faire bouillir l'eau de la plante, dans les parties où sont plongés les réophores.

790. Les phénomènes calorifiques dont nous venons de parler, se distinguent les uns des autres, en ce sens que s'il faut une pile composée d'élémens peu nombreux, mais à grandes surfaces, pour produire l'incandescence des fils métalliques, il est au contraire essentiel de multiplier davantage les élémens de la pile, pour déterminer l'élévation de température des liquides traversés par le courant, comme pour la combustion d'une feuille mince de métal, et pour le phénomène lumineux observé au contact de deux mor-

ceaux de charbon. C'est ainsi qu'une pile de 60 paires, qui produirait ces trois derniers phénomènes, ne rougirait pas le fil de platine le plus mince ; tandis que dix paires de la même pile donneraient le dernier effet et pas les premiers. En général les effets calorifiques dus au passage de l'électricité par un conducteur, exigeront dans la pile, pour être rendus sensibles, un petit nombre d'élémens et une plus grande surface, lorsque ce conducteur sera continu et homogène, et au contraire plus d'élémens ou une forte tension, lorsque ce conducteur sera hétérogène ou discontinu.

Pour concevoir la cause de cette différence, il faut remarquer d'abord, que les fluides électriques, rendus libres par l'action chimique de la pile, ont deux routes à suivre, pour se joindre et recomposer du fluide naturel ; ces deux routes sont, d'une part, la série de corps conducteurs qui composent la pile elle-même, et, de l'autre, le conducteur ou le système des conducteurs qui ferme le circuit ; si la seconde route offre, par ses alternatives de corps différens, par sa discontinuité ou sa moindre conductibilité, une plus grande résistance que la première, la plus grande partie des électricités développées se recomposeront en suivant cette première route. Voilà ce qui explique la nécessité d'augmenter les élémens, pour échauffer un liquide, rougir une feuille mince de métal, et rendre le charbon lumineux.

Il faut distinguer en outre dans un courant voltaïque l'intensité et la vitesse : l'intensité dépend à la fois de la surface et du nombre des élémens ; la vitesse dépend surtout de leur nombre ; elle est d'autant moindre que ce nombre est plus considérable, et qu'il y a plus d'alternatives ou de discontinuité dans le circuit. On conçoit, d'après cela, qu'un conducteur aussi parfait qu'un fil métallique, exige, pour devenir incandescent, un courant plus rapide, afin que la plus grande quantité de fluide qui le traverse dans le même sens, compense la faiblesse de la résistance, qui doit être considérée comme la source de la chaleur dégagée. Si la pile est construite de telle manière que le fil ne s'échauffe pas sensiblement, c'est que la vitesse du courant y est sans doute moindre que celle à laquelle les résistances du fil tendraient à réduire tout autre courant. Enfin si le conducteur est discontinu, ou hétérogène, la diminution de vitesse qu'il occasione est telle, qu'elle peut être sensible, même sur un courant déjà très ralenti. Voilà ce qui expliquerait pourquoi une pile d'un grand nombre de paires peut ne pas rougir un fil métallique, quoiqu'elle puisse produire les autres phénomènes calorifiques.

791. Quand on plonge les extrémités libres de deux fils métalliques communiquant avec les deux pôles d'une pile, dans de l'eau qui n'est pas très pure, on aperçoit des phénomènes qui varient avec la nature des fils métalliques : si l'on emploie l'or ou le platine, métaux qui ne se combinent pas directement avec l'oxigène, on voit des gaz se dégager aux deux pôles, et si l'on recueille ces gaz, en recouvrant d'une cloche pleine d'eau l'extrémité recourbée de chaque fil, on reconnaît que c'est de l'oxigène qui se dégage au pôle positif, de l'hydrogène au pôle négatif, et que les volumes de ces deux gaz sont entre eux comme 1 à 2, c'est-à-dire dans les proportions nécessaires pour former de l'eau. Si les fils sont en cuivre, il y a moins d'oxigène recueilli, au pôle positif, mais le métal s'y oxide.

Cette action a été attribuée à des attractions et à des répulsions électriques, exercées par les fluides accumulés aux pôles, sur les élémens de l'eau, que l'on a supposés être dans des états électriques permanens et différens, savoir, l'oxigène à l'état négatif, et l'hydrogène à l'état positif. Mais l'eau parfaitement pure et distillée, n'étant pas décomposée par la pile, tandis que l'action commence aussitôt qu'elle cesse d'être pure, l'explication précédente ne saurait être réelle ; d'ailleurs, si elle était vraie, les forces attractives et répulsives, dont elle suppose l'existence, devraient augmenter et produire des effets plus marqués, quand on interposerait entre les pôles un corps mauvais conducteur, qui empêcherait la réunion des deux électricités accumulées à ces pôles ; mais au contraire l'addition d'une petite quantité d'acide, qui augmente la conductibilité de l'eau, rend sa décomposition plus rapide. Il suit évidemment de là que le mouvement même de l'électricité, à travers le corps à décomposer, est essentiel à la production du phénomène, puisque la conductibilité de ce corps est une condition indispensable. Ainsi l'hypothèse des attractions et des répulsions électriques, exercées par les fluides accumulés aux pôles, est insuffisante pour expliquer les décompositions chimiques de la pile.

Admettons cependant cette hypothèse comme un moyen de coordonner les faits. Les actions des pôles, sur une série de molécules d'eau, formant une ligne terminée à ces pôles, auront pour effet de faire diriger vers le pôle positif les atomes d'oxigène qui sont chargés d'une quantité permanente d'électricité négative, et vers le pôle négatif les atomes d'hydrogène toujours électrisés positivement ; dans leur trajet les atomes d'oxigène rencontrant des atomes d'hydrogène qui se meuvent en sens contraire, formeront avec eux des molécules d'eau ; il n'y aura qu'aux extrémités de la ligne , ou aux pôles de la pile, que les atomes des composans apparaîtront libres et à l'état de gaz. On expliquerait de cette manière l'absence de toute bulle de gaz entre les deux pôles.

En général , toute combinaison chimique peut être décomposée en élémens plus simples par une pile de force convenable , quand on rend cette combinaison assez conductrice de l'électricité, soit par la fusion à l'aide de la chaleur, soit par sa dissolution dans l'eau. Si l'on parvient à éloigner toute matière susceptible de se combiner chimiquement avec les élémens formés , on peut les recueillir séparés , mais le plus souvent ils entrent dans de nouvelles combinaisons avec les différentes substances qu'ils rencontrent, soit entre les pôles , soit aux pôles mêmes. Les effets qui viennent d'être décrits suffisent pour donner une première idée de la puissance de l'appareil voltaïque, et de l'utilité qu'il peut offrir dans l'étude de la chimie.

Des piles sèches.

792. Pour achever de décrire sommairement les appareils voltaïques, il nous reste à parler des piles sèches , ou dans lesquelles le liquide conducteur est remplacé par une substance sèche quoique hygrométrique, ou par un corps gras. Ce genre de pile est remarquable par la durée de son action , et par la lenteur du mouvement de l'électricité dans son intérieur. Ordinairement les couples sont composés de deux feuilles aussi minces que possible de zinc et de cuivre, entre lesquelles on met un disque de papier imbibé d'huile , ou bien simplement d'une feuille argentée d'un côté, et de l'autre saupoudrée d'oxide de manganèse qui agit comme le cuivre; on réunit plusieurs milliers de couples semblables , que l'on superpose en les plaçant toujours dans le même sens ; le tout est entouré d'un tube

de verre, et garanti de l'humidité de l'air par une couche
de gomme laque ou de résine. Souvent cette pile est divisée en deux parties que l'on place verticalement, en
sens inverse l'une de l'autre, sur une même plaque métallique, afin d'avoir les deux pôles à la même hauteur.

Avec une pile sèche, il faut plusieurs minutes pour
charger le condensateur ; ainsi le mouvement de l'électricité y est très lent, mais la tension est beaucoup plus forte
que dans les autres piles ordinaires de même dimension, à
cause du grand nombre des élémens et de la difficulté
qu'ils offrent au passage de l'électricité. On a cru que cette
pile pouvait agir perpétuellement, parce qu'on ne voit pas,
au premier abord, d'action chimique qui puisse détruire le
système, ou oxider les métaux employés ; mais on a
reconnu ensuite qu'au bout de quelques années, tout signe
d'électricité disparaît. Dans les derniers temps, où cette action s'affaiblit, on peut encore lui rendre une portion de son
énergie primitive, en exposant la pile à une forte chaleur.

On a imaginé de suspendre sur un pivot, placé au milieu
des deux moitiés d'une pile sèche, une aiguille horizontale
de gomme laque, très légère, pouvant tourner sur ce
pivot, et terminée de chaque côté par de petits disques
en feuilles d'or. Il y a alors une attraction exercée par
chacun des pôles de la pile, sur l'extrémité de l'aiguille la
plus voisine ; lorsque le mouvement est imprimé, l'aiguille
continue à tourner ; ses extrémités chargées d'électricités contraires, par leur contact récent avec les deux
pôles de la pile sèche, sont attirées et repoussées par ces
pôles ; de nouveaux contacts ont lieu ; les feuilles se chargent
d'électricités contraires à celles qu'elles possédaient avant
les derniers contacts ; de nouvelles attractions et répulsions

s'ensuivent, en sens inverse des premières, et l'aiguille continue son mouvement de rotation. On a cru trouver dans ce système le mouvement perpétuel ; mais au bout de plusieurs années la pile cesse d'agir. Il arrive souvent que l'aiguille s'arrête lorsque l'air environnant est très humide, ce qui tient à ce que la pile se décharge en partie par l'air, et que la tension conservée n'est plus suffisante pour vaincre l'inertie et les résistances qui s'opposent à la rotation de l'aiguille ; lorsque l'air devient plus sec, le mouvement recommence.

Électromètre
à pile sèche.

Fig. 391.

793. M. Bohnenberger a utilisé les piles sèches, dans la construction d'un électromètre condensateur d'une grande sensibilité. Dans cet instrument, la double paille ou la double feuille d'or des électromètres condensateurs ordinaires, est remplacée par une simple feuille d'or, suspendue à égale distance de deux lames métalliques verticales communiquant avec les deux pôles d'une pile sèche, et qui sont alors constamment l'une à l'état positif, l'autre à l'état négatif. Lorsqu'on fait usage de cet électromètre, et que la feuille d'or se trouve chargée à son extrémité inférieure d'électricité libre, elle est attirée par un pôle, repoussée par l'autre, et vient toucher le premier ; on peut facilement conclure du pôle touché, la nature de l'électricité libre que cette feuille d'or possédait. La trop grande sensibilité de cet instrument nuit souvent à son emploi, et jette même des doutes sur ses indications ; le moindre frottement exercé par mégarde sur un plateau du condensateur, la plus petite différence des distances qui séparent la feuille d'or des deux pôles, suffisent pour compliquer l'épreuve de circonstances étrangères qui peuvent dénaturer tout-à-fait les résultats que l'on devrait obtenir.

QUARANTE-SEPTIÈME LEÇON.

Électro-magnétisme. — Lois de l'action des courans voltaïques sur les aimans. Mouvemens de rotation et de translation dus à cette action.—Du galvanomètre.—Aimantation produite par les courans électriques. — Courans électriques produits par les aimans. Phénomènes électriques produits par les aimans. — Magnétisme en mouvement.

794. Lorsqu'une pile en activité est fermée par une suite de corps conducteurs qui réunissent ses pôles, tout signe d'électricité libre disparaît, il n'y a plus de fluide à l'état de tension; le courant qui parcourt le circuit voltaïque produit alors des phénomènes d'un autre ordre, tels que l'incandescence des fils métalliques qui le conduisent, l'échauffement des liquides qu'il traverse, ou leur décomposition chimique. L'existence de ce courant est en outre manifestée à l'extérieur par l'action qu'il exerce sur l'aiguille aimantée. C'est cette action, découverte par M. OErstedt, en 1819, dont il s'agit d'étudier les lois. On se sert à cet effet d'un fil métallique très long, et d'un diamètre assez fort pour que le courant électrique, qui doit le parcourir, ne puisse produire sur lui qu'un échauffement peu sensible ; ses extrémités sont mises en communication avec les deux pôles d'une pile en activité; on le contourne à la main, pour le disposer en ligne droite sur une assez grande longueur, et c'est cette partie rectiligne du courant vol-

Déviation de l'aiguille aimantée produite par un courant voltaïque.

taïque que l'on approche de l'aiguille aimantée. Pour indiquer facilement les déviations produites, on imagine un observateur tourné vers l'aiguille, et couché sur le conducteur, de telle manière que le courant d'électricité positive soit dirigé de ses pieds à sa tête : la droite et la gauche de cet observateur, ainsi placé, sont appelées la droite et la gauche du courant voltaïque.

Si l'on présente le courant rectiligne, horizontalement et dans la direction du méridien magnétique, au-dessus de l'aiguille aimantée mobile sur un pivot, elle est déviée, et son pôle austral marche vers la gauche du courant. Si l'on place le fil conducteur au-dessous de la même aiguille, elle est déviée en sens contraire, son pôle austral marchant toujours vers la gauche. Ces déviations augmentent à mesure que le conducteur se rapproche de l'aiguille ; elles sont d'autant plus considérables, à distances égales, que la pile est plus forte, ou que le courant est plus énergique. Pour un courant très puissant, l'aiguille se place à très peu près perpendiculairement au conducteur. Lorsqu'on présente le fil métallique à l'aiguille, dans le plan horizontal qui la contient, on remarque qu'un de ses pôles s'abaisse, et que l'autre se relève, toujours de telle manière que le pôle austral tende vers la gauche du courant ; mais le mode de suspension s'oppose à ce que ces mouvements soient très prononcés.

Quand on se sert d'une aiguille aimantée, mobile autour d'un axe dirigé dans le sens de l'inclinaison magnétique, et qui ne peut prendre conséquemment aucune direction fixe par la seule action du globe, cette aiguille se place toujours perpendiculairement au courant rectiligne, présenté dans une direction quelconque parallèle au plan du mouvement. On peut encore annuler l'action de la terre sur une petite aiguille aimantée, en plaçant à une certaine distance un gros aimant horizontal dans la direction du méridien magnétique ; si l'on présente un courant horizontal, au-dessus ou au-dessous de cette aiguille astatique, elle se place encore perpendiculairement au conducteur.

Toutes ces expériences indiquent que l'action du courant peut être considérée comme se réduisant à deux forces, appliquées aux deux pôles de l'aimant, d'intensités variables avec la distance, de directions opposées, perpendiculaires aux plans menés par le conducteur rectiligne et par chaque pôle. En sorte que si l'aimant était très petit, relativement à la distance qui le sépare du courant, ces forces composeraient un couple, qui tendrait à placer l'aiguille dans une position fixe, normale au plan mené par son centre et par le conducteur. Dans tous les cas les forces dont il s'agit tendent à placer l'aiguille dans un plan perpendiculaire au courant, et toujours de telle manière que le pôle austral soit à sa gauche.

Dans le circuit voltaïque, la pile elle-même agit sur l'aiguille aimantée, de la même manière que le conducteur interpolaire ; mais les déviations ont alors lieu en sens inverse, parce que si le courant positif va dans le conducteur du pôle zinc au pôle cuivre, il marche au contraire dans la pile du pôle cuivre au pôle zinc. Si l'on place une pile à auges suivant le méridien magnétique, et au-dessus d'elle une aiguille aimantée, celle-ci reste dans sa position habituelle tant que les deux pôles de la pile ne sont pas réunis ; mais si l'on réunit les pôles par un fil métallique, l'aiguille est déviée dans le sens prévu. La déviation est d'autant plus grande que la pile est plus forte, et peut ainsi servir à en mesurer l'énergie.

795. MM. Biot et Savart ont entrepris une série d'expériences, ayant pour but de trouver la loi que suit l'action d'un courant sur un petit aimant, à mesure que la distance qui les sépare augmente. Ils se sont servis à cet effet d'un conducteur rectiligne vertical de dix pieds de longueur, afin que l'action des parties de ce conducteur, recourbées vers la pile, fussent assez éloignées pour que leur action pût être négligée. Ils ont employé un aimant prismatique très court, suspendu horizontalement à un fil de soie sans torsion, au milieu d'une cage de verre, et qui était rendu *astatique*, ou indifférent à l'action du globe, par un fort barreau aimanté horizontal, placé à une certaine distance et dans une position convenable.

L'aimant mobile étant disposé près du courant, à une distance que l'on pouvait faire varier en éloignant plus ou moins le conducteur, il s'arrêtait alors dans une direction perpendiculaire à la plus courte distance du centre de l'aimant au conducteur. On l'écartait un peu de cette position d'équilibre, en approchant un morceau de fer doux, que l'on éloignait ensuite ; on comptait le nombre des oscillations que l'aimant faisait dans un temps donné, lorsque leurs amplitudes étaient assez diminuées pour qu'on pût leur appliquer la formule du pendule. La comparaison des carrés des nombres d'oscillations, faites dans le même temps à des distances différentes, a démontré que la force directrice de l'aimant, due à l'influence du courant, variait en raison inverse de la simple distance. En substituant au conducteur rectiligne, un autre conducteur plié en angle, et plaçant le centre de l'aimant dans son plan, en dehors, et sur la ligne horizontale qui partageait l'angle en deux parties égales, M. Biot a reconnu que la force directrice due au courant variait encore en raison inverse de la distance de l'aimant au sommet de l'angle, et en outre proportionnellement à la tangente de la moitié de l'incli-'naison du courant à l'horizon.

La pile ne pouvant pas conserver la même énergie, pendant tout le temps nécessaire à des expériences de cette nature, il fallait employer un moyen de correction, analogue à celui que nous avons indiqué, pour la recherche des lois que suivent les forces répulsives et attractives de l'électri-cité ordinaire. A cet effet, MM. Biot et Savart intercalaient toujours, entre deux observations quelconques faites à des distances différentes, une observation faite à une distance normale D, et ils comparaient chaque nouvelle observation à la moyenne des deux résultats obtenus à la distance D, avant et après cette observation.

Laplace, en appliquant le calcul aux lois découvertes par MM. Biot et Savart, a conclu que l'action exercée par un élément linéaire d'un courant voltaïque sur une parti-cule magnétique, varie en raison inverse du carré de la distance, et proportionnellement au sinus de l'angle que fait avec la direction du courant, la ligne qui joint les centres de l'élément et de la particule. Cette action élé-mentaire était importante à connaître, pour analyser avec précision les effets d'un conducteur de forme quelconque sur un aimant. On peut vérifier la réalité de la loi trouvée par Laplace, en prouvant qu'elle conduit aux lois précé-dentes, relatives à l'influence d'un courant rectiligne, ou plié en angle.

Soient à cet effet , COC' le conducteur plié dont les

deux côtés font avec l'horizon l'angle α ; A le centre de la particule magnétique ; $\overline{AO} = a$ la distance qui sépare ce centre du sommet O ; $\overline{AC} = r$ la distance variable du centre A de la particule magnétique, au milieu C d'une portion élémentaire ds du courant $\overline{CO}$; l'angle $ACO = \omega$; . $AB = a \sin \alpha = r \sin \omega$, la perpendiculaire abaissée de A sur CO ; enfin μ un coefficient constant. L'action élémentaire de ds sur la particule magnétique aura pour expression, d'après la loi supposée, $\dfrac{\mu \sin \omega\, ds}{r^2}$. Or on a $r = \dfrac{a \sin \alpha}{\sin \omega}$,

$BC = a \sin \alpha \cot \omega$; d'où $ds = -\dfrac{a \sin \alpha\, d\omega}{\sin^2 \omega}$, et par suite,

$\dfrac{\mu \sin \omega\, ds}{r^2} = \dfrac{\mu \sin \omega\, d\omega}{a \sin \alpha}$; si l'on intègre cette dernière expression par rapport à ω, depuis $\omega = \alpha$ jusqu'à $\omega = 0$, on aura pour l'action du côté OC du conducteur, sur la particule magnétique : $\dfrac{\mu\,(1 - \cos \alpha)}{a \sin \alpha}$; et par suite

$\dfrac{2\mu\,(1 - \cos \alpha)}{a \sin \alpha}$, ou $\dfrac{2\mu}{a} \tang \dfrac{1}{2}\alpha$, pour l'action totale du courant ; ce qui donne les deux lois trouvées par MM. Biot et Savart, la première se déduisant de la seconde plus générale, en supposant droit l'angle α.

Un morceau de fer doux non aimanté et dans lequel les fluides magnétiques sont réunis, reste indifférent à l'action d'un courant voltaïque à toute distance. On doit conclure de là, que la loi qui régit les actions d'un courant sur les fluides magnétiques, lorsque la distance varie, est la même pour les deux fluides ; que conséquemment les lois observées par M. Biot, et la loi élémentaire qui en résulte, ont lieu séparément pour chaque pôle des aimans éprouvés.

ou plus généralement, pour tout point d'un corps susceptible d'aimantation, dans lequel les deux fluides magnétiques ne sont pas en quantités égales.

Un aimant mobile, en présence d'un conducteur rectiligne indéfini, se plaçant dans une position perpendiculaire à la direction du courant, comme s'il était sollicité par un couple de deux forces directrices appliquées en ses pôles, et qui eussent la direction que la ligne de ces mêmes pôles tend à prendre, on doit en conclure que si l'aimant était fixe et le conducteur mobile, ce dernier viendrait se placer perpendiculairement à l'axe de l'aimant; car dans cette influence mutuelle la réaction doit être égale à l'action. Cette conclusion est d'ailleurs vérifiée par l'expérience.

796. M₁ Faraday eut le premier l'idée de faire produire un mouvement de rotation continu par l'action mutuelle des aimans et des courans voltaïques. L'appareil qu'il employa à cet effet, peu de temps après la découverte des premiers faits de l'électro-magnétisme, revient à peu près au suivant : un plateau circulaire de zinc zz bordé par une couronne xx, est percé vers son centre d'une ouverture pareillement bordée d'une couronne cylindrique yy. Ce dernier bord supporte une tige de cuivre cc', terminée par une petite cuvette c', dans laquelle on verse une goutte de mercure. De l'acide sulfurique étendu d'eau est versé sur le plateau de zinc, entre les deux cylindres xx, yy. Enfin une pointe métallique p appuyée sur le fond de la cuvette c', supporte un petit équipage, composé de deux fils de cuivre verticaux tt, $t't'$, soudés vers le bas à un anneau de cuivre ss, qu'ils maintiennent au milieu du liquide acide.

L'action de l'acide sur le zinc donne lieu à une décom

Rotation d'un courant par l'action d'un aimant.

Fɪɢ. 395.

position du fluide naturel ; l'électricité positive se porte sur l'acide, se transmet par l'anneau de cuivre *ss* aux fils verticaux *tt*, *t't'*, et par la pointe *p* et le mercure de la cuvette *c'*, à la tige *c'c*, pour aller rejoindre l'électricité négative qui tend à s'accumuler sur le plateau de zinc. Il en résulte donc un courant voltaïque ascendant dans les deux branches verticales *tt*, *t't'*. Dans ces circonstances, si l'on présente le pôle d'un aimant dans l'intérieur du cylindre *yy*, on voit l'équipage prendre un mouvement de rotation continu autour de la verticale *cc'*; si l'on retourne l'aimant, en présentant son autre pôle, il y a encore un mouvement de rotation, mais en sens contraire du premier.

Rotation d'un aimant par l'action d'un courant.

Fig. 396.

797, M. Ampère est parvenu à produire l'expérience inverse, de la rotation d'un aimant sous l'influence d'un courant fixe. On se sert pour cela d'un large tube en verre rempli de mercure, dans lequel on fait flotter un aimant cylindrique, en le maintenant vertical au moyen d'un contre-poids de platine, de même forme cylindrique que l'aimant, et qui est vissé au-dessous de lui. La base supérieure de l'aimant présente une cavité dans laquelle on verse un peu de mercure, et où l'on plonge la pointe d'un fil vertical communiquant avec un des pôles de la pile ; un cercle de cuivre qui plonge dans le mercure du tube de verre, communique par un conducteur convenable avec l'autre pôle de la pile. Il résulte de cette disposition un courant voltaïque qui passe du cercle de cuivre au mercure du tube de verre, à l'aimant, à la cuvette qu'il supporte, et enfin au fil qui y plonge. On remarque alors que l'aimant tourne autour de son axe. Ce mouvement de rotation change de sens, soit lorsqu'on retourne l'aimant en conservant la même direction au courant, soit en renversant ce courant, et laissant l'aimant dans la même position.

788. Pour expliquer ces mouvemens de rotation, il suffit de partir de la loi élémentaire que nous avons énoncée, et qui est une conséquence rigoureuse des lois découvertes par MM. Biot et Savart. D'après cette loi générale, l'action d'un élément de courant ds, sur une particule magnétique, ou sur le pôle d'un aimant, est exprimée par la fraction : $\dfrac{\mu \sin \omega . ds}{r^2}$; μ étant un coefficient constant pour le même aimant et pour un courant de même intensité ; ω l'angle que fait avec le courant la ligne qui joint le pôle influent et le milieu de l'élément ; enfin r la longueur de cette dernière ligne. On sait de plus que cette force est perpendiculaire au plan mené par l'élément linéaire ds, et par le centre d'action magnétique. Si l'on considère le même courant ds, et le second pôle de l'aimant, leur action mutuelle est encore représentée par la même fraction, mais affectée d'un signe contraire à celui qu'elle avait dans le premier cas.

Cela posé, soient P et P' les deux pôles d'un aimant, mm' l'élément ds du courant, O le milieu de cet élément. En considérant d'abord l'action du pôle P, on aura $\overline{PO}=r$, $POm=\omega$. Si l'on désigne par du le double de l'aire du triangle mPm', on aura : $du = r\sin \omega\, ds$, et l'expression de l'action du pôle P sur le courant $\overline{mm'} = ds$ pourra se mettre sous la forme $\dfrac{\mu\, du}{r^3}$. Cette force s'exerce suivant OV, perpendiculaire au plan mPm' ; pour avoir le moment de la rotation qu'elle tend à imprimer au courant, autour de l'axe PP', il faut projeter cette force sur une perpendicu-

III.   13

laire OK au plan PP', et multiplier cette composante par la distance du point O à l'axe PP'. La composante dont il s'agit, aura pour expression : $\dfrac{\mu\, d u \cos\varepsilon}{r^3}$, si ε représente l'angle VOK, ou celui formé par les deux plans mPm', POP', or $du \cos\varepsilon$ représente évidemment la projection de l'aire du sur le plan POP', elle peut donc être exprimée par $r^2 d\theta$, en désignant par θ l'angle que OP fait avec le prolongement de PP'; et comme alors $r \sin\theta$ représente la longueur de la perpendiculaire abaissée de O sur PP', on aura $\mu \sin\theta\, d\theta$, pour le moment de rotation cherché. De même en désignant par θ' l'angle OPP', le moment de rotation provenant de l'action du pôle P' sur l'élément de courant ds, aura pour expression $\mu \sin\theta' d\theta'$.

Ainsi le moment total de la rotation que l'action des deux pôles P et P', sur l'élément mm', tend à imprimer à ce courant autour de PP', sera $\mu\, (\sin\theta\, d\theta - \sin\theta' d\theta')$. L'action étant égale et contraire à la réaction, on aurait aussi pour le moment de la rotation que le courant ds tendrait à imprimer à l'aimant, autour d'une parallèle à PP' menée par le point O, $\mu\, (\sin\theta\, d\theta - \sin\theta'\, d\theta')$. Si l'on veut avoir le moment total de la rotation qu'un aimant tend à imprimer à une portion finie de courant, telle que CTC', il faudra intégrer la différentielle $\mu\, (\sin\theta\, d\theta - \sin\theta' d\theta')$, depuis les valeurs θ_1 et θ'_1 de θ et θ' correspondantes au point C, jusqu'aux valeurs θ_2 et θ'_2, de ces mêmes variables correspondantes au point C'; ce qui donnera $\mu\, (\cos\theta_1 - \cos\theta_2 - \cos\theta'_1 + \cos\theta'_2)$ pour le moment de rotation cherché.

On voit que ce moment ne dépend que des angles formés, avec l'axe de l'aimant, par les lignes qui joignent ses pôles aux extrémités du courant, qu'il est conséquemment indépendant de la forme de la courbe que suit le courant de C' en C; en sorte que si le courant était fermé par une autre courbe C'T'C, le moment de rotation imprimé à cette nouvelle portion finie du conducteur serait égal à l'expression précédente, mais prise en signe contraire, puisque le courant y suivrait une marche inverse. Il suit de là qu'un aimant fixe ne peut faire tourner un courant fermé de forme invariable, et réciproquement, qu'un courant fermé ne saurait faire tourner un aimant. Le moment de la rotation que l'aimant tend à imprimer autour de son axe, à la portion finie de courant CTC' devient encore nul, lorsque les extrémités de courant C et C' sont sur l'axe lui-même et au-delà des deux pôles ; car alors on a $\cos \theta_{\prime} = \cos \theta'_{\prime} = 1_{\prime}$, $\cos \theta_{2} = \cos \theta'_{2} = -1$. Ainsi dans ce cas il ne peut y avoir de mouvement de rotation. Ce mouvement serait encore nul, si les deux extrémités C et C' étaient encore situées sur l'axe, et toutes les deux entre les pôles. Mais si une seule des extrémités du courant est sur l'axe, ou qu'étant toutes les deux sur ce même axe, une seule soit située entre les deux pôles, la valeur précédente du moment de rotation n'étant pas nulle, le circuit tendra à tourner autour de l'axe de l'aimant.

Dans l'expérience citée plus haut, imaginée par M. Faraday, chaque portion de courant, stp ou $s't'p'$, peut être regardée comme une portion finie de conducteur de forme invariable, dont une des extrémités est seule sur l'axe de rotation , et il est facile de voir que les actions de l'aimant sur les courans qui suivent ces deux conducteurs, concourent à imprimer, à l'équipage mobile, un mouvement de rotation dans le même sens. Dans l'expérience de M. Am-

FIG. 399.

père, il faut regarder l'aimant comme un faisceau d'aimans de même longueur, très déliés, ayant chacun deux pôles. Un seul de ces aimans partiels est dans l'axe de rotation, les autres sont hors de cet axe, et peuvent conséquemment obéir à la réaction produite par l'influence d'un conducteur fixe convenablement disposé. Ici le courant influent est tout le circuit voltaïque ; mais une partie de ce courant fermé, celle qui traverse l'aimant, ne pouvant tendre à faire tourner les aimans partiels, lesquels sont invariablement fixés à cette partie du courant, le reste du circuit agit comme un conducteur non fermé, pour imprimer à tous les aimans partiels le mouvement de rotation observé.

Autre rotation d'un aimant par l'action d'un courant.

Fic. 400.

799. M. Faraday a découvert un autre genre de mouvement de rotation, que l'on peut produire avec l'appareil de M. Ampère, servant à faire tourner un aimant sur son axe : pour cela il faut faire plonger, dans le mercure du tube de verre, la tige conductrice qu'on faisait aboutir à la cavité supérieure de l'aimant dans l'expérience citée. L'aimant toujours plongé dans le mercure, mais hors du centre de la surface, tourne alors autour de la tige. En changeant la direction du courant, le sens du mouvement de rotation change pareillement. Voici la théorie mathématique de ce phénomène.

L'aimant se trouve soumis ici à l'influence de courans fermés ; mais le moment total de rotation d'un courant de cette nature étant nul par rapport à l'axe d'un aimant, d'après la théorie précédente, il faut en conclure que la résultante des actions d'un courant fermé sur un aimant passe par un point de son axe, et qu'elle peut conséquemment produire un mouvement de translation si l'axe de l'aimant n'est pas fixe. Or dans l'expérience dont il s'agit, le mouvement de translation, imprimé à l'aimant, change à chaque instant le système de tous les courans fermés qui le sollicitent, puisque cet aimant transporté interrompt plusieurs de ceux qui rayonnent à la surface du mercure, pour en faire renaître d'autres derrière lui ; et l'on conçoit que cette variation continuelle doit changer le mouvement de translation en un mouvement de rotation, dans lequel l'aimant vient successivement couper à la même distance du centre tous les rayons de la surface du mercure.

800. On peut prévoir diverses circonstances dans les-quelles un aimant mobile doit paraître attiré ou re-poussé par un conducteur fixe, en déterminant la résul-tante des actions exercées par tous les élémens du courant sur les deux pôles du corps aimanté, chacune de ces actions étant évaluée d'après la loi déduite des expériences de MM. Biot et Savart. Par exemple, on explique facilement de cette manière les phénomènes curieux d'attraction et de répulsion, observés pour la première fois par M. Bois-giraud. Une aiguille à coudre, suspendue verticalement à un fil, est tantôt attirée, tantôt repoussée, par un courant rectiligne horizontal voisin, suivant la direction et la po-sition de ce courant relativement aux pôles de l'aiguille. Si le conducteur est situé entre les deux plans horizontaux menés par les pôles, il y a toujours attraction ou toujours répulsion, que le pôle austral soit à la gauche ou à la droite du courant. Si le conducteur est successivement élevé au-dessus des deux plans horizontaux menés par les pôles, ou abaissé en-dessous, l'attraction ou la répulsion persiste encore jusqu'à une certaine limite de distance, passé laquelle il y a répulsion ou attraction.

Pour se rendre compte de cette variation, soit AB l'axe

Fig. 401.   de l'aimant; supposons que le pôle austral soit tourné vers le haut, que le plan de la figure soit perpendiculaire au conducteur qui se projette en C; et enfin supposons que le courant parcourt le conducteur de l'avant à l'arrière du plan ABC, en sorte que le pôle A se trouve à la gauche. Prenons AB pour axe des y, et l'horizontale menée par le milieu O de AB pour celui des x. Soient x et y les coordonnées du point C; r, r', les distances $\overline{CA}$, $\overline{CB}$; α, α', les angles CAB, CBA; $2l$ l distance AB. Le courant rectiligne C étant supposé indéfini, toute son action sur le pôle A aura pour expression $\frac{\mu}{r}$; μ étant une constante qui dépend de l'énergie de l'aimant et de l'intensité du courant. Cette action s'exercera suivant AG perpendiculaire à CA; elle pourra être décomposée en deux forces, l'une suivant AY qui tendrait à soulever l'aiguille, l'autre parallèle à OX qui fera marcher cette aiguille vers le conducteur; cette dernière composante aura pour valeur $\left(\frac{\mu}{r}\cos\alpha\right)$. Pareillement l'action du courant C sur le pôle B, exercée suivant BD perpendiculaire à CB, aura pour composante parallèle à OX, $\frac{\mu}{r'}\cos\alpha'$.

L'aiguille sera donc attirée vers le conducteur par une force unique appliquée en un certain point de son axe et égale à $\frac{\mu}{r}\cos\alpha + \frac{\mu}{r'}\cos\alpha'$. Cette force évaluée en coordonnées orthogonales est $\mu\left(\dfrac{l-y}{x^2+(l-y)^2} + \dfrac{l+y}{x^2+(l+y)^2}\right)$ ou plus simplement $\dfrac{2l\mu}{r^2 r'^2}\left(x^2 - y^2 + l^2\right)$. Tant que la projection C du conducteur sera placée entre les deux branches

de l'hyperbole équilatère qui a pour équation $x^2 - y^2 + l^2 = 0$, Fig. 402.
et dont les sommets sont A et B, l'aiguille sera attirée.
Mais si C était situé dans l'intérieur de l'une des deux
branches de cette courbe, le facteur $(x^2 - y^2 + l^2)$ devenant
négatif, l'aiguille serait repoussée. Si le conducteur était
porté de l'autre côté de l'aiguille, le pôle austral se trouvant alors à droite du courant, il faudrait changer le signe
de μ dans l'expression précédente, il y aurait alors répulsion hors des branches de l'hyperbole, attraction dans
chacune d'elles.

Sans rien changer aux positions ni aux directions relatives du courant et de l'aimant dans la figure précédente,
supposons que l'aiguille, au lieu d'être suspendue verticalement, flotte sur la surface libre horizontale d'une couche
d'eau, il est facile de prévoir le mouvement que le courant
tendra à lui imprimer. Actuellement le conducteur C est
encore horizontal et le plan de la figure vertical, mais
contrairement au cas traité précédemment, OX est vertical et OY horizontal. L'aiguille, que nous supposerons
dans le plan méridien magnétique, ne pouvant obéir
qu'à un mouvement de translation dans le sens de son axe,
il faut décomposer suivant OY les forces $\frac{\mu}{r}$ et $\frac{\mu}{r'}$, de directions AG et BD. Il en résultera une action totale pour

entraîner l'aimant de O vers A, égale à $\left(\frac{\mu}{r} \sin \alpha - \frac{\mu}{r'} \sin \alpha' \right)$.

En coordonnées x et y, cette force a pour expression $\frac{(\mu l)}{r' r'}$.

Ainsi l'aiguille marchera de O vers A ; y diminuera,
ainsi que la force qui pousse l'aiguille dans cette direction,
cette force sera nulle lorsque le conducteur se trouvera

dans le plan vertical mené par OX ; elle changera de signe avec y, en sorte que l'aiguille finira par s'arrêter dans une position d'équilibre stable, au-dessous du conducteur. Le mouvement de l'aiguille serait tout différent si le courant avait un sens opposé dans le conducteur ; en effet, μ changeant de signe dans l'expression précédente l'aiguille marcherait de O vers B pour y positif, et de O vers A pour y négatif ; en sorte que dans les deux cas l'aiguille s'éloignerait du conducteur. Elle ne resterait en repos que si le courant se projetait primitivement sur OX, mais cet équilibre serait évidemment instable.

Tous ces résultats sont vérifiés par l'expérience. Si dans le cas d'une aiguille mobile à la surface de l'eau, le conducteur au lieu d'être rectiligne, formait un arc contourné verticalement au-dessus et au-dessous de l'aimant, dans un plan perpendiculaire à son axe, il faudrait faire un calcul plus compliqué pour trouver l'expression de la résultante des actions exercées sur l'aiguille par tous les élémens du courant ; mais il est évident que les directions des mouvemens imprimés, et les positions d'équilibre stable ou instable, devraient être les mêmes que dans les circonstances précédentes.

Galvanomètre.

801. L'action directrice des courans voltaïques sur l'aiguille aimantée a été appliquée, par M. Schweiger, à la construction d'un instrument qui sert à constater l'existence d'un courant, même très faible, dans un fil métallique, et qui permet en outre d'évaluer l'énergie de ce courant. Cet instrument porte le nom de *galvanomètre*

Fig. 403.

ou de *multiplicateur*. Il se compose d'abord d'un cadre rectangulaire en bois, disposé verticalement dans le méridien magnétique, et de telle manière que ses longs côtés soient horizontaux. Un fil métallique, recouvert de soie, entoure ce cadre par un grand nombre de circonvolutions; il présente à l'extérieur ses deux bouts libres, que l'on peut mettre en contact avec les extrémités de la série de conducteurs, dans laquelle on se propose de constater l'existence d'une action électro-motrice. Une aiguille aimantée très fine, suspendue par un fil de cocon, occupe le milieu du cadre; lorsqu'elle n'éprouve d'autre influence que celle du globe, elle se dirige parallèlement aux rectangles formés par le fil.

Mais quand le fil est parcouru par un courant électrique, l'aiguille est déviée du méridien magnétique, par les actions concordantes des longs côtés de tous ces rectangles, qui forment autant de conducteurs rectilignes. Il est facile de voir que les courans inférieurs à l'aiguille, quoique dirigés en sens contraire de ceux qui existent au-dessus d'elle, tendent cependant à faire marcher le pôle austral du même côté; en sorte que tous ces courans partiels s'accordent pour augmenter la déviation. Cette déviation étant d'autant plus grande que le courant éprouvé est plus énergique, peut servir à comparer les forces de plusieurs courans; mais les rapports de ces forces ne peuvent se déduire de ceux des déviations produites, qu'à l'aide d'une table de graduation construite par des procédés que nous indiquerons par la suite.

On dispose ordinairement, dans le galvanomètre, deux aiguilles aimantées, ayant à peu près la même force, tra- Fig 404. versant parallèlement, et en sens inverse l'une de l'autre, une paille verticale suspendue à un fil de soie sans torsion. L'une de ces aiguilles occupe encore le milieu des rectangles; l'autre est au-dessus du cadre, et éprouve des actions inverses, de la part des courans partiels supérieurs et de ceux inférieurs ; mais l'action des premiers l'emporte sur celle des seconds qui sont plus éloignés ; et il est facile de comprendre que leur différence tend à faire tourner le système mobile, dans le même sens que les actions exercées sur l'aiguille qui occupe le milieu du cadre. Ainsi l'influence du courant se trouve augmentée par cette disposition. Mais ce qui tend surtout à rendre les déviations plus sensibles, c'est la grande diminution de la résistance opposée par l'action du globe ; car les deux aiguilles ayant des momens magnétiques à très peu près égaux, étant parallèles et dirigées en sens contraires, il n'y a que la faible différence des forces directrices que le globe exerce sur elles, qui tende à les ramener dans le méridien magnétique.

Dans ce nouveau genre de galvanomètre, le plus généralement employé, un disque de carton, gradué vers la circonférence, est fixé entre le cadre et l'aiguille supérieure ; une ouverture suffisamment large, pratiquée au centre de ce disque, laisse passer librement la paille suspendue, qui traverse d'ailleurs le bord du rectangle, par une fente ménagée entre les spires que forme le fil métallique. La déviation de l'aiguille extérieure est alors évaluée facilement, sur le limbe gradué que parcourent ses extrémités. Le sens de cette déviation indique en outre celui du courant : il suffit de chercher la position que doit avoir un observateur, couché sur le cadre et regardant l'aiguille, pour que le pôle austral dévié se trouve vers sa gauche ; le courant est alors dirigé des pieds à la tête de cet observateur, dans les côtés supérieurs des rectangles formés par le fil ; et il est facile de conclure de cette direction trouvée, celle des extrémités du conducteur qui reçoit l'électricité positive.

802. On avait cru que la pile pouvait seule donner lieu à un courant agissant sur l'aiguille aimantée ; mais M. Colladon a constaté le premier que l'électricité ordinaire des machines produisait le même phénomène. Il faut pour cela isoler les uns des autres, avec beaucoup de précautions, les différentes parties du fil multiplicateur d'un galvanomètre, que l'on rend très sensible en portant à 5 ou 600 le nombre des spires formés autour du cadre. Le fil métallique doit être terminé par deux pointes très fines, que l'on présente à une certaine distance des deux surfaces d'une batterie électrique chargée, ou d'une simple bouteille de Leyde. Si l'on n'a à sa disposition qu'une machine électrique ordinaire, il suffit de présenter l'une des pointes au conducteur, et l'autre au coussin. Dans tous les cas, il faut que les pointes ne soient pas assez voisines des deux sources d'électricités contraires, pour que la décharge s'opère instantanément par le fil du multiplicateur: cette décharge doit s'opérer lentement ; il en résulte alors un courant qui fait dévier les aiguilles du galvanomètre.

Courans produits par l'électricité ordinaire.

M. Colladon a aussi employé l'électricité atmosphérique pour obtenir un courant ; il se servait alors d'un fil conducteur communiquant avec un paratonnerre, s'enroulant autour d'un galvanomètre, et plongeant ensuite dans le sol. Il vit alors les aiguilles dévier, tantôt dans un sens, tantôt dans l'autre ; ce qui tient à ce que, comme nous l'avons déjà dit, l'électricité atmosphérique passe souvent du positif au négatif. Il est donc bien constaté maintenant que l'électricité ordinaire, celle produite par le frottement, ou celle développée dans l'atmosphère, peut donner lieu aux mêmes phénomènes magnétiques que l'électricité en mouvement dans le circuit voltaïque.

803. L'action qu'un courant voltaïque exerce sur les
fluides magnétiques, inégalement distribués dans les aimans mobiles, lui donne aussi la propriété de séparer ces
fluides dans les corps sensibles au magnétisme. Cette faculté d'aimantation a été reconnue et étudiée par plusieurs
physiciens. Peu de temps après la découverte d'OErstedt,
Davy remarqua qu'on pouvait aimanter des aiguilles d'acier,
en les plaçant perpendiculairement à la direction d'un courant voltaïque; qu'un temps très court suffisait pour produire cette aimantation; et qu'en renversant la direction
du courant, on trouvait les aiguilles aimantées en sens
contraire. M. Arago observa que le fil conducteur d'un
courant voltaïque agit sur la limaille de fer comme un aimant; que cette limaille y reste attachée, et cela dans
toute son étendue, quelque long qu'il soit, tant que le
courant voltaïque traverse le fil; mais quand la communication entre les deux pôles de la pile est interrompue, le
fil perd cette propriété, et la limaille s'en détache.

Plus tard, MM. Arago et Ampère imaginèrent une disposition qui produit sur un fil d'acier le même effet qu'un
aimant : en contournant un fil métallique en hélice, autour
d'un tube de verre, et plaçant suivant l'axe de ce tube une
tige d'acier légèrement trempée, qui occupe à peu près
toute la longueur du tube, cette tige s'aimante lorsqu'on
fait passer un courant électrique à travers l'hélice; elle
présente deux pôles, placés comme on pourrait le prévoir,
en supposant l'observateur couché sur une spire de l'hélice, et regardant le morceau d'acier; le pôle austral se
forme à gauche du courant et le pôle boréal à droite.

La décharge d'une bouteille de Leyde, à travers le fil
plié en hélice, suffit encore pour produire ce phénomène

d'aimantation. Lorsque le fil métallique qui entoure le tube , après avoir formé une hélice dans un sens , est ensuite contourné de manière à former une hélice contraire , puis une autre semblable à la première, et ainsi de suite , l'influence du courant, ou de la décharge électrique, détermine dans la tige d'acier, autant de points conséquens qu'il y a de changemens d'hélices. Ces pôles intermédiaires peuvent être rendus sensibles en promenant la tige , suivant sa longueur, devant l'un des pôles d'une aiguille aimantée.

M. Savary a découvert plusieurs faits importans relativement à ces différens procédés d'aimantation. Ayant placé plusieurs petites aiguilles d'acier à des distances différentes d'un conducteur rectiligne, à travers lequel il fit passer la décharge d'une bouteille de Leyde, il remarqua que ces aiguilles, toutes placées perpendiculairement à la direction du courant, ne s'étaient pas aimantées de la même manière. Le magnétisme développé se trouvait être de plus en plus faible dans les aiguilles placées de plus en plus loin du conducteur, puis changeait de sens ; c'est-à-dire qu'à une certaine distance, les aiguilles avaient acquis des pôles contraires à ceux manifestés par des aiguilles plus voisines du conducteur, aux extrémités tournées dans le même sens. En continuant à essayer l'état magnétique des aiguilles plus éloignées , M. Savary reconnut jusqu'à cinq alternatives semblables à la précédente. Ce phénomène dépend d'ailleurs d'une multitude de circonstances, telles que le diamètre et la longueur du conducteur, l'intensité de la charge , etc.

M. Savary a trouvé pareillement que l'on pouvait obtenir une disposition inverse dans les pôles d'une aiguille aimantée, par un courant en hélice, en employant une hélice très longue et une aiguille qui n'occupe qu'une certaine partie de l'axe du tube. En interposant, entre le morceau d'acier et le tube, des corps même non magnétisables, au moment de la décharge on obtient des résultats très différens : par exemple, si l'aiguille est entourée d'une enveloppe de cuivre suffisamment épaisse, elle reste à l'état naturel. Tous ces faits établissent une analogie remarquable entre la transmission de la vertu magnétique et celle du son et de la lumière, phénomènes qui, comme nous l'avons vu, doivent être attribués à des mouvemens vibratoires, se propageant dans des fluides.

Aimant de fer doux par l'influence d'un courant.

804. La faculté que possède un courant voltaïque, d'aimanter d'une manière permanente des aiguilles d'acier, malgré leur force coercitive, doit le rendre capable d'aimanter passagèrement le fer pur; et l'on prévoit qu'un morceau de fer doux, influencé par un fil métallique recouvert de soie, formant autour de lui un grand nombre de spires, et traversé par un courant voltaïque, doit présenter toutes les propriétés d'un aimant permanent. L'expérience confirme cette prévision. Si le morceau de fer a la forme d'un aimant en fer à cheval, on peut lui faire supporter une armature et des poids considérables, tant que le conducteur qui l'entoure est traversé par le courant. La charge que le fer doux supporte ainsi, peut même être beaucoup plus forte que celle qui mesurerait l'énergie d'un aimant artificiel de mêmes dimensions; ce qui tient à ce qu'aucune force coercitive ne s'oppose à l'aimantation du fer, et que le développement du magnétisme n'est limité que par l'énergie du courant voltaïque qui l'occasione.

Courans produits par l'influence des aimans.

805. M. Faraday, préoccupé de cette idée, que si l'électricité en mouvement possède la faculté de développer le magnétisme, réciproquement des aimans devaient

reproduire tous les phénomènes électriques, fut conduit à chercher si l'influence d'un corps aimanté pouvait faire naître un courant dans un conducteur fermé. Le succès a couronné les travaux de cet ingénieux physicien ; ses découvertes ont permis de réaliser les effets inverses dont il soupçonnait l'existence, et d'expliquer en outre plusieurs faits relatifs au magnétisme, connus depuis plusieurs années, mais dont on ignorait la cause. Voici ceux des faits signalés par M. Faraday, qui répondent le plus directement à la question qu'il s'était proposé de résoudre.

Si l'on enveloppe l'armature d'un fort aimant en fer à cheval, par plusieurs spires d'un long fil métallique couvert de soie, qui s'enroule ensuite autour du cadre d'un galvanomètre, et dont les deux bouts libres sont enfin réunis par une soudure, de manière à former un conducteur fermé ; on observe deux déviations de l'aiguille du multiplicateur, en sens contraire l'une de l'autre, au moment où l'armature touche l'aimant, et à l'instant où elle le quitte. La première déviation indique dans le fil du galvanomètre un courant opposé à celui qui produirait, dans le fer de l'armature, une polarité semblable à celle qu'il doit à l'influence de l'aimant. Quand l'armature reste en repos, l'aiguille retourne et demeure au zéro de déviation ; ce qui indique que le fil métallique n'est alors parcouru par aucun courant.

Une hélice métallique ayant ses extrémités attachées aux deux bouts du fil d'un galvanomètre, suffisamment éloigné, si l'on introduit brusquement dans son intérieur un barreau aimanté, l'aiguille du multiplicateur est déviée, et indique sur l'hélice un courant *inverse*, c'est-à-dire opposé à celui qui eût pu donner à l'aimant la polarité qu'il possède. La déviation de l'aiguille indique au contraire un courant *direct,* quand on retire rapidement le barreau. Mais si l'on continue à le pousser d'un mouvement uniforme dans l'intérieur du tube héliçoïdal, la déviation cesse quand il occupe le milieu du tube, et change de sens lorsqu'il sort par l'autre extrémité. Dans tous les cas, dès qu'on interrompt le mouvement du barreau, l'aiguille du galvanomètre retourne au zéro de déviation.

Il n'est pas indispensable que l'aimant pénètre dans le tube, il suffit de l'approcher ou de l'éloigner brusquement d'une des extrémités de l'hélice, et l'on observe encore un courant, toujours *inverse* dans le premier cas, et *direct* dans le second ; toutefois les déviations du galvanomètre sont très faibles dans ces circonstances. Mais si l'on place dans l'hélice un barreau de fer doux, les mêmes mouvemens de l'aimant produisent des déviations beaucoup plus fortes, et font naître conséquemment des courans beaucoup plus intenses. Ce grand accroissement de l'effet produit doit le faire attribuer principalement à l'influence même du fer doux, lorsque son état magnétique augmente ou diminue, par l'influence croissante ou décroissante de l'aimant. Au reste les mêmes phénomènes ont toujours lieu, de quelque manière que l'on approche ou éloigne l'aimant du barreau entouré par l'hélice, et quelles que soient les formes de l'aimant et du morceau de fer.

Ces diverses expériences conduisent aux deux principes suivans. I. Lorsqu'un aimant s'approche ou s'éloigne d'un conducteur métallique, il détermine dans ce conducteur des courans voltaïques de sens contraires dans les deux cas : quand la distance relative de l'aimant au conducteur diminue, les courans sont *inverses,* c'est-à-dire opposés à ceux qui tendraient à donner à l'aimant la position qu'il occupe ; quand la même distance relative augmente, les courans sont *directs ;* si cette distance reste constante, tous les courans cessent. II. Un morceau de fer, entouré d'un fil conducteur, détermine des courans dans ce fil, lorsque son état magnétique augmente ou diminue par l'influence croissante ou décroissante d'un aimant qui s'approche ou s'éloigne ; quand le magnétisme se développe, le courant du fil est *inverse,* c'est-à-dire opposé à celui qui pourrait donner au fer la polarité qu'il acquiert par l'influence de l'aimant ; quand le magnétisme se perd, le courant est *direct ;* enfin si l'état magnétique du fer reste constant, par le repos de l'aimant, tout courant cesse dans le fil conducteur.

De ces deux principes, le second peut être regardé comme une conséquence du premier : car lorsque le magnétisme s'accroît dans le fer doux, c'est comme si l'on formait un faisceau de lames aimantées, en les apportant brusquement une à une dans le voisinage du conducteur, ce qui produirait un courant inverse à chaque lame apportée ; et lorsque l'état magnétique décroît, c'est comme si l'on retirait successivement les lames du faisceau magnétique, opération qui produirait un courant direct à chaque lame enlevée. Il suit des faits qui se résument dans les deux principes précédens, que si des courans voltaïques développent le magnétisme, réciproquement des aimans font naître des courans voltaïques. Mais cette réciprocité présente une différence remarquable : l'aimantation par courant a lieu quand le conducteur et le corps influencé sont en repos relatif, ou quand le courant conserve la même intensité ; tandis qu'un aimant ne peut faire naître un courant, que s'il est en mouvement par

III.   14

rapport au conducteur, ou si son état magnétique varie.

806. Plusieurs physiciens ont cherché à obtenir des étincelles, entre les deux extrémités, suffisamment rapprochées, d'un fil conducteur entourant l'armature d'un aimant en fer à cheval, qu'on approchait ou qu'on enlevait brusquement. Nous ne décrirons pas les appareils plus ou moins compliqués à l'aide desquels ils sont parvenus à réaliser ce phénomène ; nous passerons de suite à la description de l'appareil construit par MM. Pixii père et fils, qui permet d'obtenir du courant, imprimé par l'influence d'un aimant, tous les effets connus de l'électricité voltaïque ordinaire. Dans cet appareil, un aimant artificiel ACDB, composé de plusieurs barreaux disposés en fer à cheval, est mobile autour d'un axe vertical XY ; ce mouvement est imprimé au moyen d'une manivelle et d'engrenages convenables. Au-dessus de l'aimant se trouve fixé un morceau de fer doux EGHF, pareillement en fer à cheval, lequel est placé de telle manière que les bases E et F soient très près des extrémités planes A et B de l'aimant, mais sans les toucher, lorsque ce dernier dans son mouvement se trouve directement au-dessous du fer doux. Un même fil de cuivre recouvert de soie, et ayant ses extrémités en P et Q, s'enroule dans le même sens autour des branches verticales EG, HF, du fer doux, où il forme plusieurs milliers de tours.

D'après cette disposition, l'influence de l'aimant développe du magnétisme dans le fer doux, mais le sens de l'aimantation se trouve renversé à chaque demi-révolution. L'état magnétique de l'arc en fer varie donc sans cesse, il a acquis sa plus grande force lorsque les pôles de l'aimant passent immédiatement au-dessous de ses extrémités ; cet état décroît par l'éloignement des pôles, devient nul quand

s deux arcs sont perpendiculaires entre eux, enfin s'ac-
roît en changeant de sens quand, par suite du mouve-
ent de rotation, les pôles de l'aimant s'approchent
spectivement des extrémités opposées à celles qu'ils
uittaient au commencement de la demi-révolution. Ainsi
magnétisme du fer doux oscille constamment entre deux
aaxima pour lesquels sa polarité est contraire. Le courant
ue ce changement perpétuel entretient dans le fil con-
ucteur doit donc changer de sens à chaque demi-révolu-
on de l'aimant, ou à chaque passage de ses pôles au-des-
ous de l'arc en fer.

L'existence du courant électrique dans le fil conducteur,
t ses renversemens alternatifs, peuvent être constatés par
s expériences suivantes. Si l'on attache les extrémités P
t Q aux deux bouts du fil d'un galvanomètre, et que par
eux impulsions séparées, on fasse faire successivement à
aimant deux demi-révolutions dans le même sens, on
bserve, lors de la seconde impulsion, une déviation de
irection contraire à celle observée lors de la première.
'aimant étant constamment en mouvement, si l'on touche
n instant, avec les deux extrémités du fil métallique, les
lateaux d'un électromètre condensateur, on trouve en-
uite cet instrument chargé d'électricité, tantôt positive,
antôt négative; ce qui dépend du sens du courant, existant
ors de l'interruption des contacts.

La plupart des phénomènes dus au passage continu de
électricité voltaïque peuvent être reproduits au moyen de
appareil, lorsqu'on imprime à l'aimant un mouvement
e rotation rapide. Si tenant à la main les deux extrémités
P et Q, on fait glisser l'une sur l'autre leurs parties nues,
n les approchant et les éloignant successivement à de pe-

tites distances, on aperçoit entre elles une suite d'étincelles électriques. Dans cette circonstance on éprouve des commotions dues à la décharge de l'électricité qui parcourt le fil conducteur, laquelle s'opère à travers les bras dans l'intervalle de deux étincelles. On éprouve des commotions beaucoup plus fortes, lorsqu'on plonge les mains dans deux vases contenant un liquide acidulé, que ces organes font ainsi communiquer, et dans lesquels aboutissent les extrémités P et Q, qu'il est convenable d'attacher à des plaques métalliques immergées.

Les deux bouts du fil conducteur étant mis en contact avec deux pointes de platine, placées dans un vase contenant de l'eau acidulée, et surmontées de deux cloches pleines d'eau, aussitôt que l'aimant entre en mouvement, on voit des bulles de gaz provenant de la décomposition de l'eau s'élever dans les cloches. Mais ici le sens du courant changeant à chaque demi-révolution de l'aimant, les deux éprouvettes se trouvent contenir à la fois de l'oxigène et de l'hydrogène, mélangés dans les proportions nécessaires pour reproduire de l'eau par leur combinaison chimique. Pour obtenir les gaz séparés, on peut employer un mécanisme que M. Pixii fils a imaginé, lequel se compose d'une bascule en bois qui porte quatre arcs métalliques aux extrémités de doubles leviers, et qu'un excentrique, mobile avec l'axe de rotation, fait successivement pencher dans un sens ou dans l'autre, à chaque demi-révolution. Les arcs métalliques touchent ainsi successivement des extrémités différentes du système de deux languettes de cuivre en croix, isolées l'une de l'autre, PP', QQ', et de deux autres parallèles RR', SS'. Toutes ces lames de cuivre sont amalgamées aux endroits des contacts, ainsi que

Fig. 406.

les bouts des arcs de la bascule, afin que les contacts établissent des communications plus parfaites. Aux quatre languettes sont respectivement attachées, d'une part les bouts P et Q, et de l'autre les extrémités libres des fils communiquant aux cloches de l'appareil où s'opère la décomposition de l'eau. Il est facile de voir que, par cette disposition, le courant conserve toujours le même sens dans les fils aboutissant aux cloches, quoiqu'il change successivement de direction dans le fil conducteur influencé On remarque, en effet, qu'en faisant usage de ce mécanisme, les gaz provenant de la décomposition de l'eau sont séparés.

807. M. Arago a découvert un genre d'action mutuelle, entre les aimans et des corps regardés jusque-là comme insensibles au magnétisme, qui s'expliquent aujourd'hui par l'influence d'un aimant mobile sur des conducteurs voisins. Voici quelle fut l'origine de ces nouveaux faits. En observant une aiguille de boussole placée dans une boîte de cuivre rouge très pur, M. Arago fut étonné de voir que le nombre des oscillations qu'elle faisait de part et d'autre du méridien magnétique, ne répondait pas à sa mobilité, qu'on avait eu soin de rendre très grande. Ces oscillations quoique toujours de même durée, décroissaient très rapidement d'amplitude, et l'aiguille était bientôt ramenée au repos, tandis qu'en disposant la boussole hors de la boîte, les oscillations étaient aussi étendues et aussi nombreuses qu'on devait s'y attendre.

Pour chercher la cause de cette singulière résistance à la durée du mouvement, M. Arago fit osciller successivement une aiguille aimantée au-dessus de plusieurs disques de cuivre rouge très pur, de différentes épaisseurs. L'aiplitude des oscillations diminuait d'autant plus rapidement que le disque de cuivre voisin était plus épais ; un corps interposé entre le disque de cuivre et l'aiguille, tel qu'une membrane tendue, une feuille de papier, ne changeait pas l'effet observé. Plusieurs physiciens ont vérifié que ce phénomène pouvait être produit par d'autres substances que le cuivre. La diminution plus ou moins rapide de l'amplitude des oscillations de l'aiguille aimantée, influencée par des plaques de mêmes dimensions de ces substances, a servi à les ranger suivant l'ordre de leur puissance dans ce genre d'action. Le cuivre est le plus puissant, viennent ensuite le zinc et l'étain.

Puisque le cuivre n'agit pas sensiblement sur l'aiguille aimantée en repos, on devait conclure que le mouvement de l'aiguille était la cause du développement des forces, émanant du disque, pour diminuer l'amplitude des oscillations. C'est ainsi que M. Arago fut conduit à penser que si l'aiguille était en repos, et le disque en mouvement, l'aiguille devait être déviée du méridien magnétique. L'expérience a pleinement confirmé cette prévision : en imprimant un mouvement de rotation à un disque de cuivre très pur, au-dessous d'une aiguille aimantée, dont il est séparé par une plaque de verre ou par une membrane tendue, pour qu'on ne puisse pas attribuer l'effet produit à l'agitation de l'air, on reconnaît que l'aiguille est déviée, et qu'elle reste écartée du méridien magnétique, d'un angle d'autant plus grand que la rotation du disque est plus rapide.

En augmentant progressivement la rapidité de ce mouvement, la déviation de ce mouvement atteint bientôt 90° ; alors l'aiguille est entraînée, et prend elle-même un mouvement de rotation dans le même sens que celui du plateau. En changeant le sens du mouvement du disque de cuivre, l'aiguille est déviée, et tourne dans un sens inverse à celui de son premier mouvement. Si l'on détruit la continuité du plateau de cuivre par des traits de scie dans la direction des rayons, l'effet de son mouvement de rotation sur l'aiguille aimantée diminue beaucoup ; mais si l'on rétablit la continuité, en coulant dans les fentes du bismuth ou tout autre métal, l'action recouvre presque la même énergie, tandis qu'elle augmente peu lorsqu'on remplit les fentes de limaille de cuivre.

M. Arago a constaté que la résultante des forces exercées par le plateau tournant, sur l'aiguille aimantée, était oblique au plan de ce plateau. De ses trois composantes, l'une normale à ce plan mobile est constamment répulsive ; la seconde, parallèle à la tangente, est toujours dirigée dans le sens du mouvement ; enfin la troisième dans le sens du rayon, va du centre à la circonférence, ou inversement, suivant la position du pôle de l'aiguille sur le rayon. Supposons le plateau de cuivre horizontal, on peut manifester la première composante en disposant verticalement au-dessus du plateau un barreau aimanté, suspendu au fléau d'une balance, et équilibré par un contre-poids. Quel que soit le pôle du barreau le plus voisin du plateau, quelle que soit la direction du mouvement de rotation du disque, le barreau aimanté est toujours soulevé lorsque le plateau tourne. On voit ainsi que la résultante des forces émanant du cuivre en mouvement, a une composante normale au plan du disque, qui est constamment répulsive. La composante tangentielle est manifestée par la déviation et la rotation de l'aiguille horizontale, placée au-dessus du plateau mobile.

Pour rendre sensible la composante dirigée suivant le rayon, on peut se servir d'une aiguille d'inclinaison, mobile dans un plan perpendiculaire au méridien magnétique, et qui doit se placer conséquemment dans une position verticale par la seule action magnétique du globe; en pointant alors l'aiguille successivement vers le centre du plateau, ou vers un point du rayon, ou même en dehors de la circonférence, on reconnaît une action provenant du disque tournant, différente quant à sa direction. Pointée vers le centre, l'aiguille reste immobile, ce que l'on pouvait prévoir à cause de la symétrie de cette position; pointée vers un point du rayon de plus en plus éloigné du centre, l'extrémité inférieure de l'aiguille semble d'abord chassée vers le centre; cette action de dehors en dedans, après avoir augmenté d'intensité, va ensuite en diminuant; pour un certain point du rayon, placé entre le centre et la circonférence, l'aiguille d'inclinaison redevient verticale; au-delà, c'est-à-dire plus près de la circonférence, la pointe de l'aiguille semble fuir le centre, comme poussée par une force centrifuge; l'action conserve ensuite cette direction, même au dehors du plateau. Les rapports des intensités des trois composantes dont il s'agit, sont variables avec la vitesse de rotation du plateau, pour un même barreau aimanté et pour un même disque.

Explication du magnétisme en mouvement.

808. Les découvertes de M. Faraday, relatives aux courans produits par l'influence des aimans, ont donné la clé de ces phénomènes, qui formaient une théorie physique détachée, à laquelle on donnait le nom de *magnétisme en mouvement*. D'après le premier principe établi au paragraphe 805, lorsque les pôles d'un aimant changent de position, relativement aux différentes parties d'une plaque

métallique voisine, il doit naître à la surface, ou dans l'intérieur de cette plaque conductrice, des courans voltaïques de divers sens : sur les parties qui s'éloignent des pôles les courans doivent être directs, c'est-à-dire dans un sens tel qu'ils eussent été capables de donner à l'aimant la polarité qu'il possède ; tandis que dans les parties du conducteur qui se rapprochent des pôles, les courans doivent être inverses. Tous ces courans, une fois établis, doivent réagir sur les pôles des aimans d'après les lois connues. Or, comme on va le voir, les actions des deux genres de courans s'accordent, pour s'opposer en partie au changement des distances relatives, entre l'aimant et les différens points de la plaque conductrice ; d'où résulte une sorte de résistance au mouvement, qui explique la diminution rapide de l'amplitude des oscillations d'une aiguille aimantée voisine d'une plaque conductrice en repos, ainsi que la rotation d'une aiguille entraînée par le mouvement d'un disque métallique.

Pour analyser l'effet de réaction des courans produits, soient : EF un disque de cuivre, tournant dans le sens indiqué par la flèche ; AB un barreau aimanté horizontal, mobile sur un pivot, à une certaine distance au-dessus du disque ; $\overline{mn}$ un élément de courant, en un point du plateau qui fuit le pôle austral A ; $\overline{pq}$ un autre élément de courant en un point qui se rapproche du même pôle. Le premier courant $\overline{mn}$ étant direct et le courant $\overline{pq}$ inverse, le pôle A doit être à la gauche du premier et à la droite du second ; d'où il suit que ces courans tendront tous les deux du centre à la circonférence, dans le sens supposé au mouvement du disque. L'action de l'élément $\overline{mn}$ sur A se réduit à une force appliquée en ce pôle, normalement au plan mn A, et dirigée de telle manière que le pôle A tend

Fig. 107.

vers la gauche du courant $\overline{mn}$; cette force s'élève donc au-dessus du plan $mn\mathrm{A}$, et penche conséquemment vers $\overline{mn}$, en sorte que sa composante horizontale est dirigée dans le sens du mouvement du disque. L'action de l'élément $\overline{pq}$ est aussi appliquée en A, normalement au plan $pq\mathrm{A}$, et dirigée de telle manière que le pôle A tende vers la gauche du courant $\overline{pq}$; cette nouvelle force s'abaisse donc au-dessous du plan $pq\mathrm{A}$, et penche aussi vers $\overline{mn}$, en sorte que la composante horizontale est encore dirigée dans le sens du mouvement.

On peut dire, d'après cela, que les actions des courans directs sont attractives, et celles des courans inverses répulsives ; et comme les premiers courans naissent par l'éloignement du pôle influent, et les seconds par son rapprochement, on en conclut que, dans le mouvement relatif de l'aimant et de la plaque conductrice, les parties de cette plaque qui s'éloignent des pôles, ou dont les pôles s'écartent, tendent à les entraîner ou à les retenir ; tandis que les parties qui se rapprochent des pôles, ou dont les pôles se rapprochent, tendent à les repousser. Les réactions des courans sur l'aimant constituent donc une force retardatrice, analogue au frottement ou à la résistance des milieux. On verra facilement, par des considérations semblables aux précédentes, que les courans produits par l'influence du pôle boréal, et qui doivent tendre de la circonférence au centre dans le mouvement supposé, réagissent pour faire tourner l'aimant, dans le même sens que les actions des courans dus au pôle austral ; enfin que l'aimant suivrait encore le mouvement du disque, si celui-ci tournait dans un sens contraire à celui qui vient d'être considéré.

Cette analyse n'a d'autre but que d'indiquer la cause générale des phénomènes du magnétisme en mouvement; il faudrait réunir d'autres données expérimentales, et entrer dans trop de détails, pour expliquer complétement tous les résultats obtenus par M. Arago, dans la recherche des autres composantes de l'action du disque mobile sur l'aimant. On conçoit d'ailleurs que la composante répulsive, normale au plan du disque, provient de ce que les courans répulsifs existent encore dans les parties du plateau qui passent immédiatement au-dessous de l'aimant; et que la composante dirigée suivant le rayon doit varier de sens et d'intensité, d'après la force et la disposition des pôles de l'aimant, et suivant l'énergie et la disposition des courans que son influence fait naître dans le plateau mobile.

M. Faraday s'est assuré directement de l'existence des courans, sur un plateau de cuivre qu'il faisait tourner entre les pôles d'un fort aimant en fer à cheval. Il enroulait, de plusieurs tours lâches, un des bouts du fil d'un galvanomètre sur l'axe de rotation, qui était métallique, et présentait l'autre extrémité amalgamée du même fil, en différens points du bord du disque mobile, soit avant, soit après le passage entre les pôles de l'aimant. Il remarqua une déviation de l'aiguille du multiplicateur, qui indiquait un courant sur les rayons du disque, dirigé du centre à la circonférence ou inversement, suivant le sens de la rotation; mais dans le même sens, que le courant fût éprouvé en plaçant le bout amalgamé sur le bord du disque, avant ou après le passage entre les pôles.

Il est facile de voir que le courant, quoique de même sens sur les rayons qui fuient l'aimant, et sur ceux qui s'en rapprochent, est cependant direct pour les premiers, in-

Fig. 408.

verse pour les seconds, relativement à la polarité possédée par l'aimant. L'appareil de M. Faraday diffère de celui de M. Arago, en ce que dans le premier le disque tourne entre les pôles ; tandis que dans le second les deux pôles sont du même côté du disque. Le premier principe du paragraphe 805 indiquait d'avance que, dans l'expérience de M. Faraday, les influences des deux pôles devaient déterminer sur les deux faces opposées du disque des courans parallèles, allant tous les deux du centre à la circonférence ou inversement, suivant le sens de la rotation. Dans l'appareil de M. Arago, et d'après le même principe, les influences des pôles font naître des courans opposés sur les deux moitiés du disque ; c'est-à-dire que si les courans tendent vers le centre près du pôle austral, ils doivent au contraire marcher vers la circonférence près du pôle boréal. Des expériences directes, faites par M. Nobili, et que nous ne pouvons décrire ici, ont constaté l'existence et les positions variables de ces courans.

QUARANTE-HUITIÈME LEÇON.

Phénomènes électro-dynamiques.—Appareil général de M. Ampère.
— Actions de la terre et des aimans sur les courans mobiles. —
Actions mutuelles des courans voltaïques. — Positions d'équilibre des courans mobiles. — Mouvemens de rotation des courans produits par d'autres courans. — Solénoïdes et canaux électro-dynamiques. —Théorie nouvelle du magnétisme. — Courans
par induction.

---

809. Peu de temps après la découverte d'Ærstedt, M. Ampère cherchant à expliquer l'influence magnétique des courans voltaïques, conçut une idée particulière sur la constitution des aimans, et les expériences qu'il entreprit pour vérifier son hypothèse, le conduisirent à la découverte d'une nouvelle classe de phénomènes sur l'action mutuelle des courans électriques. Ce fut pour mettre en évidence ce genre d'action que M. Ampère imagina l'appareil que nous allons décrire. Le bois pouvant être regardé comme non conducteur de l'électricité à faible tension développée par la pile; des conducteurs métalliques, disposés sur une table de bois, doivent être considérés comme isolés; on peut les contourner sur cette table, sans craindre que le courant électrique ne se détourne de la route qu'ils lui assignent. Cette propriété isolante du bois, dans le cas de l'électricité voltaïque, a été d'un grand secours à M. Ampère pour la construction de ses appareils.

Appareil électro-dynamique.

Mais il y avait d'autres conditions plus difficiles à remplir: il fallait avoir un moyen de rendre mobile une portion du circuit voltaïque, afin de la soumettre à l'action d'un conducteur fixe, d'un aimant, ou de la terre. Les piles étant sujettes à de très grandes variations dans l'intensité des courans qu'elles produisent, si l'on s'était servi de deux piles différentes, pour obtenir un courant fixe et un courant mobile, on aurait été souvent obligé de multiplier les observations, afin de prendre des résultats moyens par leur croisement. C'est pour éviter cet inconvénient que M. Ampère imagina de faire passer le courant provenant de la même pile, par les conducteurs fixes et mobiles dont il voulait constater l'action mutuelle; toute la difficulté se réduisait à établir les communications convenables.

Support des conducteurs mobiles.

810. La table sur laquelle est monté l'appareil porte deux colonnes en cuivre, ST, S'T', pouvant servir, l'une à transporter le courant aux conducteurs mobiles, l'autre à le renvoyer vers la table. Ces deux colonnes sont réunies par une tige en cuivre horizontale, coupée vers son milieu en deux parties CT, C'T', séparées par un petit cylindre CC' de bois ou d'ivoire, ou de toute autre substance isolante. Deux coupes ou cuvettes annulaires, a et b, sont disposées sur la verticale passant par le milieu du cylindre CC'. La coupe a surmonte une tige métallique pleine, d'abord verticale de a en g, mais se bifurquant ensuite en deux branches gie, $gi'e'$, terminées par deux cuvettes e, e'. La coupe b termine vers le haut un cylindre creux de métal, enveloppant la tige ag, dont il est séparé par un tube de verre; ce cylindre creux est soudé vers le bas à deux branches conductrices recourbées, hkf, $h'k'f'$, qui se terminent par deux coupes f, f'.

Fig. 409.

Les coupes e, f', sont sur la même verticale ; il en est de même des deux autres f, e'. Les coupes e, f, sont sur le même plan horizontal ; il en est de même des deux autres e', f'. Deux languettes de cuivre la, $l'b$, établissent des communications entre les branches CT, C'T', et les coupes annullaires a, et b. Du mercure est versé dans toutes les cuvettes. Les tiges recourbées gie, $h'k'f'$, sont séparées l'une de l'autre par des substances isolantes ; les branches $gi'e'$, hkf, sont isolées de la même manière. Au lieu de S'T', on se sert d'une colonne UV, placée dans le voisinage de ST, réunie vers le haut avec le cylindre de bois CC' par une tige métallique horizontale, d'où part la languette $l'b$; par cette disposition les bases des deux colonnes, qui empruntent et restituent à la table le courant voltaïque, se trouvent voisines, et les autres communications métalliques de l'appareil sont plus faciles à établir.

Le genre de support qui vient d'être décrit, permet d'introduire dans le circuit voltaïque une partie mobile : il suffit que le conducteur qui la compose, quelle que soit sa forme, se termine par deux pointes ou pivots E, F, placés sur la même verticale, et à une distance telle que la pointe E étant posée sur le fond de la cuvette e du support, la pointe F soit simplement plongée dans le mercure de la cuvette f'. Il faut aussi que le centre de gravité de ce conducteur mobile soit situé sur la ligne EF prolongée, condition que l'on peut toujours remplir, soit en rendant la forme du conducteur symétrique par rapport à cette ligne, soit en lui adaptant un contre-poids convenable. Toutes les parties différentes et voisines de ce fil conducteur, doivent être isolées avec soin l'une de l'autre par de petites planchettes de bois ou d'ivoire.

De cette manière le conducteur sera mobile autour de la verticale passant par la pointe E, et la pointe F ne servira qu'à prendre ou transmettre le courant au mercure de la coupe f'. Il est facile de voir d'ailleurs que le but proposé sera rempli par ces dispositions : car si le courant monte par la colonne ST, il parcourra successivement, la branche horizontale TC, la languette la, la tige ag, la branche gie, entrera par la pointe E' dans le conducteur mobile, et après en avoir parcouru toutes les sinuosités sortira par la pointe F, pour parcourir la branche $f'k'h'$, le cylindre $h'b$, la languette bl', et descendre enfin par la colonne VU.

Un conducteur terminé par deux pointes réposant sur le fond des cuvettes e et f, ou e' et f', sera aussi mobile autour de la ligne horizontale passant par ces pointes ; et si les bases des deux colonnes communiquent respectivement avec les deux pôles d'une pile, ce conducteur mobile fera partie du circuit voltaïque, puisque des deux cuvettes auxquelles il aboutit, l'une communique avec la languette la, l'autre avec celle $l'b$; ce genre de conducteur mobile doit être muni de contre-poids tels que son centre de gravité se trouve situé à une petite distance en-dessous de la ligne des pointes qui sert d'axe de rotation.

811. On ne peut plus se servir du même genre de support, quand il s'agit d'imprimer à la partie mobile un mouvement de rotation continu, il faut alors une autre disposition. Par exemple, pour le mouvement de rotation autour d'une verticale, d'un équipage semblable à celui employé dans la première expérience de rotation due à M. Faraday (§ 796), on emploie une tige qui traverse la

table dans un tube de verre; cette tige qu'on peut élever plus ou moins, et fixer à une hauteur déterminée au moyen d'une vis de pression, est terminée à la partie supérieure par une cavité, où plonge dans le mercure le pivot de l'appareil mobile; elle reçoit ou transmet le courant par une lame de ressort en cuivre, qui presse contre un conducteur fixé au-dessous de la table, et communiquant avec la base U (ou S) du système décrit plus haut. L'équipage mobile est terminé vers le bas par un limbe, ou par une couronne en cuivre, qu'il suspend au milieu d'un liquide acidulé. Le vase métallique qui contient ce liquide conducteur, communique ensuite par un point quelconque de sa paroi latérale, toujours circulaire, avec la base S (ou U), au moyen de languettes métalliques.

Fig. 411.

812. Pour faire passer le courant à travers des conducteurs fixes, et pouvoir facilement l'introduire, l'interrompre, et changer sa direction, soit dans le conducteur mobile, soit dans le conducteur fixe, la table de l'appareil général présente un système de cavités et de rigoles remplies de mercure, réunies par des languettes métalliques et des bascules. C'est ce système, représenté dans la figure 412, que nous allons décrire maintenant. Les deux rigoles N et P reçoivent les extrémités des fils conducteurs communiquant avec les deux pôles de la pile. L'une des cavités d et d' est mise en communication avec la rigole P, au moyen de l'une des languettes métalliques ll, $l'l'$ de la bascule B, qui doit être placée au-dessus de la partie $add''a'$ de la table, et que l'on peut faire pencher à droite ou à gauche en faisant tourner son axe en bois.

Communications métalliques de la table.

Fig. 412.

Supposons que ce soit actuellement la cavité d qui communique avec la rigole P. Le fluide positif se rendra par

le canal *de*, dans la rigole demi circulaire *ef*, de là il s'é-
lèvera par un fil de cuivre vertical, replié horizontalement
dans le méridien magnétique, et redescendra par une
autre branche verticale du même fil dans la la rigole *e'f'*;
une aiguille aimantée, mobile au-dessous de la partie horizontale de ce conducteur, indiquera par sa déviation
l'existence, le sens et l'intensité du courant. De la rigole
demi circulaire *e'f'*, le fluide positif sera transporté par
une languette de cuivre à l'une des colonnes **ST** de l'appareil destiné au conducteur mobile, et après avoir parcouru tout le système de cet appareil, en sortira par le
pied **U** de la seconde colonne, pour être transporté par
une nouvelle languette conductrice à la cavité *d'''*. Cette
cavité communique actuellement avec la rigole **QR**, par
un des arcs métalliques d'une bascule nouvelle, ayant le
même axe en bois que **B**, et située au-dessus de la
partie *bd'''d''b'* de la table.

Une double bascule semblable au système des deux précédentes, peut faire communiquer l'une des cavités *c''* et
c''' avec la rigole **QR**, et en même temps l'une des cavités
c' et *c* avec la rigole **N**. Nous supposerons qu'actuellement
cette double bascule penche vers la gauche. Le fluide positif, transmis de la cavité *d'''* à la rigole **QR**, sera transporté dans la cavité *c''*; de là il se rendra en **L**, par une
rigole ou une lame de cuivre, parcourra tout le système
d'un conducteur fixe, et reviendra à la table par le point
K. Une lame de cuivre le conduira à la cavité *c'*, qui communique actuellement avec la rigole **N**, où plonge le pôle
négatif de la pile. Le circuit voltaïque se trouvera ainsi
complété.

Mode de ren
versement
des courans.

813. La cavité *d'* communique avec *d'''*, celle *d* avec

d″, par deux languettes de cuivre en diagonales, séparées l'une de l'autre par un corps isolant. Au moyen de ces communications, il est facile de voir que pour renverser la direction du courant dans le conducteur mobile, il suffit de tourner la bascule BB, vers la gauche, de manière à ce qu'elle fasse communiquer maintenant, *d′* avec P, *d″* avec QR; car le fluide positif suivra le chemin.......... P*d′d‴*U....S*f′cdd″*R, inverse de celui qu'il suivait précédemment.

La cavité *c‴* communique avec *c′*, et la cavité *c″* avec *c*, par deux lames de cuivre en diagonales isolées l'une de l'autre. Au moyen de ces communications, pour renverser la direction du courant dans le conducteur fixe, il suffit de tourner la bascule B′B′ vers la droite, en sorte qu'elle fasse communiquer maintenant *c‴* avec QR, *c* avec N. Car le fluide positif parvenu dans la rigole QR, après avoir suivi dans un sens ou dans l'autre le conducteur mobile, parcourra ensuite le chemin RQ*c‴c′*K...L*c″c*N, inverse de celui qu'il suivait lors de la position précédente de la bascule B′B′.

814. Tel est l'appareil général imaginé par M. Ampère pour constater les attractions et les répulsions, que des conducteurs traversés par des courans voltaïques exercent les uns sur les autres. On peut aussi s'en servir pour rendre sensible la réaction d'un aimant fixe sur un conducteur mobile, et produire ainsi l'expérience inverse des premiers faits de l'électro-magnétisme. Pour cela on emploie un conducteur ayant la forme d'un simple rectangle, et rendu mobile autour de la verticale passant par deux des cuvettes superposées du support général, au moyen de deux pointes ou pivots dont la disposition a été indiquée. Le système

Fig. 410

du conducteur fixe étant inutile, on fait communiquer directement les rigoles RQ et N, par un arc métallique.

On remarque d'abord que le conducteur mobile, lorsqu'il est traversé par le courant, oscille de part et d'autre d'une position d'équilibre dans laquelle il finit par s'arrêter, et qui est telle que le plan du rectangle se trouve perpendiculaire à l'aiguille de déclinaison. Lorsque le rectangle a atteint cette position d'équilibre, le courant est dirigé à travers son côté inférieur de l'est à l'ouest. Si l'on change la direction du courant au moyen de la bascule BB, le rectangle fait une demi-révolution pour venir s'arrêter dans le même plan, mais dans une position inverse; en sorte que, dans tous les cas, le courant va de l'est à l'ouest sur le côté inférieur EO, quand le conducteur mobile a atteint sa position d'équilibre. Cette direction fixe est déterminée par l'influence magnétique du globe.

Un aimant que l'on place au-dessous de EO, dans une position perpendiculaire au méridien magnétique, fait dévier le rectangle mobile de la position d'équilibre que le globe tend à lui donner ; son plan s'approche d'autant plus d'un plan perpendiculaire à l'axe de l'aimant, que le courant est plus énergique, que l'aimant est plus fort et plus voisin. Si l'on change la position des pôles de l'aimant, ou si l'on renverse le sens du courant, la déviation du conducteur a lieu en sens contraire. Dans tous les cas, le pôle austral se trouve toujours à la gauche du courant, lorsque la déviation du conducteur est produite.

On obtient un conducteur mobile *astatique*, c'est-à-dire indifférent à l'action du globe, e le composant de deux rectangles égaux, dont les côtés inférieurs sont suivis par le courant dans deux sens opposés; car le globe tendant à

Fig. 413.

donner à ces deux rectangles deux positions opposées, l'effet total sera détruit. On remarque en effet qu'un conducteur de cette forme reste indifféremment dans toutes les positions lorsqu'il est introduit dans le circuit voltaïque. Alors si l'on dispose un aimant fixe, horizontalement au-dessous de EO, et dans une direction quelconque, le plan du conducteur mobile vient se placer perpendiculairement à l'axe de l'aimant, en sorte que le pôle austral soit à la gauche du courant suivant EO. Le renversement des pôles ou celui du courant, détermine un changement de position, tel que cette double condition se trouve toujours remplie.

Tous ces faits relatifs à l'action de la terre ou des aimans sur un conducteur mobile, ne font que vérifier les conséquences qu'on doit tirer de la découverte d'Ærstedt. Ils pouvaient être prévus en se fondant sur le principe de l'égalité nécessaire entre la réaction et l'action des forces de la nature, et sur ce que le globe agit dans tous les cas comme un aimant. L'appareil n'a ici servi qu'à confirmer des conclusions théoriques ; mais en appliquant cet appareil à la recherche des actions mutuelles des courans voltaïques, M. Ampère a découvert de nouveaux phénomènes dont nous allons exposer les lois.

815. Pour étudier l'action réciproque des courans, on se procure un conducteur rectiligne fixe, parcouru par un courant énergique, en enroulant autour d'un cadre rectangulaire une lame de cuivre recouverte de soie, de telle manière qu'elle fasse dix à douze tours, avant que ses extrémités plongent dans les cavités L et K de la table ; par cette disposition on multiplie l'énergie du courant dans le côté supérieur E'O' du rectangle. Au-dessus, on sus-

pend au support des conducteurs mobiles, un double rectangle astatique, de telle manière que le côté horizontal EO soit très près de E'O', et fasse avec cette ligne un angle quelconque ; l'ensemble est disposé de telle sorte que la verticale passant par les pointes du conducteur mobile soit dans le plan du cadre, et s'il est possible, qu'elle contienne un des côtés verticaux du conducteur fixe.

Lorsque le courant voltaïque est introduit, on remarque que le conducteur mobile tourne, et vient se placer dans le plan du conducteur fixe, de telle manière que le courant en EO, soit parallèle à celui en E'O', et dirigé dans le même sens. En renversant successivement la direction du courant dans le conducteur fixe, ou dans le conducteur mobile, par le moyen des bascules, le double rectangle tourne pour se placer définitivement de manière à remplir la double condition qui vient d'être énoncée. Les résultats de ces expériences sont compris dans cette loi générale : quand deux courans rectilignes forment entre eux un certain angle, qu'ils soient ou non situés dans le même plan, ils s'attirent, s'ils vont tous deux en s'approchant, ou tous deux en s'éloignant du sommet de l'angle, ou plus généralement de la ligne qui mesure leur plus courte distance ; ils se repoussent au contraire, si l'un va en s'approchant, et l'autre en s'éloignant du même sommet.

816. Pour constater l'action mutuelle de deux courans rectilignes parallèles, on peut se servir du même conducteur fixe, et d'un rectangle reposant par des pointes sur le fond des cuvettes e et f ; ce rectangle est mobile autour de la ligne horizontale passant par ces pointes ; de ses quatre côtés, le supérieur est formé d'une substance isolante, les trois autres sont métalliques, et un contre-poids convenable

retient en équilibre le côté inférieur EO, à une petite distance sur la droite ou sur la gauche de E'O'. Aussitôt que
le circuit voltaïque est établi, on voit le rectangle se mouvoir, et son côté EO s'approcher ou s'éloigner du conducteur fixe E'O' qui lui est parallèle, suivant que le courant parcourt EO et E'O' dans le même sens ou en sens
contraires. Ainsi deux courans rectilignes parallèles s'attirent lorsqu'ils sont dirigés dans le même sens, se repoussent s'ils ont des directions opposées.

La même loi peut être reconnue par un autre procédé :
on se sert d'un conducteur fixe rectiligne et vertical E'O',
et d'un conducteur EO, qui lui est parallèle, et qui fait
partie d'un double rectangle astatique, mobile autour d'une
verticale. Lorsque le courant est ascendant ou descendant
dans ces deux conducteurs, la position d'équilibre stable
du double rectangle est celle du plan passant par E'O'. Si
au contraire le courant est ascendant suivant EO (ou E'O'),
et descendant sur E'O' (ou EO), on remarque que le rectangle
tend à se placer dans une position perpendiculaire au plan
passant par E'O' et par l'axe de rotation. Il y a donc attraction entre deux courans rectilignes parallèles et dirigés
dans le même sens, répulsion si les deux courans sont
opposés.

Afin de prouver que l'attraction et la répulsion dont il
s'agit sont égales pour la même intensité des courans, et
pour la même distance, on se sert d'un conducteur mobile formé d'un double fil, dont les deux parties, isolées
l'une de l'autre, suivent le même contour, et sont par-
courues par le courant dans deux sens différens. La partie
rectiligne verticale de ce double fil, suspendu dans le voisinage du conducteur fixe de l'expérience précédente, ne

Fig. 416.

Fig. 417.

paraît éprouver de sa part aucune action, et peut rester indifféremment dans toutes les positions autour de l'axe de rotation.

Action des
conducteurs
sinueux.

817. Les lois établies dans les deux paragraphes 815 et 816, résument toutes les actions mutuelles des courans rectilignes ; pour connaître celle de deux courans de forme quelconque, il faut étudier l'influence de la courbure des fils conducteurs ; l'expérience suivante conduit à une conséquence importante qui simplifie cette étude. On substitue au conducteur rectiligne, fixe et vertical, du paragraphe précédent, un appareil présentant un conducteur rectiligne vertical $E'O'$, et un conducteur sinueux $E''O''$, dont les sinuosités s'éloignent peu d'une parallèle à $E'O'$. Par des retours convenables du fil métallique qui les forme, on fait en sorte que le courant marche dans le même sens sur ces deux conducteurs. Le dernier double rectangle astatique que nous avons considéré, est introduit dans le circuit de telle manière que le courant qui suit EO ait une direction contraire à celle des courans $E'O'$, $E''O''$. On remarque alors que le côté EO se place en équilibre stable, entre les deux conducteurs fixes, à des distances égales de part et d'autre. Il faut conclure de là que l'action répulsive exercée par le conducteur sinueux est égale à celle du conducteur fixe rectiligne.

Fig. 418.

On peut encore prouver par une autre expérience qu'un conducteur sinueux, qui ne s'éloigne que de très peu, dans tous ses contours, d'un conducteur rectiligne, agit avec la même intensité et de la même manière que ce dernier, et peut lui être substitué en toute circonstance. Pour cela, on présente à un conducteur fixe, rectiligne et vertical, un conducteur mobile, composé d'un double fil, dont les

Fig. 419.

deux parties, isolées et repliées l'une sur l'autre, suivent la même direction verticale, mais l'une en ligne droite, et l'autre tournant autour de la première, de telle sorte que le courant les parcourt dans deux sens différens. On trouve alors que ce double conducteur mobile peut rester indifféremment dans toutes les positions autour de l'axe de rotation ; et que conséquemment les deux actions exercées par le conducteur fixe sur les deux parties du fil mobile, desquelles l'une est attractive et l'autre répulsive, sont égales en valeur absolue, puisqu'elles se détruisent.

818. Ces faits relatifs aux conducteurs sinueux prouvent que l'on peut substituer à une petite portion de courant, de forme quelconque, un polygone rectiligne passant par ses extrémités, et principalement le polygone formé par ses projections sur trois directions linéaires, perpendiculaires entre elles ; ce qui permet de remplacer un élément de courant ds, par trois autres élémens dx, dy, dz, projections de ds sur trois axes rectangulaires. On peut partir de ce principe pour calculer l'expression de l'action qui s'exerce entre deux portions infiniment petites de deux courans dirigés d'une manière quelconque dans l'espace ; cette action élémentaire étant connue, on en déduira, par des intégrations convenables, l'explication mathématique de tous les phénomènes résultant des actions mutuelles des conducteurs voltaïques finis, de différentes formes.

Action
mutuelle de
deux élémens
de courant.

Soient : $ABA' = ds$, $CDC' = ds'$, deux portions de courant infiniment petites ; $BD = r$, la ligne qui joint leurs milieux ; $ABD = \alpha$, $CDM = \beta$, les angles que leurs directions font avec BD ; $LDK = \gamma$, l'angle des deux plans ABD, CDM ; ids, $i'ds'$, les intensités de ces deux courans ; BH, AE, DL, des perpendiculaires à BD, dans le plan

Fig. 120.

ABD; DK, CF, des perpendiculaires à la même ligne BD, dans le plan CDM; enfin DG une perpendiculaire au plan ABD. Le courant ids, suivant ABA', pourra être remplacé par deux autres courans : $ids \sin \alpha$, et $ids \cos \alpha$, suivant HBH' et EBE', le courant $i'ds'$, suivant CDC', par deux courans $i'ds' \cos \beta$, $i'ds' \sin \beta$, suivant FDF' et KDK'; enfin le dernier $i'ds' \sin \beta$, par deux autres $i'ds' \sin \beta \cos \gamma$, et $i'ds' \sin \beta \sin \gamma$, suivant LDL' et GDG'. Ce qui fera deux courans dont D sera le milieu, et trois autres partagés en deux parties égales au point B. Il s'agit d'exprimer les actions mutuelles de ces deux systèmes, et de chercher leur résultante suivant BD.

Il faut remarquer d'abord que les deux courans HBH' et FDF' n'exercent aucune action l'un sur l'autre : en effet le courant FF' exerce sur les deux moitiés HB, BH', deux actions égales en valeur absolue, mais de signes contraires, puisque le courant HB tend vers B, et que le courant BH' fuit le même point; leur résultante suivant BD sera donc nulle. Par la même raison, les deux courans EBE' et LDL' seront sans action mutuelle. Il y aura aussi nullité d'action entre les deux courans EBE' et GDG'. On doit admettre encore que les courans HBH' et GDG', seront sans action l'un sur l'autre, car B et D étant leurs milieux, il y a une telle symétrie entre leurs positions respectives, que la résultante de leurs actions serait trouvée la même, quand on changerait le sens du courant dans un de ces élémens; ce qui ne peut avoir lieu que dans le cas d'une valeur nulle pour cette résultante.

Ainsi des six couples de courans dont il s'agissait d'évaluer les actions partielles, il ne reste que le couple des courans HBH' et LDL', et celui des deux courans EBE',

FDF′. Les actions correspondantes à ces couples, toutes les deux dirigées de B en D, seront proportionnelles aux produits, $ii'dsds'\sin\alpha\sin\beta\cos\gamma$, et $ii'dsds'\cos\alpha\cos\beta$, des intensités des courans qui les composent. Ce qui donnera pour l'action totale deux termes contenant ces produits comme facteurs. Il reste maintenant à trouver l'expression complète de ces deux termes ; l'un représente l'action de deux courans parallèles , l'autre celle de deux courans dirigés sur la même ligne.

Ces termes doivent contenir comme facteur commun une même fonction de la distance r, puisqu'ils ne doivent être que deux cas particuliers d'une même expression, qui représenterait l'action mutuelle de deux courans, dirigés d'une manière quelconque l'un par rapport à l'autre, et dont les milieux seraient à cette même distance r. Mais le rapport qui doit exister entre les deux genres d'actions représentées par ces deux termes, ne pouvant être déterminé que par l'expérience, on multiplie le second de ces termes par un facteur constant k, actuellement inconnu. On suppose en outre , conformément à ce qui a lieu pour toutes les forces de la nature agissant à distance, que la fonction de r, facteur commun des termes dont il s'agit, soit $\frac{1}{r^n}$; n étant un exposant dont l'expérience doit encore indiquer la valeur. L'action totale des deux élémens de courant proposés ds et ds', sera ainsi :

$$\frac{ids\,ds'\,(\sin\alpha\sin\beta\cos\gamma + k\cos\alpha\cos\beta)}{r^n}.$$

819. M. Ampère, après avoir établi la formule précédente, a employé une méthode particulière, pour déterminer les inconnues k et n, qui dispense de faire des

Fig. 421.

expériences, dont le but serait de rechercher directement la valeur numérique de ces constantes, et qui auraient été fort difficiles. L'expérience lui avait indiqué qu'un courant fermé de forme quelconque, mobile autour d'un axe vertical, n'éprouvait aucune action de la part d'un courant circulaire, ou suivant un arc de cercle horizontal de grandeur quelconque, dont le centre était sur l'axe de rotation. M. Ampère calcula, en intégrant convenablement l'expression différentielle précédente, le moment total de la rotation que les actions des différentes parties du courant circulaire tendaient à imprimer au conducteur fermé, et en égalant ce moment à zéro, il obtint une première équation de condition, entre les constantes k et n. Cette équation est

$$n + 2k - 1 = 0.$$

Une autre équation de condition était nécessaire ; voici comment elle fut obtenue. Si l'on imagine un fil conducteur, formant d'abord un grand nombre de spires égales sur une même surface annulaire, et décrivant ensuite en sens contraire la circonférence de cercle qui sert d'axe à cette surface ; lorsque ce fil conducteur fera partie d'un circuit voltaïque, son action sur un courant extérieur pourra être assimilée à celle d'une série de courans circulaires égaux et également distans, dont les plans seraient perpendiculaires à l'axe courbe de l'anneau ($\S$ 827). L'expérience avait indiqué à M. Ampère qu'un appareil de cette forme n'exerçait aucune action sur un courant mobile quel qu'il fût. M. Savary calcula les composantes de cette action totale, en partant de l'expression différentielle donnée plus haut, et démontra que cette action ne pouvait être nulle généralement, à moins que k et n ne satisfissent à l'équation : $kn + 1 = 0$.

Fig. 422.

Les deux équations obtenues entre k et n, conduisent à deux couples de valeurs différentes : $(n = 2, k = -\frac{1}{2})$, $(n = -1, k = 1)$; mais une troisième expérience a fixé le choix à faire entre ces deux solutions. Cette expérience indiquait qu'un courant circulaire fermé était attiré par un courant rectiligne indéfini, placé dans le même plan, et de même sens que dans la partie la plus voisine du courant fermé. Or l'intégration de l'action élémentaire, facile dans ces circonstances, indiquait que la résultante totale des actions exercées entre les deux conducteurs dont il s'agit, devait être attractive, nulle ou répulsive, suivant que la constante k était plus petite que l'unité, égale à l'unité, ou la surpassait. D'après l'expérience il y a attraction, la constante k doit donc être moindre que l'unité. Ainsi le couple de valeurs de n et k qu'il faut choisir est $(n = 2, k = -\frac{1}{2})$.

D'où il suit que l'action élémentaire, ci-dessus calculée, doit avoir pour expression définitive :

$$\frac{i i' ds ds' \left(\sin \alpha \sin \beta \cos \gamma - \frac{1}{2} \cos \alpha \cos \beta \right)}{r^2}.$$

MM. Ampère, Savary, Demonferrand, ont prouvé que l'intégration de cette expression conduisait à des résultats conformes à l'observation, lorsqu'on l'appliquait à la recherche des actions mutuelles de deux courans finis de formes données. La valeur négative $(-\frac{1}{2})$ de k, indique que deux portions du même courant, en ligne droite, agissent par répulsion l'une sur l'autre; l'expérience suivante sert à vérifier cette conséquence de la théorie.

820. Sur une cuvette remplie de mercure, et divisée en deux compartimens par une cloison isolante, on fait flotter un fil de cuivre entouré de soie, formé de deux

Fig. 424. parties rectilignes parallèles *mn*, *qp*, réunies par un arc *nq*. Les branches droites reposent chacune sur le mercure de l'un des compartimens ; les pointes nues et légèrement courbées, qui les terminent, plongent dans le liquide ; enfin l'arc surmonte la cloison sans la toucher. Lorsqu'on immerge les deux réophores d'une pile, en face des extrémités *m* et *p* du fil courbé, on voit ce fil glisser à la surface du liquide, de manière à s'éloigner des pointes des conducteurs. Il y a donc répulsion entre les portions des courans qui naissent à la surface du mercure, et ceux qui parcourent les branches parallèles *mn* et *pq*, comme l'indique la théorie.

Positions d'équilibre d'un courant mobile.

821. Des considérations très simples font prévoir facilement, d'après les principes établis dans les paragraphes 815 et 816, toutes les circonstances du mouvement qu'un courant fixe, rectiligne ou circulaire, doit imprimer à un autre courant mobile, quand on connaît les relations de position des conducteurs que suivent ces courans. Soit d'abord un courant rectiligne **AB**, horizontal et indéfini

Fig. 425. dans les deux sens, et cherchons quel sera le résultat de son action, sur une portion d'un autre courant **CD**, supposée mobile, rectiligne, horizontale, et partagée en deux parties égales par le plan vertical mené par **AB**. Considérons un élément *m* du courant **CD** ; deux élémens *a* et *b* de **AB**, pris à égale distance de **CD**, exerceront sur *m* deux actions égales en valeur absolue, mais desquelles l'une sera attractive et l'autre répulsive ; leur résultante sera donc parallèle à **AB**, et dirigée du côté de **A**, d'après les directions des courans indiquées sur la figure.

Il résulte de là que l'action totale du courant indéfini **AB**, sur la moitié **CO** du courant **CD**, laquelle est compo-

sée d'actions élémentaires toutes analogues à celle qui vient
d'être considérée, se réduira à une force parallèle à AB et
tendant à faire glisser CO parallèlement à lui-même, de B
vers A. On démontrera de la même manière que l'action
de AB, sur la moitié OD du même courant CD, doit se
réduire à une force parallèle à AB, et tendant à faire glisser OD parallèlement à lui-même, de A vers B. En vertu
de la symétrie qui existe ici, ces deux résultantes partielles
formeront un couple dont l'effet sera de faire tourner le
courant CD, jusqu'à ce qu'il soit parallèle à AB et dirigé
dans le même sens. C'est en effet le mouvement que l'on
observe, lorsque l'on dispose, dans l'appareil de M. Ampère,
un conducteur astatique et mobile, formé de deux rectangles superposés, au-dessus du conducteur fixe horizontal
du § 815. Le plan du conducteur mobile étant d'abord
perpendiculaire à celui du conducteur fixe, on voit le côté
horizontal se mouvoir et s'arrêter comme les raisonnemens
précédens le faisaient prévoir.

Si le courant CD est vertical, et tout entier au-dessus
du plan horizontal passant par AB, il n'y a plus qu'une
seule résultante parallèle au courant fixe, laquelle tend à
transporter CD parallèlement à lui-même. Si donc ce dernier
courant est mobile autour d'un axe vertical EF, il doit se
placer dans le plan passant par cet axe et qui est parallèle
à AB. Si le courant fixe va de A en B, et que le courant
mobile soit descendant, CD se trouvera, dans sa position
d'équilibre, à gauche de EF ou vers A. Si le courant CD
est au contraire ascendant, il se placera à droite de EF.
S'il y a deux courans verticaux mobiles, situés dans un
même plan passant par EF, à égale distance de cet axe,
l'un ascendant et l'autre descendant, ils concourront à

donner à leur plan une position fixe parallèle à AB.

La terre qui agit sur un aimant horizontal, comme un courant rectiligne allant de l'est à l'ouest, donne un exemple du cas actuel, en déterminant le plan d'un conducteur rectangulaire mobile, à se placer perpendiculairement au méridien magnétique. Si cette action de la terre, ou du courant qui la représente, amène aussi dans une direction perpendiculaire au méridien magnétique, le plan d'un conducteur circulaire, mobile autour d'une verticale passant par son centre, c'est que les élémens de ce courant fermé peuvent chacun se décomposer en deux élémens, l'un vertical, l'autre horizontal; les actions du courant terrestre sur les élémens horizontaux se détruisent, tandis que les actions sur les élémens verticaux concourent à donner au plan du cercle la position indiquée.

Fig. 427.

822. Si le courant fixe horizontal AB, est circulaire au lieu d'être rectiligne, et que le courant vertical CD, projeté en P, soit autant prolongé en-dessous qu'au-dessus du plan de ce cercle, on démontre encore, en considérant successivement les actions exercées sur chaque élément m de CD, par des couples d'élémens a et b du courant circulaire, symétriquement placés, que CD sollicité par un couple tendra à s'abattre sur le plan du cercle, dans une direction perpendiculaire au rayon PO. Dans les mêmes circonstances, si le courant CD est tout entier au-dessus du plan du cercle, et mobile autour de l'axe vertical projeté en O, il devra être entraîné, de manière à tourner d'un mouvement continu, de P vers a s'il est ascendant, et de P vers b s'il est descendant.

Il est facile de réaliser ce mouvement de rotation, à l'aide du second genre de support de l'appareil général (§ 811).

Rotation
continue
d'un courant
vertical.

Fig. 428.

On emploie un équipage mobile, dont une des branches verticales est interrompue par une substance isolante, en sorte que le courant ne descend ou ne monte verticalement que d'un seul côté. Le courant circulaire fixe est formé par une lame de cuivre, entourée d'un cordon de soie, formant plusieurs spires autour du vase métallique qui contient le liquide acidulé, et plongeant par ses extrémités dans les deux cavités L et K de l'appareil général. On voit alors l'équipage tourner d'une manière continue, dans le sens indiqué par la théorie précédente. Le renversement de l'un des courans détermine un mouvement de rotation en sens contraire.

Fig. 429.

Fig. 440.

823. Lorsqu'un courant fixe, rectiligne, horizontal et indéfini, agit sur une portion de courant horizontale, située d'un seul côté, et mobile autour d'un axe vertical placé à l'une de ses extrémités, le mouvement de translation se transforme en un mouvement de rotation continu. Il est facile de voir, en effet, que quelle que soit la position du courant mobile, la résultante des actions élémentaires du courant fixe le poussera toujours dans le même sens autour de l'axe : par exemple, en CD il sera attiré vers A ; en CD', devenu parallèle et de sens contraire au courant fixe AB, il sera repoussé, et montera vers CD'' ; en CD'' il sera attiré vers B ; enfin devenu en CD''', parallèle dans le même sens à AB, il sera attiré vers le courant fixe.

Rotation
continue
d'un courant
horizontal.

Fig. 431.

La terre qui agit comme un courant rectiligne horizontal, allant de l'est à l'ouest, et placé du côté de l'équateur, doit imprimer ce mouvement de rotation à un équipage mobile sur le second genre de support de l'appareil de M. Ampère, et présentant une seule branche métalli-

Fig. 432.

III.   16

que horizontale continue, allant de la cuvette qui surmonte la tige centrale, au limbe qui flotte dans le liquide acidulé; aucun conducteur fixe voisin n'est ici nécessaire. On voit en effet l'équipage se mouvoir lentement, dans le sens indiqué par la théorie. Ce mouvement de rotation change de direction, lorsqu'on renverse le sens du courant mobile.

Si l'on entoure le vase métallique du même conducteur circulaire fixe, qui sert à produire la rotation d'un courant vertical, et qu'on se serve de l'équipage précédent, il y a un mouvement de rotation produit, plus rapide que par la terre seule, et qui s'explique comme celui du § 822. Ici on peut changer la direction du mouvement de rotation en renversant le sens du courant dans le conducteur fixe, mais on remarque qu'il y a une des deux directions où le mouvement de rotation est plus rapide, ce qui tient à ce que dans un cas l'action du courant terrestre s'ajoute à celle du conducteur circulaire fixe, tandis qu'elle diminue cette dernière action dans l'autre cas.

Rotation produite par réaction.

824. M. Savary a découvert que le courant qui traverse le liquide acide, contenu dans le vase métallique des expériences précédentes, pouvait agir comme un conducteur métallique, et produire pareillement un mouvement de rotation continu. L'équipage dont on doit se servir dans ce cas est semblable au précédent, avec cette différence que le limbe est interrompu, près de sa jonction avec la branche horizontale continue, par une substance isolante, ou moins conductrice; ici le conducteur circulaire fixe est inutile. Le courant arrivant par la pointe qui supporte l'équipage, atteint le limbe, le parcourt en partie dans un seul sens, et s'échappe en rayonnant sur le liquide vers la paroi circulaire extérieure du vase métallique; la réaction

Fig. 433.

de ces courans horizontaux sur le courant circulaire fait tourner le limbe. Lorsqu'on renverse la direction du courant général, elle change à la fois dans les courans rectilignes et dans le limbe, ce qui ne doit pas changer le sens du mouvement; c'est en effet ce que l'on observe. Si l'on veut obtenir par ce moyen un mouvement de rotation en sens contraire, il faut employer un équipage analogue au précédent, mais dans lequel la branche horizontale communique avec le limbe du côté opposé de la planchette isolante. Dans les deux cas, le mouvement est plus rapide dans un sens du courant que dans l'autre, à cause de l'action concordante ou contraire du globe sur la branche horizontale.

825. En général l'action que la terre exerce sur les conducteurs mobiles, intervient dans toutes les expériences électro-dynamiques, sinon comme moteur principal, au moins comme modifiant les mouvemens et les positions d'équilibre déterminées par d'autres causes; mais les effets particuliers produits par cette action dans les expériences précédentes ne suffisent pas pour la définir complétement, il faut y joindre le fait suivant. On dispose un conducteur rectangulaire, de telle manière qu'il soit mobile autour d'un axe horizontal, perpendiculaire au méridien magnétique; lorsqu'un semblable conducteur est traversé par un courant voltaïque, il tourne jusqu'à ce que son plan soit perpendiculaire à la direction de l'aiguille d'inclinaison; dans cette position d'équilibre le courant est dirigé de l'est à l'ouest, sur le côté inférieur du rectangle.

Définition de l'action du globe sur les courans.

Fig. 734.

Ainsi la terre agit en chaque lieu, sur un courant voltaïque, comme un aimant dont l'axe serait parallèle à l'aiguille d'inclinaison; ou comme des courans électriques, tous

16..

dirigés de l'est à l'ouest, lesquels existeraient à la surface ou dans l'intérieur du globe, et dont l'intensité irait en croissant du pôle à l'équateur suivant une certaine loi. Le fait précédent offre en outre une nouvelle vérification de la loi générale, qui résulte évidemment de l'ensemble des phénomènes électro-dynamiques, savoir, que, lorsqu'un aimant et un conducteur plan, mobiles autour d'un même axe, sont successivement soumis à la même influence électro-dynamique, leurs positions d'équilibre ont entre elles cette relation, que le plan du conducteur se place perpendiculairement à la direction de l'axe de l'aimant auquel on le substitue.

826. On prévoit, d'après cette loi, les actions que la terre, des aimans, ou des conducteurs fixes, doivent exercer sur un fil conducteur contourné en hélice autour d'un cylindre, et ramené suivant l'axe, pour que cette dernière portion rectiligne détruise les composantes du courant hélicoïdal dirigées parallèlement à cet axe, en sorte que l'ensemble puisse être assimilé à une série de courans circulaires parallèles aux bases du cylindre. Chacun de ces courans circulaires tend à se placer, soit perpendiculairement au méridien magnétique, ou à l'axe d'un aimant, soit parallèlement au plan d'un conducteur fixe; l'axe de l'hélice doit donc se diriger comme le ferait une aiguille aimantée, soumise aux mêmes influences, et suspendue de la même manière.

Au lieu d'une hélice, on peut construire directement avec un fil métallique, entouré sur toute sa longueur d'un cordon de soie, des circonférences de cercle bcd, efg, hkl,..., toutes égales entre elles, et dont les plans soient perpendiculaires à l'axe du cylindre; les parties linéaires *ab*, *de*, *gh*, ... qui les réunissent sont toutes sur une même droite parallèle à l'axe; lorsque le nombre des cercles paraît suffisant, le fil est ramené suivant *np*, parallèlement à *la*, et aussi près que possible de cette dernière droite. Par cette disposition le courant, qui parcourt le fil total, se compose exactement de courans circulaires, et de courans rectilignes opposés dont les actions se détruisent. Il est facile de vérifier que cet appareil, auquel on donne le nom de *solénoïde*, se conduit comme un aimant lorsqu'on le soumet à une influence électro-dynamique.

En effet, un solénoïde étant rendu mobile autour d'un axe vertical, et introduit dans le circuit voltaïque, au moyen de l'appareil général, se place par la seule action du globe, dans une position telle que son axe est parallèle à l'aiguille de déclinaison. S'il est mobile autour d'un axe perpendiculaire au méridien magnétique, sa position d'équilibre est celle de l'aiguille d'inclinaison. Si lorsque le solénoïde a atteint une position d'équilibre, on renverse le sens du courant qui le parcourt, il entre en mouvement, et chacun des points de son axe décrit une demi-circonférence. Le pôle d'un aimant qu'on présente à l'hélice mobile, attire une de ses extrémités et repousse l'autre. Si, au moyen des cavités L et K de la table, on introduit dans le circuit voltaïque un autre solénoïde, que l'on puisse tenir à la main, et si l'on présente successivement ses deux extrémités à une même extrémité de l'hélice mobile, il y a attraction dans un cas et répulsion dans l'autre.

Fig. 436.

En général un solénoïde se conduit comme un aimant ayant le même axe, et dont le pôle austral serait placé à la gauche du courant, c'est-à-dire à la gauche d'un observateur couché sur une des spires de l'hélice, de telle manière que

le courant chemine de ses pieds à sa tête, et qui regarderait
l'axe du cylindre. En partant de la loi élémentaire de l'action mutuelle de deux courans infiniment petits, le calcul
conduit à des résultats conformes à l'expérience, quand on
l'applique à l'action d'un courant de forme donnée sur une
hélice mobile, et à l'action mutuelle de deux solénoïdes.

Action d'un canal électro-dynamique.

827. M. Savary a calculé l'effet de toutes les actions
exercées sur un élément de courant, placé à une assez
grande distance, par une suite de courans circulaires et
très petits, dont les plans seraient perpendiculaires à une
Fig. 437. ligne droite ou courbe. Il a trouvé que toutes ces actions
se réduisaient à deux forces, dirigées suivant les perpendiculaires aux deux plans passant par l'élément et par chaque
extrémité du canal. Les intensités de ces forces sont en raison inverse des carrés des distances qui séparent l'élément
des extrémités mêmes du canal, et proportionnelles aux
sinus des angles que les lignes qui mesurent ces distances
font avec la direction de l'élément. Ces forces sont ainsi
indépendantes de la forme de la courbe à laquelle les plans
des courans circulaires sont normaux.

Cette loi, qui n'est qu'une conséquence de la théorie des
actions mutuelles des courans voltaïques, est la même que
celle déduite des expériences de MM. Biot et Savart, pour
exprimer l'action d'un aimant sur un élément de courant. Il y
a toutefois dans ce rapprochement une différence qu'il importe de signaler : c'est que les centres d'action que l'on
peut substituer, d'après la loi précédente, à tous les courans circulaires du canal ou cylindre électro-dynamique,
sont les extrémités mêmes du canal ; tandis que les centres
d'action du pôle de l'aimant, sont à de certaines distances
de ses extrémités, et plus près de son milieu.

828. Ces analogies et cette différence peuvent être regar- dées comme des conséquences de l'hypothèse qu'avait ima- ginée M. Ampère, sur la constitution des aimans, avant même que les faits de l'électro-dynamique eussent été cons- tatés. Au lieu de supposer que le magnétisme est dû à la séparation de deux fluides, cette hypothèse l'attribue à des courans électriques qui se meuvent autour des parti- cules. Ces courans existeraient dans tous les corps sensibles au magnétisme. Dans un corps à l'état naturel, les courans auraient lieu dans toutes les directions autour d'une même particule. L'effet de l'aimantation serait de donner à tous ces courans des directions tendant au parallélisme, et dont les actions concordantes, sur des courans extérieurs, ex- pliqueraient les attractions et répulsions magnétiques.

L'influence d'un courant voltaïque énergique, perpen- diculaire à une aiguille d'acier, pourrait produire cette aimantation, par ses actions attractives et répulsives sur les courans électriques des particules, qui tendraient à amener leurs plans parallèlement au courant extérieur influent, ou perpendiculairement à l'axe de l'aiguille. On conçoit que les actions mutuelles de ces courans circulaires, puissent modifier les inclinaisons respectives de leurs plans, de ma- nière à s'opposer à leur parallélisme complet ; en sorte que les résultantes de leurs actions sur un élément de courant extérieur, aient pour points d'application, des pôles non situés aux extrémités mêmes de l'aiguille aimantée, comme dans le cas d'un canal électro-dynamique.

L'aiguille d'acier ainsi aimantée posséderait une force coercitive qui s'opposerait à ce que les courans particulaires reprissent leurs anciennes directions, lorsque le courant influent serait écarté. Mais dans le fer doux, cette force coercitive n'existant pas, les courans reprendraient leurs directions variées, après la cessation des actions extérieures, et le corps rentrerait dans l'état naturel. L'influence des aimans pour aimanter d'autres corps serait tout-à-fait la même que celle des courans extérieurs. Dans cette nouvelle manière d'envisager les phénomènes magnétiques, le globe serait le lieu de courans électriques, ayant la direction et les rapports d'intensité indiqués au § 825; ce seraient ces courans terrestres qui dirigeraient l'aiguille aimantée, et qui occasionneraient dans les minerais et les objets en fer tous les phénomènes de l'aimantation en apparence spontanée; les variations de la déclinaison et de l'inclinaison proviendraient des changemens périodiques de la température, auxquels correspondraient des différences d'intensité dans les courans terrestres; l'aurore boréale aurait une origine électrique, et son influence sur l'aiguille aimantée serait un effet électro-dynamique.

L'hypothèse qui vient d'être développée, n'a dû être regardée d'abord, que comme un moyen de coordonner les faits du magnétisme avec ceux relatifs à l'action mutuelle des aimans et des courans. Mais le grand nombre de découvertes physiques auxquelles cette hypothèse a conduit dans ces derniers temps, lui donnent une plus grande importance. Beaucoup de physiciens la regardent comme l'explication réelle des phénomènes qu'elle embrasse; elle leur a servi de point de départ pour rechercher et constater de nouveaux faits, dont il eût été difficile de soupçonner autrement l'existence. C'est en se fondant sur cette hypothèse, dont les premiers faits de l'électro-magnétisme lui donnèrent l'idée, que M. Ampère fut conduit à découvrir et à étudier l'action mutuelle des courans voltaïques.

Ce qu'il y a de réel dans cette hypothèse consiste uniquement dans le lien, en quelque sorte naturel, qu'elle établit entre les phénomènes nombreux du magnétisme proprement dit, de l'électro-magnétisme, et de l'électro-dynamique; elle constate l'identité qui existe, sous certaines conditions, entre les actions des aimans et celles des courans voltaïques, en attribuant à ces actions une même origine. Mais la nature de cette cause commune, est-elle mieux définie, en imaginant que les aimans sont le lieu de courans particulaires continus, qu'en regardant au contraire les effets dynamiques produits par les courans, comme dus à une distribution inégale de fluides autour des particules? C'est ce qu'il paraît difficile de décider dans l'état actuel de la science.

L'idée des deux fluides magnétiques a sans doute perdu toute importance, en restant stérile, et laissant surgir tant de phénomènes nouveaux, sans prendre la moindre part à leur découverte; mais on ne saurait lui refuser une simplicité, et surtout une rigueur de définition, que ne partage pas l'idée de courant, qui doit prévaloir aujourd'hui. Un courant voltaïque, dont l'existence est manifestée par l'action qu'il exerce sur l'aiguille aimantée, est un état de mouvement de la matière électrique, qu'il est encore impossible de définir, ni même de concevoir : il faut imaginer que les fluides électriques, positif et négatif, cheminent en sens contraires l'un de l'autre, sur la même ligne, sans se neutraliser ni se réduire au repos, et que des masses considérables de ces fluides contraires, sont ainsi transportées à de grandes distances, pour produire des effets physiques et chimiques ! Les recherches des physiciens paraissent avoir maintenant pour but de pénétrer ce mystère, et nous aurons l'occasion de citer des faits qui mettent sur la voie de cette découverte importante.

829. M. Ampère avait constaté par l'expérience, que les effets produits sur l'aiguille aimantée, par l'influence d'un disque de cuivre mobile au-dessous d'elle, étaient pareillement produits par ce même disque en mouvement, sur un conducteur mobile, en hélice ou en spirale, qui devait pouvoir, d'après la théorie, remplacer une aiguille aimantée. Mais quoique cette similitude d'action fût une nouvelle preuve en faveur de l'hypothèse de M. Ampère, il fallait découvrir de nouveaux phénomènes, pour expliquer tous les faits relatifs au magnétisme en mouvement. M. Faraday, adoptant l'idée de l'origine électrique des aimans, et cherchant à leur faire produire tous les phénomènes voltaïques, imagina d'essayer d'abord si un courant qui suivait un conducteur, ne pouvait pas fait naître, par influence, un courant analogue dans un autre conducteur voisin ; voici les résultats qu'il a obtenus, et qui ont servi de point de départ aux découvertes électro-magnétiques développées dans les paragraphes 805—808.

Deux fils métalliques de quelques centaines de pieds de longueurs, sont disposés sur un même bloc cylindrique de bois, où ils forment deux hélices parallèles très voisines, et suffisamment séparées l'une de l'autre par l'interposition d'une étoffe isolante ; les extrémités de l'un de ces fils sont mises en contact avec les pôles d'une forte pile, tandis que celles de l'autre fil sont attachées aux deux bouts d'un galvanomètre. On remarque une légère déviation de l'aiguille aimantée, au moment où le courant voltaïque commence à parcourir le premier fil. L'aiguille retourne ensuite au zéro de déviation, et y reste tant que le circuit voltaïque est fermé. Une nouvelle déviation, inverse de la première, a lieu lorsqu'on interrompt le courant. Le sens de ces déviations indique dans le fil galvanométrique un courant, qui est de direction contraire au courant voltaïque voisin, au moment où celui-ci commence, et de même sens au moment où il cesse. Tant que le courant voltaïque persiste, le galvanomètre ne manifeste aucun effet.

Si l'on substitue au galvanomètre une hélice enroulée sur un tube de verre, dans lequel on puisse placer une aiguille non aimantée, les courans passagers qui se manifestent dans le fil influencé, aux instants où le courant voltaïque naît et cesse dans le premier fil, peuvent aimanter l'aiguille qu'on pose dans le tube de verre, soit avant le contact aux pôles de la pile en la retirant avant l'interruption de ce contact, soit après le contact en interrompant le courant avant de la retirer. La position des pôles produits dans l'aiguille est inverse dans le second cas de ce qu'elle est dans le premier. Si l'aiguille n'est placée dans l'hélice qu'après le contact aux pôles de la pile, et qu'on la retire avant l'interruption de ce contact, elle en sort non aimantée. Ces nouveaux faits ne font que vérifier les précédens.

Lorsqu'on dispose deux fils métalliques suffisamment longs, en zigzags parallèles sur deux planches de bois séparées, que l'on puisse approcher ou éloigner l'une de l'autre, si l'on introduit l'un des fils dans un circuit voltaïque, l'autre dans celui d'un galvanomètre, on remarque qu'en les rapprochant, l'aiguille du galvanomètre est déviée, et indique dans le fil influencé un courant contraire de celui qui parcourt le fil conducteur. Lorsqu'on laisse les deux fils à la même distance, l'aiguille retourne au zéro de déviation. Quand on les éloigne, on aperçoit une nouvelle déviation de l'aiguille, inverse de la première, ou qui indique dans le fil influencé un courant de même direction que celui de la pile.

Ainsi, lorsqu'un courant voltaïque commence ou cesse dans un conducteur, son influence a le pouvoir de faire naître dans des conducteurs voisins, des courans passagers de sens contraire au sien, ou de même sens. Lorsqu'un conducteur, parcouru par un courant voltaïque, est approché ou éloigné d'un autre conducteur, il fait naître dans ce dernier un courant inverse ou direct. M. Faraday a donné à ces courans passagers le nom de *courans par induction*. Ces lois générales étant posées, il est facile d'expliquer les courans produits par l'influence des aimans, en regardant le magnétisme comme dû à des courans particuliers. La formation des courans par induction, l'influence voltaïque d'un aimant, mobile dans le voisinage des corps conducteurs et du fer doux, et le magnétisme en mouvement, forment donc une seule théorie physique partielle, qui se rattache à l'électro-dynamique, et au magnétisme proprement dit, par l'hypothèse ingénieuse et féconde de M. Ampère.

QUARANTE-NEUVIÈME LEÇON.

Phénomènes thermo-électriques. — Courans dans les circuits de plusieurs métaux, et d'un seul métal. — Pouvoirs thermo-électriques. — De la pile thermo-électrique. Application à l'étude de la polarisation de la chaleur rayonnante. — Thermomètres thermo-électriques. — Production de chaleur et de froid par les courans voltaïques.

----•----

830. Les théories physiques partielles, qui font l'objet des leçons précédentes, signalent plusieurs causes différentes qui font naître des courans électriques, puisque outre les courans voltaïques, que l'on obtient en réunissant les pôles d'une pile par une suite de corps conducteurs, on distingue les courans magnéto-électriques, produits par les aimans, et les courans par induction. Mais d'autres causes peuvent pareillement occasionner le mouvement continu des fluides électriques ; il en est une surtout qu'il importe d'étudier, tant pour se garantir de ses effets dans une multitude d'expériences, que pour concevoir plusieurs appareils dont les applications se multiplient tous les jours : cette cause est la propagation de la chaleur dans les substances métalliques.

Une simple différence de température entre les parties d'un circuit, composé de métaux, suffit pour faire naître des courans dans ce circuit. Le galvanomètre offre un moyen facile d'étudier ce genre de phénomènes, auxquels on donne le nom de phénomènes thermo-électriques. L'appareil

Fɪɢ. 438. dont s'est servi M. Seebeck, pour constater ce nouvel effet de la chaleur, consiste dans un cylindre de bismuth ou d'antimoine B, soudé vers ses deux bases à une lame de cuivre SMS'; la partie M est entourée d'une étoffe isolante, afin que la main puisse saisir l'appareil, sans donner une issue dans le sol aux fluides électriques développés.

Lorsque tout le circuit est à la même température, il n'exerce aucune action sur l'aiguille aimantée ; mais si l'on échauffe l'une des soudures, S, par exemple, l'aiguille aimantée est déviée dans le voisinage du circuit, et indique un courant dans un sens ; le courant est inverse lorsqu'on chauffe l'autre soudure S'. Si les deux soudures sont également échauffées, il n'y a plus de courant ; mais si l'on refroidit ensuite l'une d'elles plus que l'autre, le courant renaît. C'est donc à la différence des températures des soudures que l'on doit attribuer l'existence du courant.

Causes des phénomènes thermo-électriques.

831. M. Becquerel a prouvé que les phénomènes thermo-électriques dépendent d'une inégalité dans le mouvement de la chaleur, à travers les différentes parties du circuit. Quand on soude l'une à l'autre les deux extrémités d'un fil de platine, de manière à former un circuit d'un seul métal, si on l'échauffe en un quelconque de ses points, il n'en résulte aucun courant ; mais si l'on fait un nœud en quelque endroit, et qu'on échauffe une partie du circuit dans le voisinage de ce nœud, un courant se manifeste ; il ne peut évidemment être attribué qu'à une différence dans la propagation de la chaleur, à travers le fil, des deux côtés du foyer.

Si le circuit est composé de deux fils, de fer et de cuivre, soudés en s et s', que la soudure s et les parties adjacentes soient dans un bain de mercure, à une température plus élevée que celle de la soudure s', il y a un courant dont

Fɪɢ. 439.

l'intensité ne varie qu'avec la différence de ces températures. Si l'on échauffe la soudure *s*, en portant l'action du foyer sur un point du circuit situé à une petite distance, mais successivement sur la partie fer, et sur la partie cuivre, le courant est de même sens et a la même énergie dans les deux cas, si la température en *s* est la même. Les expériences prouvent que les courans thermo-électriques dépendent uniquement des températures aux surfaces mêmes de contact entre les métaux. M. Becquerel a aussi démontré que ces phénomènes ne sont pas dus à une action chimique, exercée par l'oxigène ou l'humidité de l'air, car ils se manifestent également dans l'hydrogène sec.

Lorsqu'on soude, aux deux extrémités du fil de cuivre d'un multiplicateur, un couple de deux métaux différens aussi soudés entre eux, et qu'on élève cette dernière soudure à différentes températures, l'énergie du courant est en général proportionnelle à la température, entre des limites assez éloignées. Mais pour certains métaux accouplés, et lors d'un grand échauffement, cette loi ne subsiste plus. Par exemple, si les métaux employés sont le fer et le cuivre, la loi de proportionnalité énoncée subsiste, sans écart sensible, lorsque la température de la soudure ne dépasse pas 140° centigrades; au-delà l'énergie du courant, d'abord augmente moins rapidement que la température, puis diminue; elle est à peine sensible à 300°; plus loin il n'y a plus de courant, et plus loin encore il change de sens.

Pour reconnaître les intensités relatives des courans électriques produits par différens couples de métaux, lors d'un même échauffement de leur soudure, M. Becquerel a imaginé de souder, bout à bout, des fils de même diamètre de tous les métaux qu'il voulait éprouver, et de réunir en-

suite cette chaîne avec les extrémités du fil d'un multiplicateur ; il éleva successivement chaque soudure à la température de 20°, en maintenant toutes les autres à 0°. La
disposition adoptée rendant constante la conductibilité du
circuit, les énergies des courans obtenus étaient comparables. Les résultats numériques fournis par ces expériences
ont conduit M. Becquerel au principe suivant.

Principe théorique.

832. Lorsqu'un fil métallique est échauffé à l'une de
ses extrémités, il y a décomposition de fluide naturel ; les
particules métalliques qui reçoivent directement l'action
du foyer se chargent d'électricité positive, et repoussent
l'électricité négative dans tous les sens ; les particules suivantes, qui s'échauffent aux dépens des premières, leur pren-
nent de l'électricité positive, et leur donnent de l'électricité
négative ; il s'opère ainsi sur toute l'étendue du fil une suite
de décompositions et de recompositions de fluide naturel,
telles que le fluide positif, successivement cédé par une
molécule à la suivante, marche de l'extrémité chaude à
l'extrémité froide, et que le fluide négatif suit la route contraire.

Si ce mouvement des fluides électriques peut se conti-
nuer dans un circuit complet, il doit en résulter évidemment un courant, analogue à celui de la pile, et ayant le
sens suivant lequel la chaleur du foyer se propage dans le
métal. C'est l'énergie de ce courant qu'on appelle le *pouvoir thermo-électrique* du métal éprouvé. Ce pouvoir varie,
pour une même différence de température, d'un métal à
un autre ; pour un même métal il augmente avec l'échauffement, mais non suivant la même loi pour tous les métaux.
En sorte que pour deux échauffemens suffisamment éloignés,
il peut arriver que les différences des pouvoirs thermo-

électriques de deux métaux aient des signes contraires.

Lorsque deux métaux sont échauffés à leur soudure, ou à leur surface de contact, tandis que leurs autres parties conservent une température constante, et qu'ainsi réunis ils font partie d'un circuit métallique où aucune autre cause ne développe des phénomènes électriques, l'échauffement de la soudure met en activité les pouvoirs thermo-électriques des deux métaux contigus. Deux courans contraires tendent donc à s'établir, et l'énergie du courant observé n'est que la différence de ces pouvoirs thermo-électriques. Cette différence pouvant changer de signe avec le degré de l'échauffement, le courant observé peut aussi changer de sens. Dans tous les cas le courant partira, pour traverser le fil du galvanomètre, du métal dont le pouvoir thermo-électrique est le plus grand ; en sorte qu'en considérant le couple des deux métaux comme une pile, le métal dont le pouvoir thermo-électrique est le plus faible représentera le pôle négatif, l'autre le pôle positif.

833. Lorsqu'on forme avec des fils de différens métaux des circuits galvanométriques, et qu'on échauffe une soudure à 20°, en maintenant les autres à 0°, on observe des courans dont le sens indique que les métaux doivent être rangés dans l'ordre suivant, d'après leurs propriétés thermo-électriques : bismuth, platine, plomb, étain, cuivre, or, argent, zinc, fer et antimoine ; chacun de ces corps étant positif lorsqu'il est accouplé avec l'un de ceux qui le précèdent, et négatif par rapport à ceux qui le suivent. Par exemple, une soudure fer-cuivre étant seule échauffée de 20°, le courant la traverse du cuivre au fer, ou bien marche dans le circuit galvanométrique du fer au cuivre, comme si le fer touchait le pôle positif, et le cuivre le pôle négatif

III.

d'une pile. D'après le principe théorique de M. Becquerel, les corps qui forment la série précédente s'y trouvent rangés suivant l'ordre croissant de leurs pouvoirs thermo-électriques.

Les expériences que M. Becquerel a faites sur la chaîne de métaux différens dont nous avons parlé (§ 831), lui ont donné les différences des pouvoirs thermo-électriques de ces métaux, par l'échauffement à 20° d'une seule des soudures. Dans ces circonstances l'argent, l'or, le zinc et le cuivre, ont à peu près le même pouvoir thermo-électrique; celui du fer est plus grand; M. Becquerel remarquant que ces mêmes relations existent entre les pouvoirs de rayonner la chaleur, que possèdent ces différens métaux, a admis l'hypothèse de l'identité des rapports entre ces deux genres de pouvoirs, pour déterminer un seul des pouvoirs thermo-électriques, celui du fer, et en déduire ensuite tous les autres par les différences observées. Ces pouvoirs thermo-électriques seraient alors représentés par les nombres suivans : fer 133,50, argent 107,30, or 106,80, zinc 106,54, cuivre 105,54, étain 102,26, platine 97,50. Mais quand même l'hypothèse faite ci-dessus aurait quelque réalité, on ne devrait considérer les nombres précédens que comme particuliers aux circonstances de température énoncées; il est probable toutefois que leurs rapports ne changeraient pas sensiblement, entre certains degrés d'échauffement, qui pourraient encore être assez éloignés les uns des autres.

Preuves expérimentales du principe établi.

834. Les considérations qui précèdent suffisent pour montrer que le principe théorique, établi par M. Becquerel, explique parfaitement la diversité des phénomènes thermo-électriques, observés dans des circuits métalliques com-

posés de plusieurs métaux. Ce principe suppose qu'une particule pondérable, qui s'échauffe en recevant sa chaleur d'une particule voisine, prend à celle-ci de l'électricité positive, et lui donne de l'électricité négative. Un grand nombre de faits sont en faveur de cette hypothèse ; tel est entre autres ce résultat constant, que de deux corps de même nature, mais à des températures différentes, frottés ou pressés l'un contre l'autre, le plus échauffé s'électrise négativement, et le plus froid positivement. Des phénomènes, plus rapprochés de ceux qui nous occupent, donnent d'ailleurs une grande probabilité à la supposition faite par M. Becquerel, et aux conséquences qu'il en a déduites. On peut d'abord prouver, par une expérience directe, que l'extrémité libre d'un fil métallique se charge d'électricité positive, lorsqu'elle est seule fortement échauffée.

Un fil de platine, étant renfermé dans un tube de verre qu'on ferme à la lampe par un bout, est disposé de telle manière que son extrémité découverte communique avec le plateau inférieur d'un électromètre condensateur à pile sèche, par un disque de papier humide, tandis que le plateau supérieur communique avec le réservoir commun ; le bout fermé du tube est entouré de plusieurs spires d'un second fil de platine qui touche au sol par l'autre extrémité. On échauffe fortement la spirale métallique, et les parties du tube qu'elle entoure, à l'aide d'une lampe à esprit-de-vin ; on reconnaît alors que le plateau collecteur se charge d'électricité positive. La source de cette électricité est la spirale échauffée, le fluide négatif disparaît dans le sol, et le fluide positif, accumulé dans la spirale par l'action constante de la chaleur, traverse le tube de verre devenu conducteur par sa haute température, et se rend au plateau par le fil de platine intérieur. Une décomposition de fluide naturel semblable doit avoir lieu en sens inverse sur ce dernier fil, à cause de l'inégalité de température de ses deux extrémités; mais l'action de la chaleur étant ici moins directe et moins forte, l'effet produit sur le premier fil doit l'emporter, et déterminer les signes électriques qu'on observe.

Courans thermo-électriques dans un seul métal.

535. Dans cette expérience il ne s'agit plus de courant, puisqu'il n'existe pas de circuit fermé sans lequel ce courant ne saurait exister; c'est uniquement de l'électricité libre à l'état de tension, que la chaleur accumule à l'extrémité chaude du fil métallique, comme l'action chimique ou les forces électro-motrices de la pile accumule les fluides à ses deux pôles non réunis. Mais l'épreuve la plus décisive à laquelle on puisse soumettre la théorie des pouvoirs thermo-électriques, consiste dans l'explication qu'elle doit donner des courans qui se produisent dans un circuit composé d'un seul métal, lorsqu'une partie de ce circuit, se trouvant plus fortement échauffée, ne transmet pas sa chaleur avec une égale facilité dans les deux directions.

Avant d'exposer les faits qui se rapportent à ce genre de phénomènes, et de chercher leur explication, il faut remarquer que le principe posé conduit à cette conséquence: que l'énergie du courant thermo-électrique qui tend à s'établir de la partie chaude à la partie froide d'un fil métallique, ou que les masses de fluide naturel décomposées et recomposées entre les particules, sont proportionnelles au flux de chaleur qui traverse une section du fil, en mettant en jeu sa conductibilité intérieure. D'où il suit que toutes les modifications, qui tendront à réduire l'intensité de ce flux, devront aussi diminuer l'énergie du courant thermo-électrique. Par exemple, si la surface du fil acquiert un plus grand pouvoir rayonnant, ou une plus grande conductibilité extérieure, la chaleur qui se propage dans le fil se perdra en plus grande proportion par le rayonnement, se transmettra en plus petite quantité de couche en couche, et conséquemment le courant thermo-électrique s'affaiblira.

Un circuit galvanométrique composé d'un seul métal bien homogène, tel que le platine, ne donne aucun indice de courant, lorsqu'on chauffe, par la flamme d'une lampe à alcool, un de ses points suffisamment éloigné de la soudure qui réunit ses deux bouts. Ce résultat s'explique facilement : la partie échauffée donne lieu à deux courans inverses et d'égale intensité, dont les effets extérieurs doivent être nuls, puisque la chaleur se propage de la même manière, et avec la même facilité, dans le fil, à droite et à gauche du foyer ; c'est enfin comme si l'on échauffait une soudure de deux métaux différens, dont les pouvoirs thermo-électriques seraient identiques. Si l'on forme, avec le fil de platine homogène du circuit précédent, plusieurs spires très voisines, sans interrompre la continuité de ce fil, et qu'on porte le foyer à droite ou à gauche de la spirale, il se manifeste un courant allant de la source de chaleur aux spires ; c'est qu'alors les deux courans thermo-électriques inverses qui partent des deux côtés de la source n'ont plus la même intensité. On conçoit en effet que le flux de chaleur doit être augmenté du côté de la spirale, où une plus grande masse de métal se trouve réunie dans un petit espace.

On peut encore obtenir un courant thermo-électrique avec un circuit composé d'un seul métal, aussi homogène que possible, en coupant ce circuit, et formant avec les deux bouts libres deux spirales, desquelles l'une est chauffée à la lampe, puis posée sur l'autre restée froide. On observe alors un courant, qui pour la plupart des métaux, tels que le platine, l'or, l'argent, va de la spirale chaude à la spirale froide; mais qui, pour certains métaux compris dans la classe de ceux qui sont facilement oxidables, tels que l'antimoine, le fer et le zinc, marche au contraire de la spirale froide à la spirale chaude.

Pour se rendre compte de ces différences, il faut remarquer que le courant thermo-électique, qui tend à s'établir dans le bout du fil échauffé directement, est déjà très affaibli par un décroissement moins rapide des températures, provenant de la chaleur déjà communiquée aux parties voisines de la spirale, au moment où l'on ferme le circuit; tandis que la spirale froide étant mise alors brusquement en contact avec une source de chaleur, son pouvoir thermo-électrique se développe avec toute son énergie. D'où il suit que si le flux de chaleur qui franchit la surface de contact des deux spirales, est égal ou supérieur à celui qui se propage en sens inverse dans le fil échauffé, le pouvoir thermo-électrique du bout froid doit l'emporter, et le courant marche de la spirale chaude à la spirale froide. Mais si, au contraire, les conductibilités intérieure et extérieure du métal éprouvé, sont telles que le flux de chaleur qui traverse la surface de contact, doive être moindre que celui qui s'écoule dans les parties éloignées du bout échauffé, le pouvoir thermo-électrique de ce dernier sera prépondérant, et le courant électrique observable s'établira de la spirale froide à la spirale chaude.

Lorsque l'expérience précédente est faite sur le cuivre, et que les deux bouts sont bien décapés, il ne se produit pas de courant; ce qui tient à la grande conductibilité du

cuivre pour la chaleur, qui est telle que, les deux parties
étant mises en contact, la chaleur se propage avec une
égale facilité et en même quantité dans les deux sens, comme
s'il n'existait pas de solution de continuité. Mais si le bout
chaud est recouvert d'une couche d'oxide, par une application convenable de la flamme, on observe un courant qui
va de la spirale chaude à la spirale froide, comme pour le
platine, par exemple; c'est qu'alors la conductibilité extérieure du bout échauffé étant augmentée par la couche
d'oxide qui le recouvre, le flux de chaleur qui traverse les
sections de cette partie du fil, et qui met en jeu la conductibilité intérieure, diminue par cette circonstance, et devient conséquemment moindre que le flux qui passe dans la
spirale froide, dont le pouvoir rayonnant est resté très
faible; le pouvoir thermo-électrique de cette dernière spirale doit donc l'emporter, et le courant naître et se diriger
comme l'expérience l'indique.

Dans un circuit composé d'un seul métal, dont les deux
bouts sont soudés, on observe quelquefois des courans
thermo-électriques, en chauffant une partie éloignée de la
soudure; ces courans ne peuvent être attribués qu'à un dé-
faut d'homogénéité du fil; le fer et d'autres métaux dont
le pouvoir thermo-électrique est très grand donnent souvent des courans de cette nature. On peut établir ce principe général, que toutes les circonstances qui tendent à
modifier les lois de la propagation de la chaleur dans un fil
métallique, telles que les changemens brusques de nature,
de densité, d'élasticité, de poli extérieur, des corps étrangers ou des fissures intérieures, tendent à produire des
différences dans les énergies des courans thermo-électriques
de directions opposées, d'où résulte un courant observable.

Par exemple, lorsqu'on fait rougir pendant quelque temps une partie d'un circuit-fer, et qu'après son refroidissement on échauffe le fil dans le voisinage de cette partie, on observe presque toujours un courant, dû à ce que la portion du fil, primitivement échauffée au rouge, a subi une altération dans plusieurs de ses propriétés physiques.

Caractère distinctif des courans thermo-électriques.

836. Les courans thermo-électriques, ou produits par l'inégalité des températures dans un circuit métallique, se distinguent des courans voltaïques et magnéto-électriques, en ce qu'ils sont transmis beaucoup plus difficilement à travers les liquides. Le courant thermo-électrique le plus intense n'agit plus que très faiblement sur le galvanomètre, lorsqu'on coupe le circuit, et qu'on immerge séparément les deux bouts libres, armés ou non de plaques métalliques, dans un même vase contenant de l'eau, dont la conductibilité est augmentée par des sels ou des acides; et si la distance des plaques ou l'épaisseur de la couche liquide est suffisante, tout indice de courant cesse. Cette propriété négative permet de séparer l'un de l'autre un courant voltaïque, et un courant thermo-électrique, qui suivent un même conducteur. On donne généralement le nom de courans *hydro-électriques,* à ceux qui ne sont pas arrêtés par les liquides.

De la pile thermo-électrique.

837. L'action de la chaleur qui produit un courant dans un circuit, est assez énergique, surtout lorsqu'on accouple des métaux ayant des pouvoirs thermo-électriques très différens, pour qu'on puisse construire des thermomètres thermo-électriques d'une grande sensibilité. M. Pouillet a formé un thermomètre de cette nature, avec deux plaques de bismuth et de cuivre, soudées par leurs deux extrémités, et disposées de telle manière que le circuit qu'elles forment

puisse agir de très près sur un système d'aiguilles aimantées; en touchant avec la main une des soudures, les aiguilles éprouvent de grandes déviations.

M. Nobili a imaginé un autre thermomètre thermo-électrique, composé d'un grand nombre d'élémens de deux métaux différens, alternativement soudés les uns aux autres; le polygone qu'ils forment est replié de telle manière que toutes les soudures d'ordre impair soient d'un côté, et toutes celles de l'ordre pair de l'autre côté de la masse totale, qui a la forme d'un cylindre. Tous les élémens sont recouverts latéralement d'une substance isolante; les soudures seules apparaissent libres sur les bases du cylindre. Le tout est enveloppé d'un tube de cuivre, terminé d'un côté par une sorte de miroir parabolique; enfin le polygone est interrompu, pour qu'on puisse fermer le circuit par le fil d'un galvanomètre. Quand on tourne l'axe du miroir parabolique, du côté d'une source de chaleur rayonnante, même très faible, l'aiguille du galvanomètre est déviée.

Cet appareil est fondé sur cette propriété, constatée pour la première fois par MM. OErstedt et Fourier, que lorsqu'on chauffe de deux en deux les soudures d'un polygone fermé, composé d'élémens de deux métaux différens, alternativement soudés les uns aux autres, en maintenant les soudures intermédiaires à une température constante, le courant multiple qui s'ensuit augmente d'énergie avec le nombre des élémens, quoique dans une proportion plus faible que ce nombre. M. Melloni a perfectionné la pile thermo-électrique; c'est maintenant le plus sensible et le plus exact de tous les appareils qu'on puisse employer pour étudier les lois de la chaleur rayonnante. Le paragraphe 229 contient la description de cet instrument; les applications que M. Melloni en a faites, et les découvertes importantes qui en sont résultées, sont décrites aux paragraphes 23o... 241, et 498.

Méthode de graduation de l'appareil thermo-électrique.

838. Mais les procédés de mesure, et les résultats numériques consignés dans ces chapitres, supposent l'existence d'une table de graduation, qui donne la relation existante, entre la déviation et la force du courant thermo-électrique qui la produit. C'est ici le lieu d'indiquer par quels procédés M. Melloni a construit cette table. Il s'est d'abord assuré qu'entre 0° et 20°, la déviation indiquée par son instrument était sensiblement proportionnelle à la force du courant; car, ayant exposé successivement les deux extrémités de la pile, l'une à une première source de chaleur éloignée de manière à faire dévier l'aiguille de 20° dans un sens, et l'autre à une seconde source produisant 10° de déviation dans l'autre sens, il observa qu'en faisant agir ces deux sources simultanément, l'aiguille était déviée de 10", ou précisément de la différence entre les deux premières déviations. Mais cette proportionnalité n'existait plus pour des déviations supérieures à 20°; par exemple, lorsque les deux sources opposées étaient capables de produire des déviations contraires de 44° et de 42°, en agissant séparément sur la pile, leurs effets réunis donnaient une déviation de 8°; en sorte que la différence des intensités de ces courans, équivalait à huit fois l'intensité du courant pris pour unité, quoique la différence des déviations correspondantes ne fût que de deux degrés.

D'après cela, M. Melloni étudia la marche de l'aiguille, de 4 en 4 degrés, depuis 20° jusqu'à 44°, en déterminant, comme dans l'exemple précédent, la différence d'intensité

des courans capables de produire les deux déviations séparées par chaque intervalle de quatre degrés. Il put ensuite,
par un procédé d'interpolation facile à imaginer, déduire
des nombres qu'il avait obtenus dans cette série d'expériences, tous les élémens de la table dont il s'agit, jusqu'à
44°, déviation extrême qu'il se proposait de ne pas dépasser.
L'étendue de 20°, dans laquelle la déviation s'est trouvée
proportionnelle à la force galvanométrique, dépend de la
largeur occupée sur la jante du cadre, par le fil multiplicateur ; elle pourrait être très différente dans un autre appareil.

839. L'aiguille du galvanomètre n'atteint ordinairement
une position d'équilibre qu'après avoir décrit un grand
nombre d'oscillations, en sorte que chaque observation
exige huit à dix minutes. Pour abréger ce temps, M. Melloni
a imaginé de placer au-dessous de l'aiguille un disque de
cuivre, sur lequel se trouve collé le limbe de papier qui
porte la graduation ; l'influence de ce disque amortit rapidement l'amplitude des oscillations, et diminue leur nombre (§ 807). On peut d'ailleurs observer seulement le premier arc décrit par l'aiguille, quand elle quitte le zéro pour
tendre vers la position d'équilibre que lui assigne l'échauffement inégal de la pile thermo-électrique ; cet arc, que
M. Melloni appelle arc d'impulsion, est plus grand que la
déviation qu'il s'agit de constater, mais cette dernière peut
s'en déduire à l'aide d'une nouvelle table, qui donne les
arcs d'impulsion correspondans à toutes les déviations, et
qui doit avoir été construite d'avance par une suite d'observations faites avec soin.

840. M. Melloni a récemment appliqué son appareil à
l'étude d'une nouvelle classe de phénomènes, qui indiquent que la chaleur rayonnante se polarise comme la lu-

Table
des arcs d'im-
pulsion.

Application
nouvelle
de la pile
thermo-élec-
trique.

mière, par la réflexion, ou par la réfraction, et par son passage à travers les lames cristallisées. L'importance de ces nouveaux faits nous force à les exposer ici. La polarisation de la chaleur avait été annoncée par M. Bérard de Montpellier, puis contestée par MM. Powell, Melloni, et Nobili ; elle fut prouvée pour la première fois d'une manière incontestable par les expériences de M. Forbes d'Édimbourg. Mais les lois de cette polarisation ne pouvaient être démêlées qu'en faisant usage de la pile thermo-électrique, perfectionnée comme elle l'est maintenant, et M. Melloni devait reprendre cette question, pour expliquer les grandes différences que la nature de la source calorifique, et celle des substances polarisantes, apportaient dans les résultats obtenus.

Le moyen qui semble le plus naturel, pour constater la polarisation de la chaleur, consiste à faire traverser aux rayons qui partent d'une source calorifique, le système de deux plaques de tourmaline, que l'on dispose de telle manière que leurs axes soient successivement parallèles et perpendiculaires, et à comparer entre elles les quantités de chaleur qui traversent le système dans ces deux circonstances différentes. Si de ces deux quantités la seconde est moindre que la première, on doit en conclure que la chaleur éprouve en partie, par son passage à travers une des tourmalines, une modification analogue à celle que subit la lumière, et qui rend plus ou moins facile la transmission dans l'autre tourmaline. Mais pour que ce procédé puisse être employé, et conduise à des résultats précis et très sensibles, il est nécessaire d'augmenter, par un artifice particulier, la quantité de chaleur rayonnée à travers les lames cristallisées.

841. C'est ce que fait M. Melloni, en plaçant le système des deux tourmalines superposées entre deux lentilles de sel gemme, séparées par un intervalle égal à la somme de leurs distances focales. L'une de ces lentilles, large de 10 centimètres environ, est fixée vis-à-vis d'une lampe sans verre ; elle reçoit les rayons de cette source, qu'un réflecteur métallique a rendu parallèles. Après leur croisement au foyer, les rayons de chaleur tombent en divergeant sur le système des tourmalines, traversent en partie ce système, et atteignent la seconde lentille, large de 4 centimètres à peu près, qui les réfracte parallèlement à l'axe de la pile thermo-électrique. D'après cette disposition, en supposant que les tourmalines puissent s'échauffer, les rayons de chaleur qu'elles enverraient à la petite lentille, en sortiraient très divergens, et ne pourraient pénétrer qu'en quantités insensibles, dans l'ouverture du canal cylindrique qui précède l'appareil thermo-électrique.

Ce moyen de concentrer la chaleur rayonnée librement à travers les lames cristallisées, est assez puissant pour faire dévier de 60 à 80° l'aiguille du galvanomètre, ou l'index de l'instrument ; mais on peut diminuer cet effet, en rapprochant la petite lentille du système des lames, ce qui rend plus ou moins divergent le faisceau des rayons qu'elle renvoie vers la pile. Pour changer facilement la position relative des deux tourmalines, elles sont adaptées sur les fonds de deux tambours superposés, desquels l'un est fixe et l'autre mobile ; des traits marqués sur leurs bords servent de guides, lorsqu'on veut rendre les axes de cristallisation parallèles ou perpendiculaires. La boîte formée par ces deux tambours est encastrée, à la hauteur convenable, dans une ouverture circulaire, pratiquée sur la face anté-

Appareil pour concentrer les rayons de chaleur.

Fig. 440.

rieure d'une caisse métallique qui recouvre la pile et s'étend jusqu'à la table; cette enveloppe a pour but d'éviter les courans d'air, et d'éloigner toute action calorifique étrangère.

842. M. Melloni a opéré sur plusieurs couples de tourmalines de différentes couleurs. Ces couples jouissent tous de la propriété d'éteindre presque complétement la lumière la plus vive, lorsque leurs axes de double réfraction sont perpendiculaires. Chacun de ces couples étant disposé sur les tambours, on observe la déviation produite sur l'index, quand le rayonnement de la source est établi, et que les rayons de chaleur traversent les deux tourmalines; leurs axes de cristallisation étant d'abord parallèles, puis perpendiculaires, on obtient deux déviations, et par suite deux quantités de chaleur réfractées inégales; la première surpasse toujours la seconde; leur différence, exprimée en centièmes de la première quantité, forme ce que M. Melloni appelle l'*indice de polarisation* du couple de tourmalines éprouvé, pour l'espèce de chaleur qui tombe sur ce couple.

Lorsque la source est la flamme d'une lampe, sans interposition d'aucun corps diathermane, autre que le sel gemme des lentilles et les lames cristallisées, l'indice de polarisation varie entre $3,71$ et $21,89$, pour les neuf couples sur lesquels M. Melloni a opéré; la plus faible valeur a lieu pour les tourmalines vert-foncé, la plus forte pour celles d'un jaune-fauve. Si l'on substitue à la lampe des sources de moins en moins intenses, l'indice de polarisation va en diminuant progressivement, pour les couples de tourmalines jaune-fauve et violet sale; mais il s'élève et s'abaisse ensuite, pour les couples vert-jaunâtre et vert-foncé.

Quand le flux de chaleur, émané de la lampe, et qui tombe sur un même couple de tourmalines, a déjà traversé une lampe diathermane, outre la première lentille de sel gemme, l'indice de polarisation atteint des valeurs très différentes, suivant la nature de la lame interposée. Dans ce nouveau genre d'expériences, il est nécessaire de modifier la distance relative des deux lentilles, pour que l'effet produit sur la pile thermo-électrique, lorsque les tourmalines ont leurs axes parallèles, soit le plus grand possible. En opérant sur le couple de tourmalines jaune-fauve, dont l'indice de polarisation, sans écran diathermane, est 22 environ, on trouve que cet indice ne change pas sensiblement par l'interposition d'un verre dont la couleur n'est pas le bleu-verdâtre; qu'il descend à 3 ou 4, quand le verre est noir opaque, ou vert-bleu; qu'il monte à 66,60 pour les rayons qui ont traversé l'eau distillée ou chargée de différens sels, et à 5,81 pour les rayons qui émergent de l'alun. En opérant sur un couple de tourmalines vertes, dont l'indice de polarisation est 11,50 environ sans écran diathermane, on trouve au contraire que l'interposition des verres noir opaque et vert-bleu ne change pas sensiblement cet indice, et que, pour les rayons qui traversent des verres d'autres couleurs ou incolores, l'indice s'abaisse à 6,50 environ.

De ces résultats divers, M. Melloni a déduit les conclusions suivantes. Les rayons de chaleur de diverses espèces, lancés, soit par une même source, soit par des sources différentes, sont très inégalement affectés dans les tourmalines; pour les uns les signes de polarisation sont très faibles, pour d'autres ils sont comparables à ceux que donne la lumière. Certains couple de tourmalines vertes éteignent les rayons de chaleur les plus polarisables, et transmettent ceux pour lesquels les signes de polarisation sont à peine marqués; d'autres couples, de tourmalines jaunes, se laissant traverser par une grande proportion des rayons de la première espèce, offrent un indice de polarisation très sensible. L'indice de la polarisation apparente varie beaucoup, pour un même couple, d'une source à une autre, le flux calorifique étant différemment constitué.

Les différences des indices de polarisation calorifiques, que présentent les diverses espèces de tourmalines, peuvent s'expliquer en admettant que la première lame de chaque couple polarise complétement tous les rayons de chaleur, de quelque espèce qu'ils soient; c'est-à-dire qu'elle décompose chacun de leurs faisceaux, en deux autres polarisés à angle droit, comme dans le cas de la lumière. Il faut supposer en même temps que la faculté d'absorber les faisceaux polarisés dans le plan de la section principale, varie pour chaque couple de tourmalines avec l'espèce de chaleur; c'est-à-dire que cette absorption peut être totale pour certains rayons, partielle ou même nulle pour d'autres. La polarisation complète de la chaleur rayonnante est en effet prouvée par d'autres séries d'expériences, entreprises par M. Melloni, et dont il n'a pas encore publié les résultats numériques. Ces faits nouveaux sont relatifs à la polarisation de la chaleur par réfraction et par réflexion; on peut les énoncer comme il suit.

843. Dans l'appareil général décrit plus haut, on enlève les tourmalines, et on dispose, derrière la seconde lentille, deux piles de lames très minces de mica, inclinées sur les rayons incidens d'un angle de 34° à peu près, dans deux plans successivement parallèles et perpendiculaires; la dé-

viation de l'index, très sensible dans le premier cas, est presque nulle dans le second. On obtient encore le même résultat, en plaçant, sur le trajet des rayons, des lames diathermanes de verres colorés ou noir opaque, d'alun, des auges contenant de l'eau pure ou chargée de sels. C'est-à-dire que dans tous les cas l'indice de polarisation est toujours le même, et presque égal à 100. On doit conclure de là qu'une pile de lames de mica polarise presque complétement, par réfraction, toutes les espèces de rayons calorifiques, sous l'angle de 34°, qui est celui de polarisation pour la lumière de toutes couleurs.

844. On laisse la première pile de lames de mica dans la position indiquée ; l'axe de l'appareil thermo-électrique est ensuite disposé suivant la direction des rayons qu'elle réfléchit ; et l'on fait traverser à ces rayons réfléchis la seconde pile de mica, inclinée sur eux d'un angle de 34°, dans un plan successivement perpendiculaire et parallèle au plan de réflexion. La déviation de l'index, très sensible dans le premier cas, est presque nulle dans le second, lors même que les rayons de chaleur venant de la source ont traversé une lame diathermane quelconque. On doit pareillement conclure de ce fait que la réflexion des rayons calorifiques sur le mica, opérée sous l'angle de 34° environ, polarise complétement ces rayons, de quelque espèce qu'ils soient.

Si dans ces deux expériences on place sur le trajet des rayons de chaleur une lame cristallisée, dont la section principale fasse successivement des angles différens avec les plans de polarisation de ces rayons, on obtient des effets thermo-électriques successivement nuls et intenses, qui démontrent que la chaleur rayonnante éprouve absolument les mêmes modifications que la lumière, en traversant les substances bi-réfringentes. En un mot, les rayons de chaleur jouissent de toutes les propriétés des rayons lumineux, et éprouvent de la part des milieux pondérables des actions analogues. La preuve de cette identité constitue une des découvertes les plus importantes de la physique actuelle ; elle se trouve liée à la théorie de l'électricité, par la nature même de l'appareil qui seul a pu l'établir ; et d'après le grand nombre de faits dont elle suppose la connaissance, il eût été difficile de l'exposer plus tôt.

Thermo-mètres thermo-électriques.

845. L'appareil thermoscopique de M. Melloni n'est pas le seul thermomètre fondé sur les propriétés thermo-électriques des circuits métalliques hétérogènes. M. Becquerel et d'autres physiciens ont souvent fait usage, pour comparer les températures, d'un circuit composé de deux fils de métaux différens, plus ou moins longs, et soudés ensemble ; le circuit s'enroule en partie sur le cadre d'un galvanomètre. Dans leurs parties extérieures les deux fils sont recouverts d'une couche isolante, de gomme laque, de verre ou de porcelaine, à l'exception des soudures qui doivent être libres ; ces fils peuvent alors être réunis parallèlement sans inconvénient. Une des soudures étant exposée dans un milieu dont la température est connue, l'autre est portée au point qu'on veut explorer ; la grandeur et le sens de la déviation, lorsque le galvanomètre a été primitivement gradué, indiquent la différence des températures des deux soudures, et par suite celle de la seconde.

Les deux métaux doivent être choisis de telle sorte que les forces galvanométriques, correspondantes aux déviations de l'aiguille, puissent être regardées comme proportionnelles aux différences de chaleur que l'on se propose d'observer. Ainsi, s'il s'agit de basses températures, on

peut employer le fer et le cuivre, dont les pouvoirs thermo-
électriques sont très dissemblables; ce sont les métaux dont
on se sert pour étudier les variations de la température
dans les différentes couches, soit d'une masse d'eau pro-
fonde, comme l'ont fait MM. Becquerel et Breschet sur
le lac de Genève, soit de l'atmosphère, comme l'ont entrepris plusieurs physiciens. S'il s'agit au contraire de mesurer de très hautes températures, il faut que les deux fils
aient des pouvoirs thermo-électriques presque égaux; on
peut alors employer le platine et le palladium, comme l'a
fait M. Becquerel, pour comparer les températures des différentes parties d'une flamme, et celles d'un four à porcelaine.

846. L'exactitude des résultats fournis par ce genre
d'instrument dépend en grande partie de la perfection de
sa graduation, ou du soin apporté dans la construction de
la table qui donne les forces ou les énergies des courans
thermo-électriques, produisant les différentes déviations
de l'aiguille du multiplicateur. Voici le procédé indiqué
par M. Becquerel pour effectuer cette graduation. Après
avoir choisi les métaux qu'il convient d'accoupler, on en
compose quatre circuits tout-à-fait semblables, que l'on
entoure d'une substance isolante, afin de pouvoir former
en les réunissant un faisceau que l'on enroule sur le cadre
du galvanomètre; les parties de ces circuits qui sont en
dehors du cadre sont séparées, et doivent contenir toutes
les soudures. Les deux soudures de chaque circuit, ren-
fermées dans des tubes de verre recourbés, peuvent être
exposées, l'une dans un vase contenant de la glace fondante, l'autre dans un bain de mercure muni d'un thermomètre, et que l'on échauffe plus ou moins par une
lampe à alcool placée au-dessous.

Graduation
des thermo-
mètres
thermo-élec-
triques.

18.

D'après ces dispositions, un seul circuit rendu actif, tandis que les trois autres restent inertes ou conservent la même température dans toutes leurs parties, produira une force galvanométrique représentée par l'unité, pour une certaine température du bain. Si deux des circuits deviennent actifs par la même différence de température, on aura une force double; enfin une force triple ou quadruple, si trois des circuits, ou tous les quatre sont traités de la même manière. Les déviations observées sur le galvanomètre correspondront donc dans ces quatre cas à des forces qui seront entre elles comme les nombres 1, 2, 3, 4. Si l'on répète ces expériences en élevant successivement la température du bain, on pourra parcourir toutes les déviations comprises dans un quadrans, et assigner les rapports d'énergie des courans qui les produisent.

La table proposée étant ainsi construite, on pourra, si on le juge nécessaire, défaire l'appareil pour le remonter avec un seul circuit, qui fasse le même nombre de tours sur le cadre du galvanomètre; les spires de ce circuit unique occupant sur le cadre les mêmes positions que celles du faisceau primitif. Les résultats des observations pourront être facilement exprimés, à l'aide de la table, en unités de forces galvanométriques; pour les traduire ensuite en degrés de température, il suffira de déterminer, par une expérience directe, la force correspondante à une différence donnée des températures des deux soudures, prise pour unité.

Inégalité de température produite par les courans voltaïques. 847. Si le mouvement de la chaleur produit des courans électriques, on sait qu'inversement le mouvement de l'électricité développe de la chaleur (§ 789); mais les phénomènes thermo-électriques sont conjugués à une autre classe de faits dont la réciprocité est plus parfaite encore. La production des courans dans un circuit composé de plusieurs métaux, lorsque les températures des soudures sont rendues inégales, conduit à rechercher si des courans provenant de toute autre cause, et traversant un circuit hétérogène, n'occasionent pas des différences de température, aux soudures métalliques de ce circuit. Cet effet inverse résulte d'expériences faites, par M. Peltier, sur des courans voltaïques assez faibles pour ne pas échauffer les métaux traversés au point de rendre impossible tout procédé de mesure.

Voici la description des appareils dont se sert M. Peltier. Il mesure les températures des différentes parties d'un conducteur hétérogène, réunissant les deux pôles d'un simple élément voltaïque, à l'aide d'un genre de thermomètre thermo-électrique, composé de deux couples bismuth et antimoine, réunis par des fils métalliques qui complètent un circuit galvanométrique. Ces couples sont disposés de telle sorte que leurs soudures, rapprochées de manière à pincer la partie du conducteur interpolaire qu'on FIG. 442. veut explorer, puissent s'échauffer aux dépens de la chaleur produite dans ce conducteur, et que les échauffemens de ces deux soudures occasionent des courans thermo-électriques concordans dans le circuit dont elles font partie.

La déviation de l'aiguille mesure l'énergie du courant multiple, et par suite la température des soudures, ou de la partie touchée du conducteur ; les extrémités libres des deux couples, et le reste du circuit, sont à la température du lieu, et suivant que l'aiguille est déviée dans un sens ou dans l'autre, elle indique au point exploré une élévation ou un abaissement de température. Le circuit, dont fait partie le conducteur hétérogène, soumis à l'expérience, comprend une lame de cuivre offrant un cercle gradué que surmonte une aiguille aimantée, appareil qui sert à mesurer l'énergie du courant voltaïque.

M. Peltier a d'abord étudié l'élévation de température d'un fil conducteur homogène, parcouru par un faible courant voltaïque. Cette élévation de température est la même sur toute la longueur du fil, à l'exception des deux ou trois centimètres situés vers les extrémités; là elle est plus forte ou plus faible, suivant la nature des attaches ou des pinces qui retiennent le fil. L'intensité du courant pour un fil de même longueur croît avec la surface immergée de l'élément voltaïque, et si l'on emploie des fils de longueurs différentes, on peut reproduire un courant de même intensité, en immergeant plus ou moins l'élément; or, lorsque ce courant d'intensité constante est obtenu, l'accroissement de température qu'il produit dans le fil reste le même quelle que soit sa longueur; d'où l'on doit conclure que cet accroissement dépend de la quantité d'électricité qui achève de parcourir le circuit.

Mais les résultats les plus remarquables, obtenus par M. Peltier, sont les inégalités de température, manifestées par la pince thermo-électrique, aux soudures des métaux différens introduits dans le circuit voltaïque. Pour énoncer de suite l'ensemble de ces résultats, nous conviendrons d'appeler *sens direct,* par rapport à une soudure, celui du courant thermo-électrique qui serait produit, si cette soudure, faisant partie d'un circuit tout métallique, était seule échauffée directement. Ainsi le courant sera direct s'il traverse la soudure du métal dont le pouvoir thermo-électrique est le plus faible, au métal dont le pouvoir thermo-électrique est le plus grand ; il sera inverse dans le cas contraire.

Cela posé, M. Peltier a constamment trouvé qu'une soudure de deux métaux différens, acquérait une température sensiblement plus grande par un courant inverse, que par un courant direct de même intensité que le premier. Comparée à la température du lieu, celle de la soudure est toujours plus forte sous le courant inverse ; mais sous le courant direct, elle est souvent plus faible, c'est ce qui a lieu pour des courans peu intenses, et quand les métaux accouplés ont des pouvoirs thermo-électriques très différens. Par exemple, une soudure bismuth-antimoine, qui s'échauffe lorsque le courant est inverse, ou qu'il marche de l'antimoine au bismuth, se refroidit au contraire lorsque le courant est direct, ou qu'il marche du bismuth à l'antimoine.

848. Pour bannir tout doute sur la réalité de l'abaissement de température, signalé dans cette dernière circonstance, M. Peltier a substitué, à la pince thermo-électrique, un thermomètre à air. Le couple bismuth-antimoine fut disposé de telle manière que la soudure étant au milieu de la boule de verre, les barreaux traversassent les parois dans des ouvertures dont les joints furent soudés ; le tube capillaire du thermomètre plongeait dans un liquide coloré. Le couple étant alors traversé par un courant direct, on voyait le liquide s'élever dans le tube, ce qui indiquait le refroidissement de la masse d'air intérieure, et conséquemment celui de la soudure.

D'après la loi générale, qui résume les nouveaux faits découverts par M. Peltier, on voit qu'un circuit, comprenant plusieurs métaux soudés bout-à-bout, et traversé par

un courant voltaïque, doit offrir des températures inégales : les soudures pour lesquelles le courant est inverse,
s'échauffant toujours plus que celles pour lesquelles ce courant est direct. Il est à remarquer que cette inégalité de
température, une fois établie, tend à produire un courant
thermo-électrique, toujours opposé à celui qui parcourt
forcément le circuit. Mais les effets de ce courant contraire
sont détruits par le liquide où plonge l'élément voltaïque,
lequel s'oppose à la libre circulation des courans thermo-
électriques. M. Peltier n'a pas énoncé les résultats de ces
expériences comme nous venons de le faire : au lieu de
comparer les métaux sous le rapport de leurs pouvoirs
thermo-électriques, il les distingue par les différences de
leurs conductibilités, sur lesquelles on possède encore des
données peu certaines ; ce qui conduit à des anomalies ap-
parentes, qui disparaissent complétement dans le mode de
coordination que nous avons adopté.

CINQUANTIÈME LEÇON.

Electro-chimie. — Courans produits par des actions chimiques. — Théorie électro-chimique de la pile. — Effets chimiques de la pile. Applications. — Conductibilités des métaux. Diversités des courans. Ondes électriques. — Polarité électrique des lames métalliques. Piles secondaires. — Définition théorique des courans électriques. — Considérations sur la théorie de l'électricité. — Relations de l'électricité avec la chaleur et la lumière. Spectres des étincelles électriques. De l'aurore boréale.

849. Le développement des fluides électriques dans les actions chimiques, et réciproquement le pouvoir de détruire et d'opérer des combinaisons que possède l'électricité en mouvement, constituent une science séparée, à laquelle on donne le nom d'*Électro-chimie*. Ses applications sont devenues trop nombreuses, pour qu'elle puisse maintenant faire partie du cours de physique ; d'ailleurs presque tous les phénomènes qu'elle embrasse dépendent du rapport des affinités qui existent entre les substances pondérables, et cette circonstance établit sa liaison intime avec la chimie, dont elle emprunte à chaque instant les dénominations, et qu'elle éclaire de ses résultats.

On ne peut donc entrer ici dans tous les détails nécessaires pour donner une idée complète de cette science ; nous devons nous borner à énoncer quelques lois générales,

Courans produits par des actions chimiques.

et à décrire les appareils qui servent à les constater. Le principe général du développement de l'électricité dans les actions chimiques peut s'énoncer ainsi : quand deux corps se combinent, du fluide naturel est décomposé, celui qui joue le rôle d'acide se charge d'électricité positive, et celui qui se comporte comme un alcali ou une base prend l'électricité négative. Cette loi importante a été établie d'une manière incontestable par M. Becquerel, l'un des créateurs de l'électro-chimie; voici plusieurs expériences faites par ce physicien.

De l'acide nitrique étant versé dans une capsule de porcelaine, on y plonge en même temps une même longueur de deux fils d'or ou de platine, dont les autres bouts sont mis en communication avec le fil d'un multiplicateur très sensible; on n'observe alors aucun courant; mais si l'on verse près de la partie immergée de l'un des fils quelques gouttes d'acide hydro-chlorique, afin de former de l'eau régale qui puisse attaquer le métal le plus voisin, la déviation du galvanomètre signale un courant, dont le sens indique que le métal attaqué prend l'électricité négative, et l'acide l'électricité positive. On peut aussi se servir d'une pince de platine, qui retient une lame d'or enveloppée de papier joseph, et que l'on plonge dans l'acide nitrique; le manche de la pince s'attache à l'un des bouts du multiplicateur, tandis que l'autre bout se termine dans le liquide par une lame de platine; aussitôt que l'on verse une goutte d'acide hydro-chlorique dans le voisinage de la lame d'or immergée, l'aiguille est déviée, et le courant suit la même direction que dans l'expérience.

Le même procédé est applicable à tous les métaux; mais on observe quelquefois des courans variables d'intensité et

même de sens ; ce qui tient à plusieurs causes pouvant produire simultanément des courans sensibles plus ou moins
concordans. En effet, quand un métal est attaqué par un
liquide, il y a : 1° production de chaleur, 2° formation
d'un composé, 3° action de ce composé sur le métal,
4° enfin action de ce même composé sur le liquide ambiant ; ce qui donne quatre causes distinctes de développement d'électricité, dont il est souvent impossible de séparer les effets. Les faits suivans prouvent l'existence de
courans produits par ces quatre causes.

Si lors du premier appareil cité plus haut, appliqué à
deux fils d'or, on échauffe un des fils avant de les plonger
simultanément dans l'acide nitrique, on observe un courant qui marche du bout froid au bout chaud ; c'est-à-dire
que le premier prend au liquide l'électricité négative. Dans
cette expérience il n'y a aucune action chimique ; la différence des températures est la seule cause à laquelle on
puisse attribuer l'effet observé. Lorsqu'on substitue aux
fils d'or, deux fils de cuivre, et qu'on les plonge en même
temps et à la même température dans l'acide nitrique, on
n'observe aucun courant, parce que les deux fils sont également attaqués ; mais si leur immersion n'est faite que
successivement, le bout plongé le dernier étant le plus
attaqué au moment où le circuit se trouve fermé, on observe un courant dont le sens indique que ce bout prend
au liquide l'électricité négative. L'inégale intensité de l'action chimique doit ici reproduire une inégalité correspondante de température dans les deux fils, laquelle tend à
produire un courant inverse de celui qu'on observe ; ces
deux courans coexistent nécessairement, mais celui dû à
la différence des actions chimiques prédomine.

 85o. Pour constater le développement de l'électricité dans l'action mutuelle de deux liquides, on peut se servir de plusieurs appareils. Les deux bouts du multiplicateur se terminent par des lames de platine dans deux capsules contenant de l'acide nitrique, et que l'on réunit par une mèche de coton imbibée d'eau; on verse ensuite doucement, vers le milieu de cette mèche, une goutte de chacun des deux liquides dont on veut étudier l'action mutuelle; au moment de leur contact on observe un courant dont le sens indique les états électriques des deux liquides, lors de leur combinaison. Autrement, les deux capsules, qui reçoivent les bouts en platine du multiplicateur, sont séparément remplies des deux liquides dont on veut étudier l'action; on les réunit par une lame de platine doublement recourbée, et il n'y a pas encore de courant observable; mais si sur cette lame de platine on dispose une mèche d'amiante qui mette en communication les deux dissolutions, le courant dû à leur action mutuelle est bientôt manifesté. Enfin on peut se servir d'une cuillère de platine attachée à l'un des bouts du galvanomètre, et dans laquelle on verse un des liquides; puis on y plonge une lame de platine fixée à l'autre bout, après l'avoir préalablement mise en contact avec la seconde dissolution. Le même appareil peut servir pour étudier l'action d'une substance solide sur le liquide de la cuillère; il suffit de substituer, à la lame de platine, une pince du même métal qui maintient un morceau de cette substance.

Quand les deux liquides éprouvés sont un acide et un alcali, le sens du courant indique toujours que l'acide prend l'électricité positive, et l'alcali l'électricité négative. Dans l'action dissolvante de l'eau sur un acide, l'eau se comporte comme un alcali ; lors de son action sur un alcali elle joue le rôle d'un acide. L'acide phosphorique est toujours positif lorsqu'il se dissout dans d'autres acides. L'acide nitrique est positif avec les acides hydro-chlorique, acétique, nitreux, négatif au contraire avec les acides sulfurique, phosphorique. Lors de l'action mutuelle de deux dssolutions de sels neutres, la plus saturée prend l'électricité positive; si les sels dissous sont acides ou alcalins, les deux liquides se conduisent comme des acides ou des alcalis. Les doubles décompositions de sels neutres s'opèrent sans dégagement d'électricité.

Dans toutes les expériences qui servent à constater ces lois générales, l'emploi des lames de platine comme corps conducteurs, destinés à fermer le circuit galvanométrique, exige des précautions préliminaires; car les corps étrangers, qui adhèrent presque toujours à la surface de ces lames, pourraient produire des courans secondaires qu'il importe d'éviter (§ 861). On y parvient en lavant les lames de platine dans l'acide nitrique, puis dans l'eau distillée, les faisant rougir, et les laissant ensuite quelque temps en contact avec les liquides dans lesquels elles doivent être immergées.

851. Lorsqu'on veut étudier le développement de l'électricité dans l'action d'un liquide sur un métal, la réaction de ce même liquide sur le composé qui se forme complique le résultat par un effet électrique étranger, qu'il est souvent impossible d'en séparer. Si l'on plonge deux lames d'or, communiquant aux deux bouts du galvanomètre, dans deux capsules remplies d'acide nitrique, et réunies par une mèche d'amiante, une goutte d'acide hydro-chlorique versée dans l'une des capsules rend

négative la lame d'or qui s'y trouve ; mais on obtient le même résultat en y versant une goutte, non d'acide hydro-cholorique, mais d'hydro-chlorate d'or ; c'est-à-dire que l'action de ce composé sur l'acide nitrique rend l'acide positif comme lors de l'action chimique ; d'où il suit que dans le premier cas, aussitôt que l'acide hydro-chlorique est introduit, l'action chimique qui se produit, et celle du composé sur le liquide ambiant, peuvent concourir toutes deux à produire le courant observé.

Le seul moyen dont on puisse disposer pour affaiblir, sinon annuler, la réaction du composé, consiste à remplir les deux capsules avec une dissolution de ce composé lui-même. Par exemple, si l'on plonge deux lames de cuivre, terminant le fil du multiplicateur, dans deux capsules remplies d'une dissolution de nitrate de cuivre, une goutte d'acide nitrique versée dans une des capsules rend négative la lame qui s'y trouve ; et cet effet doit être attribué à l'action chimique, car le nitrate de cuivre qui se forme ne peut exercer qu'une action très faible sur la dissolution du même sel qui l'environne. On constate le même effet électrique, dû à l'action chimique d'un acide sur un métal, en opérant de la même manière, sur l'étain avec son sulfate, le zinc avec son nitrate, le fer avec son hydro-chlorate, le plomb, l'antimoine, le bismuth avec leurs dissolutions respectives ; l'acide introduit dans l'une des capsules étant le même que celui du sel dissous. Dans ces différens cas le sens du courant indique que la lame de métal attaquée prend au liquide l'électricité négative. Mais le zinc et le fer, dans des dissolutions de leurs sulfates, deviennent positifs au contraire par l'addition d'une goutte d'acide sulfurique ; cette anomalie est encore inexpliquée.

Lorsque les deux bouts du multiplicateur, terminés par des lames de métaux différens, plongent dans deux capsules contenant un même liquide, et réunis par une mèche de coton ou d'amiante, si les deux métaux sont attaqués, le sens du courant indique généralement celui qui l'est plus fortement. Par exemple, quand on prend pour liquide de l'acide sulfurique très étendu, et pour métaux le zinc et le cuivre, le zinc prend l'électricité négative comme s'il était seul attaqué. Mais dans toutes les expériences de cette nature, les composés qui se forment réagissent sur les métaux et sur eux-mêmes, en sorte que la cause du courant observé est toujours très complexe. Si, toujours dans le cas du zinc et du cuivre, le liquide des capsules est une dissolution saturée de sulfate de zinc, il y a un courant qui va du zinc au liquide, comme pour l'acide sulfurique étendu; cet effet prouve évidemment que la dissolution agit sur les deux métaux et plus fortement sur le zinc. Si la capsule où plonge le cuivre contient une dissolution saturée de sulfate de zinc, le courant qu'on observe, et qui est très énergique, va encore de la seconde capsule à la première; dans ces circonstances l'effet électrique doit être attribué à l'action mutuelle des deux dissolutions, et indique que le nitrate de cuivre est positif par rapport au sulfate de zinc; une goutte d'acide nitrique versée du côté cuivre, une goutte d'acide sulfurique du côté zinc, ne changent pas sensiblement l'énergie du courant; ce qui prouve que la réaction des deux liquides est le cause principale.

852. L'intensité du courant produit par une action chimique ne dépend pas uniquement de l'énergie de cette action; par exemple, avec des acides très concentrés on

Causes d'affaiblissement des courans hydro-électriques.

observe souvent des effets beaucoup plus faibles qu'avec
ces mêmes acides étendus. Pour se rendre compte de ces
anomalies, il faut considérer que les fluides électriques séparés dans l'acte de la combinaison chimique, se neutralisent presque complétement au lieu même où elle s'opère,
en sorte que le fil du galvanomètre ne livre passage qu'à la
faible portion de ces deux fluides qui échappe à une recomposition immédiate. D'après cela, le plus ou le moins de
conductibilité des substances complétant le circuit, doit
avoir une grande influence sur l'intensité du courant qui
le parcourt. M. Delarive a étudié avec soin cette cause de
variation dans l'intensité des courans, et déduit de cette
étude l'explication d'un grand nombre de faits anomaux;
il a remarqué qu'un changement brusque de conducteur
dans le circuit diminue l'énergie du courant observé.

Si dans une caisse, contenant un liquide qui fait partie
d'un circuit voltaïque, on place une cloison métallique,
de platine par exemple, que le courant soit obligé de traverser, le galvanomètre indique que cette interposition
diminue l'énergie du courant, quoique la lame de platine
soit un corps meilleur conducteur que le liquide. Cette
lame diminue donc la quantité d'électricité qui traverse le
liquide; si l'on interpose une seconde lame, il en passe
encore moins. On doit conclure de là, que l'électricité
éprouve de la difficulté et une perte, dans son passage d'un
conducteur à un autre, comme la chaleur et la lumière.
L'analogie devient plus frappante encore, quand on observe que la perte faite par le courant, et mesurée à l'aide
du galvanomètre, est moindre pour la seconde lame de
platine que pour la première, moindre pour la troisième
que pour la seconde. Ainsi l'électricité, comme la chaleur

rayonnante, éprouve moins de peine à traverser un milieu, lorsqu'elle a déjà parcouru un milieu de même nature ;
ou plus généralement, elle surmonte plus facilement les
résistances qui s'opposent à son mouvement, lorsqu'elle a
déjà surmonté des résistances analogues.

853. Les effets électriques que l'on observe dans un circuit, où s'opèrent des actions chimiques, ne peuvent s'expliquer complétement en adoptant exclusivement l'idée de
Volta. Dans les expériences citées aux paragraphes 849,
850, 851, il y a bien plusieurs soudures de métaux différens, mais les divers contacts métalliques d'un même circuit sont presque partout placés symétriquement, et de
telle manière que les forces électro-motrices dussent détruire mutuellement leurs effets ; tandis que l'on observe
un courant souvent très énergique, et qui varie même de
direction suivant la nature des liquides interposés. Il faut
donc admettre le développement de l'électricité dans les
actions chimiques ; on est alors conduit à regarder ce développement comme l'unique cause des phénomènes de la
pile (§ 781). Dans cette hypothèse, l'équilibre des fluides
électriques à l'état de tension, aux deux pôles de l'appareil voltaïque, s'explique comme il suit.

Considérons, pour fixer les idées, le cas d'une pile à
auges, formée avec des couples de plaques cuivre et zinc,
et contenant comme liquide interpolaire de l'acide sulfurique étendu d'eau. Il y aura autant de sources d'électricité dans l'appareil, qu'il y a de surfaces planes de zinc,
susceptibles d'être attaquées par le liquide. Dans chaque
case, l'action chimique de l'acide sulfurique, sur le zinc
qui forme une de ses parois, donnera lieu à un dégagement d'électricité positive vers le liquide, et d'électricité

III.

négative vers le zinc. L'électricité positive conduite par le liquide, et par la paroi cuivre, ira recomposer du fluide naturel avec le fluide négatif recueilli sur le zinc du couple suivant. L'électricité négative, conduite par le zinc et le cuivre, ira aussi recomposer du fluide naturel avec le fluide positif du liquide de la case précédente. Ainsi les électricités, développées aux parois attaquées des auges successives, se recombineront vers les parois qui ne le sont pas.

Il n'y aura que l'électricité positive répandue dans la dernière case liquide à une extrémité de la pile, et l'électricité négative refoulée sur le dernier couple à l'autre extrémité, qui ne pourront se recomposer immédiatement avec des fluides contraires voisins. Ces fluides, s'accumulant aux pôles par la continuité de l'action chimique, et acquérant ainsi des tensions de plus en plus grandes, il arrivera bientôt un moment où ces tensions, et les attractions que ces masses de fluides contraires exerceront l'une sur l'autre, seront suffisantes pour vaincre toutes les résistances que la pile oppose à leur passage et à leur combinaison. A partir de cette époque, les tensions extrêmes conserveront des intensités constantes, et les nouvelles quantités de fluides contraires, toujours développées par les actions chimiques, se combineront, soit de suite à chaque paroi, soit en traversant une certaine étendue de la pile.

On concevra facilement que les cases et les élémens extrêmes ne seront pas les seuls qui devront manifester de l'électricité libre, lorsque les tensions auront acquis leurs limites stationnaires. En assimilant la tension d'un fluide électrique libre à la pression d'un fluide pondérable, il

devra y avoir une différence entre les tensions des masses
fluides, séparées par une surface qui opposera une certaine résistance au passage de l'électricité; cette différence
sera en quelque sorte la mesure de cette résistance.
Ainsi la tension de l'électricité devra être de plus en plus
petite, à mesure que l'on considérera des élémens de la
pile de plus en plus éloignés de l'un de ses pôles. Si la pile
est isolée, chacune de ses moitiés sera électrisée de la même
manière que le pôle qui la termine, et le fluide correspondant aura une tension décroissante, du pôle vers le milieu
de la pile. Si un des pôles est en communication avec le
sol, toute la pile sera chargée par le fluide libre accumulé
au pôle opposé, et qui tendant à s'écouler dans le sol, se
répandra dans toutes les cases, et y manifestera une tension, décroissante d'un pôle à l'autre, en quelque sorte
proportionnelle, en chaque section, au nombre des obstacles offerts à l'électricité, et qui la séparent du sol.

Lorsque le nombre des élémens d'une pile devient plus
considérable, le nombre des obstacles, que les fluides accumulés doivent surmonter pour se recombiner, augmentant, les tensions extrêmes doivent atteindre plus tard
leurs limites stationnaires, et conséquemment devenir plus
grandes. Mais il ne faut pas oublier que les masses fluides,
répandues à l'état de tension dans toute la pile, provien-
nent des décompositions chimiques opérées dans les cases
extrêmes, qu'elles sont arrivées aux lieux qu'elles occupent après avoir traversé toutes les cloisons précédentes,
et qu'elles sont conséquemment, d'après les faits cités plus
haut (§ 852), plus propres à vaincre de nouveaux obstacles pour se mettre en mouvement. On concevra aisément,
d'après cela, que les tensions aux pôles de la pile doivent

augmenter dans une proportion moindre que le nombre
des élémens.

Ainsi les tensions aux pôles d'une pile doivent être d'autant plus grandes que les résistances opposées au mouvement de l'électricité, dans l'intérieur de l'appareil, sont
plus puissantes et plus nombreuses; c'est l'ensemble de
ces résistances qu'on appelle la conductibilité intérieure de
la pile. Le temps qu'un des pôles de la pile emploie à charger le condensateur, celui qu'une pile déchargée met à se
recharger, doivent dépendre à la fois, et de la conductibilité intérieure de la pile, et de l'activité de l'action chimique, que nous considérons ici comme l'unique cause
des phénomènes électriques que manifeste l'appareil.

Il suffit d'énoncer ces premières conséquences de la
théorie électro-chimique de la pile, pour reconnaître qu'elle
est d'accord avec les faits. Si l'on joint à ces conséquences,
toutes les considérations qui accompagnent l'exposé des
phénomènes produits par la pile ($\S\S$ 789, 790), on aura
l'idée la plus exacte que l'on puisse se former aujourd'hui
de la nature de cet appareil. La théorie électro-chimique
de la pile est fondée, comme la théorie de Volta, sur un
fait et sur un principe : ici le fait est le développement de
l'électricité dans toute action chimique; le principe consiste en ce que les tensions d'un fluide libre diffèrent de
part et d'autre d'un obstacle à franchir, ou d'une résistance à vaincre; la tension étant plus grande avant qu'a-
près l'obstacle, dans le sens où le fluide se meut; et la
différence de ces deux tensions mesurant en quelque sorte
la résistance opposée par cet obstacle au mouvement de
l'électricité.

854. Lorsque les deux pôles d'une pile sont réunis par un conducteur, homogène ou hétérogène, l'accumulation des fluides à l'état de tension n'a plus lieu en général. Les fluides développés dans les auges intermédiaires aux parois attaquées se recombinent toujours vers celles qui ne le sont pas ; tandis que le fluide positif développé dans le liquide de la dernière auge, à une extrémité de la pile, suit le conducteur interpolaire, pour aller neutraliser le fluide négatif repoussé sur le couple métallique qui termine l'autre extrémité. Si le conducteur interpolaire est hétérogène, s'il se compose, par exemple, de métaux et de liquides, les obstacles qu'il offre au passage de l'électricité doivent déterminer des différences de tension des fluides sur les deux côtés de chaque obstacle ; et ce sont sans doute ces différences qui occasionent les phénomènes chimiques produits par la pile. Quoi qu'il en soit, le pouvoir que possède l'appareil voltaïque d'opérer des décompositions, prouve que, si les actions chimiques développent de l'électricité, réciproquement l'électricité en mouvement peut séparer les élémens d'un composé.

Décompositions chimiques produites par la pile.

Dans cette séparation, il arrive toujours que l'élément qui jouait le rôle d'acide tend vers le pôle positif avec le courant négatif, et le second vers le pôle négatif avec le courant positif. Ce résultat constant s'explique en admettant qu'au moment de la décomposition l'élément acide se charge d'électricité négative, et l'élément alcalin d'électricité positive ; c'est par cette raison que le premier composant est dit électro-négatif, et le second électro-positif. On est ainsi conduit à reconnaître, dans l'acte d'une décomposition chimique, un partage de fluide naturel, inverse de celui qui se manifeste lors d'une combinaison.

L'étude des phénomènes chimiques de la pile faisant essentiellement partie du cours de chimie, nous devons nous contenter de joindre au fait, déjà décrit, de la décomposition de l'eau (§ 791), l'énoncé de plusieurs autres faits généraux, qui puissent indiquer les circonstances qui favorisent l'efficacité de l'appareil voltaïque, dans son application la plus importante.

Pour décomposer un sel soluble, il faut le dissoudre dans l'eau, on fait ensuite plonger dans cette dissolution les deux réophores d'une pile. Alors l'acide du sel se transporte au pôle positif, la base ou l'alcali au pôle négatif. Lorsque la pile est assez forte, et que l'acide ou la base sont facilement décomposables, le phénomène peut se compliquer davantage ; par exemple, quand la base est un oxide métallique, il arrive souvent que l'acide et l'oxigène se transportent au pôle positif, et que le métal pur apparaît seul au pôle négatif. Enfin, comme la décomposition du sel est accompagnée de celle de l'eau, si le fil métallique formant le réophore positif est facilement oxidable, il s'oxide et se combine avec l'acide de manière à former un nouveau sel.

En général, si l'on emploie plusieurs vases remplis de différentes dissolutions, et communiquant entre eux par des mèches d'amiante humectées, lorsque les deux réophores plongeront dans les vases extrêmes, le résultat final sera que tous les acides se trouveront dans le vase où plonge le pôle positif, les bases dans celui où plonge le pôle négatif. On peut rendre ce résultat apparent, en mélangeant aux dissolutions salines des couleurs végétales qui changent par le contact des acides et des alcalis ; en prenant par exemple pour ces réactifs colorés, des teintures de tournesol, de radis violet, ou de choux rouge, qui rougissent par les acides et verdissent par les alcalis ; la couleur rouge se manifestera alors au pôle positif, et la couleur verte au pôle négatif ; ces couleurs changent de place quand on renverse les pôles.

Lorsque, parmi les dissolutions qui font partie du circuit, dans les vases communiquans, il s'en trouve une dont la base peut former un sel insoluble avec un des acides qui doit la traverser, ce sel se forme et se précipite ; cette base et cet acide manquent alors dans les vases extrêmes. Cependant si la pile est très énergique, l'acide peut traverser la dissolution sans donner de sel insoluble précipité. Dans cette circonstance d'une très forte pile, l'acide peut même traverser une dissolution contenant un réactif végétal coloré, sans manifester sa présence par aucun changement de couleur. Les sels insolubles sont très difficilement décomposables par la pile, parce qu'ils sont très mauvais conducteurs de l'électricité.

Davy a décomposé au moyen de la pile les alcalis et les terres ; ce sont des oxides dont l'oxigène est attiré par le pôle positif, et le métal par le pôle négatif. C'est ainsi qu'on a connu pour la première fois le potassium et le sodium. Comme ces deux métaux décomposent l'eau très facilement, il faut employer pour les recueillir une méthode particulière. Pour cela, on peut former une petite capsule avec un fragment de potasse communiquant avec le réophore positif, et toucher le mercure avec le réophore négatif. La décomposition s'opère alors ; l'oxigène se porte sur le platine et se dégage ; le potassium forme avec le mercure un amalgame. On l'extrait ensuite, en soumettant cet amalgame à la distillation dans la vapeur de pétrole ou d'huile rectifiée de naphte, qui ne contient pas d'oxigène.

Lorsqu'on substitue, dans l'expérience précédente, à la

capsule de potasse, une capsule d'hydro-chlorate d'ammoniaque, les pôles occupant d'ailleurs les mêmes positions, le volume du mercure augmente à vue d'œil; il se forme alors un amalgame qui devient huit à dix fois plus volumineux que le mercure seul. En supprimant les communications, cette espèce de champignon décroît peu à peu, et le mercure reprend son état liquide et son volume primitif. L'amalgame qui s'était formé ne subsiste donc que sous l'influence du courant. L'explication chimique de ce phénomène n'est pas encore bien connue.

Conditions
de la pile
pour les
effets chimi-
ques.

855. La construction de la pile doit satisfaire à certaines conditions pour que cet appareil soit plus propre aux décompositions chimiques. Un petit nombre d'élémens produit une action très faible; c'est que cette action s'exerçant sur des substances dont la conductibilité est imparfaite, il faut augmenter la tension, et par conséquent le nombre des élémens, pour vaincre la résistance que ces substances opposent au mouvement des fluides électriques, mouvement qui paraît indispensable à la production des phénomènes chimiques de la pile. La grandeur des élémens influe aussi, mais moins ; c'est donc plutôt la tension que la quantité de l'électricité qui favorise ces phénomènes.

Le liquide qui sépare les élémens de la pile a aussi de l'influence. L'expérience a indiqué que les dissolutions salines donnent une tension plus grande que les liquides plus conducteurs; il semblerait d'après cela qu'elles dussent être préférées; cependant les phénomènes de décomposition chimique sont plus énergiques, lorsque les liquides agissent plus fortement sur les métaux. Ainsi les acides augmentent cette énergie ; mais si l'on prend un acide trop concentré, l'avantage disparaît; il y a donc un degré de conductibilité qu'il ne faut pas dépasser.

La forme de la pile la plus avantageuse dans ces circonstances paraît être la pile à auges. Les faits curieux, cités au paragraphe 852, semblent expliquer cet avantage; on peut croire que l'électricité, ayant traversé un grand nombre de cloisons métalliques, devient plus propre à traverser des substances qui conduisent mal. M. Delarive a observé une autre loi importante dans le passage de l'électricité à travers une même longueur d'un conducteur hétérogène, formé de métaux et de liquides, tel qu'une pile à auges : c'est que si le liquide interpolaire attaque le disque de métal, le passage de l'électricité est plus facile, et le courant plus intense. Ainsi le platine, qui n'est pas attaqué par les acides, présente plus de difficulté au passage de l'électricité, que tout autre métal attaqué.

856. Davy a fait une application curieuse des phénomènes de décomposition chimique de la pile, à la préservation du doublage en cuivre des vaisseaux. On couvre de feuilles de cuivre la carène d'un vaisseau, pour la préserver de l'action destructive de certains animaux qui perforent le bois, et le détruisent bientôt au point d'occasioner des voies d'eau. Ce doublage métallique a en outre l'avantage de diminuer le frottement du liquide, car l'expérience indique que les vaisseaux doublés sont meilleurs voiliers. Mais au bout de quelque temps le cuivre est oxidé et rongé par l'eau de mer. Davy a imaginé, pour prévenir cette oxidation, de composer le doublage de deux métaux, de cuivre et de zinc, de telle manière que le cuivre qui en forme la plus grande partie, doive se désoxider, comme formant le pôle négatif d'une sorte de pile, ou d'un circuit

voltaïque, composé de ce métal, du zinc plus attaquable, et de l'eau de mer.

Cependant la proportion du zinc nécessaire pour produire convenablement l'effet désiré, n'a pas encore été déterminée par l'expérience. Il arrive généralement que cette substance préservatrice est employée en trop grande quantité, et que des décompositions en sens inverse s'opèrent; le cuivre se couvre alors de carbonates de chaux, de soude, de magnésie, et par suite de coquillages; il en résulte une croûte épaisse qui gêne les mouvemens du vaisseau. Peut-être parviendra-t-on à déterminer les proportions des deux métaux propres à éviter cet inconvénient, qui est assez grave pour faire abandonner l'invention de Davy.

Combinaisons produites par des actions lentes.

857. M. Becquerel est parvenu à utiliser les phénomènes chimiques de la pile, en les affaiblissant de manière à leur faire opérer lentement des combinaisons, nouvelles quant à leur nature ou à leur forme. Si l'on verse dans un vase en verre, d'abord une dissolution de nitrate de cuivre, ensuite de l'acide nitrique étendu d'eau, de telle manière que les deux liquides, qui sont de densités différentes, restent superposés sans se mélanger; si l'on plonge ensuite dans les deux liquides une lame de cuivre; on remarque au bout d'un certain temps, qu'il y a un dépôt de cuivre sur la partie inférieure de la lame, et qu'au contraire une portion de cette lame s'est dissoute dans la partie supérieure.

Ce phénomène doit être attribué à l'action de l'acide nitrique sur le cuivre, laquelle développe de l'électricité, en sorte que la lame conductrice forme avec les deux liquides un circuit fermé. L'électricité positive va de l'acide au nitrate, et rejoint par la lame l'électricité négative, repoussée sur la partie supérieure de cette lame lors de la combinaison. Ainsi la lame peut être considérée comme offrant un pôle positif en haut, un pôle négatif vers le bas. Cette petite pile décompose alors le nitrate de cuivre; l'acide et l'oxigène de la base se transportent vers la partie supérieure ou vers le pôle positif; le métal pur apparaît au contraire à la partie inférieure ou au pôle négatif, sous la forme cristalline.

En général, si l'on place deux dissolutions différentes dans des vases communiquant par un corps qui ne puisse se laisser pénétrer que difficilement par les deux liquides, tel que de l'argile humectée ou un cordon d'asbeste, les deux liquides finiront cependant par traverser ce corps et s'y trouver en contact. Là il s'opèrera une action chimique très lente entre les deux dissolutions; et si l'on ferme le circuit, en plongeant dans ces deux liquides un même fil de métal, le faible courant qui résultera de cette action, pourra donner lieu à des décompositions et à des combinaisons, qui s'opérant avec lenteur, procureront des cristaux très bien formés, qu'on ne pourrait pas obtenir d'une autre manière.

Par exemple, en prenant pour liquides deux dissolutions, l'une de sel marin, l'autre d'un sel de cuivre, et pour conducteur un fil de cuivre, M. Becquerel a obtenu des cristaux très bien formés de chlorure double de cuivre et de sodium. En choisissant convenablement les liquides, ce physicien est même parvenu à obtenir des cristaux de chaux carbonatée, de sulfate de baryte, semblables en petit à ceux que l'on rencontre dans la nature, et qu'on n'avait pas encore pu obtenir artificiellement, à cause de l'insolubilité dans l'eau de ces combinaisons diverses. Dans tous les cas, il a fallu que les actions lentes, mises en jeu dans les appareils décrits, s'exerçassent des mois entiers pour donner des résultats sensibles.

Conductibilité des métaux pour l'électricité.

858. Davy a utilisé la pile pour déterminer les lois et les rapports de la faculté conductrice de l'électricité dans les métaux. Il se servait d'une pile de Wollaston, formée d'un assez grand nombre d'élémens, et chargée par un liquide assez peu acidulé, pour que cette pile conservât long-temps à peu près la même force. Cet appareil était employé à décomposer de l'eau, ou tout autre composé chimique. On pouvait facilement faire varier à volonté le nombre des élémens. Si tandis que la pile opérait une décomposition chimique, on joignait ses deux pôles par un fil de métal, de diamètre et de longueur connues, la décharge s'opérait en partie par ce fil, et la décomposition chimique devenait moindre. En diminuant successivement le nombre des élémens de la pile, on parvenait à un point où toute décomposition chimique cessait.

Davy admettait que dans cette circonstance, la faculté conductrice du fil éprouvé était d'autant plus grande, que la pile qu'il déchargeait ainsi contenait un plus grand nombre d'élémens. Il a trouvé par ce moyen que la conductibilité d'un même métal était proportionnelle à la section du fil, et en raison inverse de sa longueur. Le même procédé a donné les rapports numériques suivans, entre les conductibilités des différens métaux, employés en fils de même longueur et de même diamètre : argent 600; cuivre 550; or 400; plomb 380; étain 109; platine 100; fer 82.

La découverte du galvanomètre a fourni à **M.** Becquerel des moyens plus précis de comparer les conductibilités

Ce physicien s'est servi d'un galvanomètre à deux fils de cuivre identiques, et enroulés de la même manière sur le cadre gg'; les deux bouts d'un de ces fils plongeaient dans des capsules a et b contenant du mercure, les bouts de l'autre dans deux capsules c et d; deux conducteurs métalliques de mêmes dimensions et de même nature, partant du pôle positif d'une pile en activité, plongeaient dans les coupes a et d; deux autres conducteurs pareillement identiques réunissaient le pôle négatif au mercure des coupes b et c. Il s'établissait ainsi dans les deux fils du galvanomètre deux courans voltaïques $Pagg'bN$, $Pdg'gcN$, inverses l'un de l'autre, qui devaient être d'égale intensité, si les deux circuits étaient identiques, et ne produire conséquemment aucune déviation. En réalité, l'identité des deux circuits étant impossible à établir directement, on changeait un peu la longueur d'un des fils galvanométriques, jusqu'à ce que l'aiguille aimantée fût stationnaire au zéro des déviations.

Cet état d'équilibre étant obtenu, on disposait dans les quatre capsules des pinces métalliques, qui servaient à contenir des fils, de nature et de grosseurs différentes, dont on pouvait faire varier facilement la longueur, et qui réunissaient directement les capsules a et b, c et d. Le courant voltaïque se partageait alors inégalement entre les deux premiers circuits $Pagg'bN$ et $Pdg'gcN$ pouvant agir sur le galvanomètre, et deux autres $PabN$, $PdcN$, sans action sur lui. On rétablissait encore l'équilibre de l'aiguille au zéro des déviations, en modifiant par tâtonnemens les longueurs des nouveaux conducteurs ab et cd, que l'on avait soin de maintenir à la température de la glace fondante. Ce nouvel équilibre étant obtenu, on devait en conclure que les deux courans galvanométriques avaient la même intensité, et qu'il en était de même des deux autres P*ab*N et P*dc*N; c'est-à-dire qu'alors les conducteurs *ab* et *cd* livraient passage aux mêmes quantités d'électricité, quelles que fussent d'ailleurs les variations d'intensité du courant voltaïque total.

M. Becquerel a vérifié par ce nouveau procédé la loi trouvée par Davy, relativement aux variations de longueur et de section des fils métalliques de même nature. Lorsque deux fils de même diamètre, mais de métaux différens, étaient disposés dans l'appareil, en longueurs inégales, mais telles que l'équilibre existât, on devait conclure que les conductibilités des deux métaux étaient en raison inverse de ces longueurs. C'est ainsi que M. Becquerel a pu ranger plusieurs métaux, ainsi qu'il suit, dans l'ordre décroissant de leurs conductibilités : cuivre 6o9; or 571; argent 447; zinc 174; étain 1o4; platine 1oo; fer 95; plomb 5o; mercure 21; potassium 8; le mercure et le potassium étaient soumis à l'expérience dans des tubes de verre parfaitement calibrés dont ils remplissaient le cylindre intérieur. Il faut remarquer que les métaux éprouvés ne subissaient dans l'opération aucune altération chimique; s'ils avaient été attaqués par quelque acide, l'ordre des conductibilités aurait paru différent.

859. La table des conductibilités de M. Becquerel diffère essentiellement de celle établie par Davy. Des différences encore plus grandes existent entre d'autres tables analogues, construites par divers physiciens, à l'aide de procédés particuliers que nous ne pouvons décrire ici. On doit conclure de ce désaccord qu'il est impossible de déterminer d'une manière absolue les rapports des pouvoirs

conducteurs des métaux pour l'électricité. Il est très probable que la conductibilité d'un métal varie avec la nature de la source électrique, avec l'énergie des courans, et qu'elle dépend surtout des conducteurs de diverse nature que les courans ont déjà traversés. Le fait de la diminution des pertes éprouvées par un courant, forcé de vaincre une suite d'obstacles semblables (§ 852), établit une analogie si frappante entre la transmission des courans dans les métaux, et celle de la chaleur rayonnante à travers les corps diathermanes, qu'il y a tout lieu de penser que les courans électriques se distinguent les uns des autres par des différences de qualité, comme les rayons de chaleur. C'est-à-dire qu'un courant, provenant de telle source, ou transmis par tel conducteur, acquiert par cette origine, ou cette transmission, la faculté de passer facilement à travers certains corps, et d'être totalement arrêtés par d'autres. C'est ainsi que les métaux attaqués par les liquides offrent un passage plus facile aux courans hydro-électriques; que tel métal rougit ou s'échauffe peu par des courans voltaïques de même énergie, suivant le métal qui les lui transmet.

Il n'est donc pas étonnant, d'après cela, que divers physiciens, essayant de construire des tables de conductibilité par des procédés distincts, soient arrivés à des résultats discordans. C'est que les sources n'étaient pas identiques, ou que les circuits étaient différemment constitués. La loi qui régit la conductibilité des fils métalliques de même nature, relativement à leurs dimensions, semble au premier abord indépendante des différences de sources et de circuit, puisque plusieurs physiciens sont arrivés à cette loi par des expériences très dissemblables, et qui conduisaient à des tables fort hétérogènes. Il paraît prouvé cependant que les courans thermo-électriques, transmis par un fil métallique dont la longueur est successivement augmentée, diminuent plus rapidement d'intensité que les courans hydro-électriques. Cette nouvelle différence ne fait que fortifier l'analogie avec la chaleur rayonnante, dont les pertes décroissent plus ou moins rapidement à travers une même substance diathermane, suivant la nature de la source ou du flux incident.

Ondes
électriques.

86o. M. Delarive vient tout récemment de signaler une propriété nouvelle des fils métalliques transmettant les courans électriques, qui semble indiquer que ces courans sont dus à des systèmes d'ondes, analogues aux ondes sonores ou lumineuses. Ce physicien se sert d'un appareil électro-magnétique, qui produit des courans alternatifs, par le mouvement de rotation d'un système d'aimans dans le voisinage d'un morceau de fer doux, entouré des spires nombreuses d'un fil conducteur; cet appareil est fondé sur le même principe que celui de M. Pixii, et peut produire les mêmes phénomènes. L'énergie du double courant transmis par la série des conducteurs, qui réunissant les deux bouts du fil hélicoïdal complètent le circuit, ne peut plus être mesurée par un galvanomètre ordinaire, à cause de la succession rapide des courans contraires; M. Delarive a imaginé d'introduire dans le circuit la spirale multiple d'un thermomètre de Breguet, laquelle s'échauffe d'autant plus que le courant qui la parcourt, dans un sens ou dans l'autre, a plus d'intensité; les déviations de l'aiguille du thermomètre peuvent ainsi servir à mesurer cette intensité.

L'un des bouts du fil hélicoïdal aboutit dans une cuvette pleine de mercure, où plonge l'extrémité mobile de la

spirale thermométrique ; de l'extrémité fixe de cette même
spirale part une tige conductrice recourbée, qui soutient
une plaque de platine au milieu d'un vase du même métal
contenant un liquide acidulé ; ce vase communique par sa
paroi extérieure avec l'autre bout du fil en hélice. La conductibilité du liquide, la largeur de la plaque de platine,
et sa position dans le vase, sont telles que les courans traversent le circuit sans opérer la décomposition de l'eau ;
l'expérience avait indiqué à M. Delarive que toute décomposition chimique pouvait être arrêtée, en augmentant
convenablement la largeur de la plaque, et en la rapprochant suffisamment du fond du vase. Cette condition étant
remplie, le courant magnéto-électrique, dont l'échauffement
variable de la spirale indique seul la présence, se transmet
librement et sans perte à travers le liquide, car la moindre
résistance offerte au passage de l'électricité, de la plaque et
du vase métalliques dans le liquide, occasionerait sa décomposition.

L'appareil étant ainsi disposé, et le mouvement de rotation de l'aimant rendu aussi uniforme que possible, ce
que l'on reconnaît par l'état stationnaire du thermomètre,
on prend un long fil métallique, d'argent par exemple,
dont on plonge une extrémité dans la capsule de mercure,
et que l'on met ensuite en contact par un de ses points avec
le vase de platine. Le courant magnéto-électrique arrivé au
mercure, se partage alors en deux parties pour atteindre
le vase, l'une suit, comme avant, la spirale thermométrique, la tige conductrice, la plaque et le liquide ; l'autre
se transmet par le fil d'argent. On remarque, en effet, un
mouvement rétrograde de l'aiguille de l'index du thermomètre, qui annonce une diminution dans l'énergie du

III. 20

courant que transmet la spirale, mais si l'on augmente successivement la longueur de la portion du fil d'argent, introduite de cette manière dans le circuit, la déviation de l'aiguille, après avoir diminué jusqu'à un certain point, augmente de nouveau, pour diminuer encore. M. Delarive a ainsi reconnu plusieurs alternatives.

Les minima et maxima d'intensité successifs ont lieu pour des longueurs du fil éprouvé qui sont en progression arithmétique. La longueur correspondante au premier minimum varie considérablement d'un métal à un autre, depuis quelques pouces pour le platine, jusqu'à plusieurs pieds pour l'argent. Ces résultats conduisent à cette conséquence remarquable, qu'un courant magnéto-électrique trouve un passage facile par certaines longueurs d'un même fil métallique, qui sont entre elles dans le rapport des nombres 1, 3, 5, et un passage difficile au contraire par d'autres longueurs comprises entre les premières, et qui sont entre elles comme les nombres 2, 4, 6. Il paraît difficile d'expliquer ces faits, et la loi simple qui les régit, sans recourir à l'idée des ondes, comme pour expliquer les phénomènes d'interférence, et la série des sons donnés par un même tuyau.

Mais les faits signalés par M. Delarive ne suffisent pas encore pour qu'on puisse admettre l'existence des ondes électriques; il faudra constater des phénomènes analogues dans des courans continus, ou qui ne soient pas soumis, comme les courans magnéto-électriques, à des changemens de direction alternatifs et rapides. Toutefois, si l'on rapproche ces phénomènes de ceux qu'a observés M. Savary, en étudiant la faculté d'aimantation des décharges électriques (§ 8o3), on ne peut s'empêcher de penser que l'idée des ondes doive envahir un jour la théorie physique de l'électricité, et la ramener en partie aux mêmes principes que la lumière et la chaleur rayonnante.

861. M. Delarive a découvert que les fils ou les lames de métal plongées dans un liquide, faisant partie d'un circuit voltaïque, et où peuvent s'opérer des décompositions chimiques, acquièrent dans ces circonstances des propriétés électriques particulières. Deux fils de platine ayant été immergés dans une dissolution saline, et mis en communication pendant quelque temps avec les deux pôles d'une pile, si interrompant cette communication on attache ces fils, toujours immergés, aux deux bouts d'un galvanomètre, on observe un courant, dirigé en sens inverse de celui qui parcourait le circuit voltaïque; ce courant secondaire persiste assez long-temps, et sa durée dépend de l'énergie de l'action chimique qui l'a précédé. On peut n'employer qu'un seul couple cuivre et zinc, formant un arc que l'on plonge dans deux capsules, contenant une dissolution de sel marin; deux fils de platine fixés aux bouts d'un multiplicateur sont immergés dans ces capsules; on obtient alors un courant qui traverse le fil galvanométrique du zinc vers le cuivre; si l'on substitue ensuite au couple voltaïque une mèche de coton ou d'amiante humectée, on observe un courant contraire.

M. Delarive a constaté par l'expérience que l'intensité du courant secondaire était d'autant plus grande, que l'action voltaïque primitive avait été plus long-temps prolongée. La faculté de produire un courant secondaire, ou ce que l'on appelle la *polarité électrique*, n'appartient qu'aux parties immergées des fils; car si l'on coupe ces parties, et que l'on fasse en sorte que les surfaces des bouts secs soient

Polarité
électrique
des lames
métalliques.

dépourvues de tout corps étranger adhérent, ces bouts sont inertes, c'est-à-dire qu'ils ne peuvent produire aucun courant par eux-mêmes. Un fil de platine faisant partie d'un conducteur interpolaire tout métallique n'acquiert pas la polarité électrique ; pour que cette polarité soit produite, il faut que le circuit contienne un liquide qui puisse être décomposé.

D'après M. Becquerel, le fait suivant indique la cause de ces phénomènes. On prend deux lames de platine convenablement préparées, ou qui soient telles qu'en les attachant au multiplicateur, et les plongeant dans une dissolution saline neutre, il n'y ait pas de courant ; l'une de ces lames inertes est plongée dans cette dissolution saline, à laquelle on ajoute $\frac{1}{1000}^e$ d'acide nitrique, l'autre dans la même dissolution contenant $\frac{1}{1000}^e$ de potasse caustique ; on retire ensuite les lames pour les attacher aux deux bouts du galvanomètre, et les plonger ensemble dans la dissolution neutre. On observe alors un courant, qui traverse cette dissolution, de la lame primitivement plongée dans le liquide acidulé, à la lame retirée du liquide alcalin.

On peut croire, d'après cela, que des lames de platine en communication avec les deux pôles d'une pile, et immergées dans un liquide conducteur et décomposable, se couvrent de parties acides et alcalines provenant de la décomposition chimique ; c'est-à-dire que la lame qui forme le réophore positif retient à sa surface des élémens électro-négatifs, tandis que celle qui constitue le réophore positif se recouvre d'élémens électro-positifs ; lorsque ensuite ces lames cessent de transmettre le courant voltaïque, elles sont tout-à-fait dans le cas de l'expérience précédente, et sont capables de produire un courant inverse.

862. On explique de la même manière les effets des piles secondaires, découvertes par Ritter ; ces piles sont formées de disques d'un seul métal, de cuivre par exemple, alternant avec des rondelles de carton humectées d'un liquide conducteur. Cette colonne est incapable par elle-même de produire aucun effet ; mais si l'on fait communiquer pendant quelque temps ses deux extrémités avec les deux pôles d'une pile en activité, elle acquiert dans ces circonstances la polarité électrique ; c'est-à-dire qu'étant retirée du circuit voltaïque, elle est capable de reproduire les mêmes phénomènes que la pile qui l'a chargée, mais avec moins d'intensité et d'une manière inverse ; car les courans qu'elle fait naître la parcourent dans une direction contraire à celle du courant voltaïque primitif. C'est que, pendant l'action de la pile, chaque disque de cuivre se recouvre d'élémens acides et alcalins sur ses deux faces, et se transforme ainsi en un véritable couple voltaïque ; en sorte que la pile secondaire peut être assimilée à une pile dont les élémens seraient l'un acide, l'autre alcalin, au lieu d'être métalliques. On conçoit qu'une pile secondaire chargée ne doit pas perdre ses propriétés lorsqu'on retourne ses rondelles humides, mais que si l'on renverse plusieurs disques de cuivre, ses effets doivent diminuer ou disparaître ; ces conséquences sont vérifiées par l'expérience.

Piles secondaires.

863. Les fils ou lames métalliques qui ont acquis la polarité électrique, par leur séjour dans un circuit voltaïque convenablement constitué, possèdent la faculté d'opérer la combinaison des substances gazeuses. Cette propriété curieuse a été découverte par M. Dobereiner dans l'éponge de platine. qui fait détonner un mélange d'oxigène et

Combinaison des gaz produite par des métaux.

d'hydrogène en proportions convenables pour former de l'eau, ou qui opère la combinaison lente de ces deux gaz, quand l'un d'eux est de beaucoup en excès; dans le premier cas l'éponge devient incandescente. MM. Dulong et Thénard, en étudiant ces phénomènes, ont constaté les faits suivans.

L'éponge de platine fortement calcinée ne devient plus incandescente, mais opère encore lentement la combinaison des deux gaz. Du platine en feuilles minces et chiffonnées se conduit comme l'éponge. Les métaux, qui comme le palladium se trouvent dans la nature mélangés avec le platine, jouissent de la même propriété. L'or et l'argent en feuilles minces, le charbon, la pierre ponce, la porcelaine, le verre, le cristal de roche, agissent sur le mélange détonnant à des températures élevées, mais inférieures à 350°. La configuration des corps paraît être une cause dominante de l'effet produit; des fragmens de verre sont ordinairement sans action quand ils sont arrondis, et deviennent actifs s'ils sont anguleux. Des fils de platine neufs, très fins, ne s'échauffent pas dans le mélange détonnant à la température ordinaire, mais ils deviennent actifs quand ils y sont plongés ayant une température de 300° environ; si l'on fait agir le même fil plusieurs fois, il devient actif à moins de 60°; ce fil plongé à froid, durant quelques instans, dans l'acide nitrique, ou sulfurique, ou hydro-chlorique, puis lavé et chauffé, agit ensuite à la température ordinaire; il conserve cette propriété vingt-quatre heures dans des vases fermés, mais un courant d'air, d'oxigène, d'hydrogène ou d'acide carbonique la détruit; les alcalis n'enlèvent pas au fil la propriété active communiquée par un acide.

Ces faits paraissent dépendre de la force d'attraction à laquelle on doit attribuer la cohésion, les actions capillaires, et les combinaisons chimiques. On peut admettre avec M. Faraday, que la sphère d'activité de cette force s'étend à des distances finies, quoique très petites, et que les gaz et les vapeurs qui se trouvent dans cette sphère sont condensés par la force dont il s'agit. On explique de cette manière la précipitation de la vapeur d'eau répandue dans l'atmosphère sur la surface des corps tels que les substances hygrométriques et le verre, l'absorption des gaz par les corps poreux tels que le charbon, la combinaison de deux gaz fortement condensés dans les pores de l'éponge de platine, sur les plis des feuilles de ce métal, autour de ces fils très minces. Enfin on doit attribuer à la même force la propriété dont jouissent les lames métalliques de retenir à leur surface les particules acides ou alcalines, amenées par les courans voltaïques, et qui y adhèrent assez fortement pour conserver à ces lames la polarité électrique dont nous avons décrit les effets, même après qu'elles ont été lavées, essuyées, et chauffées au rouge.

864. M. Delarive n'avait pas d'abord considéré la polarité des fils et des lames métalliques sous le même point de vue. Au lieu de l'attribuer à des particules étrangères, adhérant à la surface des lames, il en cherchait la cause dans un état particulier des molécules du métal lui-même. Il avait été conduit à considérer un courant, se propageant dans un fil métallique, comme dû à une suite de décompositions et de recompositions de fluide naturel. Si l'on considère une suite de molécules en ligne droite A,B,...C,D, interposées entre les pôles d'une pile, on peut admettre que, dans la première A, la plus voisine du réophore po-

Définition théorique des courans.

Fig. 414.

sitif P, le fluide naturel est décomposé par influence, l'électricité négative accumulée en *a* vers P, et celle positive repoussée en *a'* vers N, et que toutes les autres particules de la ligne se constituent dans un état électrique semblable, tant par leurs influences mutuelles, que par celles des deux réophores.

Cela posé, l'accumulation de l'électricité, en P et N, doit finir par déterminer une neutralisation de fluides contraires entre P et *a*, *a'* et *b*, ... *c'* et *d*, *d'* et N; mais aussitôt que ces décharges successives ont eu lieu, les mêmes causes ramènent les molécules dans l'état électrique précédent, et la séparation des fluides dans les particules augmentant encore avec les masses influentes, de nouvelles décharges s'ensuivent. Si, lors de ce mouvement périodique des fluides électriques, on intercepte les communications de la ligne de particules avec les pôles de la pile, cette interruption les surprend toutes dans l'état électrique que nous venons de définir, et qui doit alors se dissiper. M. Delarive supposait qu'une sorte de force coercitive pouvait faire persister cet état, quelque temps après la cessation de l'influence voltaïque, la suite des particules ne revenant que lentement à l'état naturel, par des mouvemens analogues aux précédens mais inverses; puisque le fluide positif, au lieu de marcher dans A, par exemple, de *a* vers *a'*, comme lors de l'influence, devait cheminer en sens contraire ou de *a'* vers *a*.

Quoique l'ensemble des faits cités plus haut doive faire abandonner cette explication des courans secondaires produits par des lames métalliques, il n'en est pas moins très probable que les courans électriques sont dus à un mouvement périodique de l'électricité, ou à des décompositions et des recompositions de fluide naturel entre les particules successives des corps conducteurs. Et puisque les effets secondaires que produisent les fils de métal s'expliquent complétement, sans qu'on soit obligé de supposer la persistance de l'état électrique dû à l'influence voltaïque, il faut seulement en conclure que cet état se dissipe instantanément dès que l'influence est écartée. Le principe théorique établi par M. Becquerel ($ 832), suppose d'ailleurs la même définition pour un courant thermo-électrique, et l'on a vu que ce principe expliquait très bien ce genre de phénomènes.

865. On peut étendre ces vues théoriques sur la nature des courans, propagés par des fils métalliques homogènes, à leur transmission dans les liquides, même lorsqu'il se manifeste des décompositions chimiques. Il suffit d'admettre que, dans ces circonstances plus compliquées, les décompositions et recompositions de fluide naturel s'opèrent avec un transport de matière pondérable; c'est-à-dire que le fluide positif, successivement cédé d'une molécule à la suivante, entraîne avec lui des élémens électro-positifs; tandis que le fluide négatif arrive dans le système de chaque particule du liquide, accompagné d'élémens électro-négatifs. Ce transport d'élémens matériels est en quelque sorte rendu sensible, par les mouvemens violens de rotation et de translation produits à la surface d'un globule de mercure, placé au fond d'une capsule de verre, et recouvert d'une petite couche d'un liquide conducteur, tel que l'acide sulfurique, dans lequel sont plongés les deux réophores d'une pile.

Transport de matière par les courans.

MM. Erman, Herschel, Nobili et Sérullas, ont recherché par de nombreuses expériences les causes de ces mouvemens singuliers ; les bornes de ce cours ne nous permettent pas d'exposer les résultats qu'ils ont obtenus. Nous devons nous borner à dire que les mouvemens observés à la surface du globule de mercure, sont dus au transport de particules dont l'état électrique est fortement exalté par l'influence des réophores. Par exemple, les élémens électro-positifs tels que des atomes de sodium, amalgamés avec le mercure avant l'action voltaïque, sont énergiquement repoussés par le pôle positif dès que cette action commence ; ceux de ces élémens qui parviennent à la surface du globule, où leur mouvement doit éprouver moins de résistance, tendent vers le pôle négatif, et servent même à y transporter le fluide positif. C'est ce mouvement rapide qui, se communiquant au mercure par une sorte de résistance ou de frottement, produit la radiation qu'on remarque à sa surface.

Considéra-
tion sur la
théorie de
l'électricité.

866. La faculté que possède l'électricité en mouvement d'opérer des décompositions chimiques, a fait admettre depuis long-temps que les atomes des corps possèdent des propriétés électriques permanentes. On suppose que les élémens qui jouent le rôle d'acide dans les combinaisons, ou qui tendent vers le pôle positif de la pile lors des décompositions, sont constamment électrisés négativement ; tandis que les élémens qui tiennent lieu de bases, ou qui tendent vers le pôle négatif, sont à l'état positif. Dans cette hypothèse, pour expliquer le développement de l'électricité dans les combinaisons, et la loi générale qui le régit, il faut admettre, avec M. Ampère, qu'une molécule électro-négative est nécessairement entourée d'une atmosphère d'électricité positive, et qu'une molécule électro-positive possède une atmosphère d'électricité négative ;

ces atmosphères résultant d'une décomposition du fluide naturel ambiant, opérée par l'électricité propre aux molécules. Lors de la combinaison de deux élémens l'un électro-négatif, l'autre électro-positif, leurs atmosphères se neutralisent, et leurs électricités propres se maintiennent réciproquement à l'état latent. Ainsi dans l'action chimique d'un acide sur une base, et conformément aux faits, l'acide doit se charger d'électricité positive, et la base d'électricité négative, provenant des atmosphères rendues libres par la combinaison. Il résulte de cette explication que toute action chimique est accompagnée de la neutralisation de masses fluides contraires; cette formation de fluide naturel serait, suivant Davy, l'origine de la chaleur dégagée dans les combinaisons.

Mais cette théorie admettant l'état positif ou négatif constant des atomes, comment concevoir que certains corps jouent dans certaines combinaisons, tantôt le rôle d'acides, et tantôt celui de bases? Suivant M. Dumas, cette difficulté ne peut être levée qu'en adoptant l'hypothèse d'un seul fluide électrique, agissant par répulsion sur lui-même, et par attraction sur toute espèce de matière pondérable. On admettrait alors que les atomes, généralement électro-positifs, contiennent constamment plus de fluide qu'il n'est nécessaire pour l'équilibre électrique; tandis que les atomes ordinairement électro-négatifs en contiennent moins. Si deux corps électro-positifs se combinent, c'est parce que l'un, contenant un excès de fluide moindre que l'autre, est négatif par rapport à ce dernier; de même la combinaison de deux élémens électro-négatifs, est due à ce que l'un des élémens, manquant de fluide moins que l'autre, est positif relativement. M. Dumas est parvenu à expliquer, par des considérations analogues, plusieurs autres anomalies qui se présentent en chimie, et dont il paraît impossible de se rendre compte dans la théorie des deux fluides, quand on regarde les affinités chimiques comme uniquement dues à des facultés électriques.

Cette incapacité, réelle ou apparente, de l'hypothèse des deux fluides, l'a fait rejeter par plusieurs chimistes. Mais en physique, ou comme moyen de coordonner les faits physiques seuls, cette hypothèse est préférable, dans l'état actuel de la science, à l'ancienne idée de Franklin. Il ne paraît pas d'ailleurs impossible de concilier les cas exceptionnels de la chimie avec l'hypothèse adoptée par les physiciens. Deux corps, bien qu'électrisés de la même manière, peuvent s'attirer, lorsque l'un d'eux contient une plus grande quantité de fluide libre que l'autre, et qu'ils sont convenablement rapprochés ; cet effet provient, comme on l'a vu, d'une décomposition de fluide naturel, que l'influence de l'électricité libre du premier corps détermine dans le second, et qui fait naître une force attractive pouvant surmonter la répulsion qui l'accompagne. Or il pourrait se faire que le voisinage de deux élémens, tous les deux électro-positifs, ou tous les deux électro-négatifs, déterminât une décomposition de fluide naturel dans le système de l'élément dont l'état électrique a moins d'énergie, d'où résulterait un rapprochement, et par suite une combinaison.

Relations de
l'électricité
avec la cha-
leur et la
lumière.

867. Il existe un grand nombre de points de contact entre les théories physiques de l'électricité et de la chaleur ; tels sont l'incandescence des fils métalliques et l'échauffement des liquides, produits par le passage rapide

de l'électricité, la polarité de la tourmaline et les courans occasionés dans les circuits métalliques diversement échauffés, le calorique dégagé dans les combinaisons chimiques qui sont très probablement dues à des forces électriques, et enfin le pouvoir que possède la chaleur de détruire ou de favoriser les combinaisons en exaltant les facultés électriques des atomes. On parvient à expliquer tous ces phénomènes en admettant, avec Davy, que le calorique est le résultat de la combinaison des deux électricités, ou si l'on veut, que leur neutralisation donne lieu à des ondes calorifiques. Les rapports qui existent entre l'électricité et la lumière ont été moins étudiés, et leur définition est encore fort imparfaite; nous terminerons cette leçon par l'énoncé de plusieurs faits propres à éclaircir ce sujet, et qui compléteront les développemens compris dans le paragraphe 789.

868. La continuité des effets électriques dans les piles voltaïques, ou dans les appareils magnéto-électriques, a permis d'étudier, plus facilement qu'on ne peut le faire avec l'électricité ordinaire, la composition de la lumière électrique. Voici plusieurs résultats remarquables obtenus récemment par M. Wheastone. Ce physicien se sert d'un appareil électro-magnétique; les bouts du fil héliçoïdal sont disposés à une très petite distance l'un de l'autre, afin d'obtenir une étincelle continue dont la position reste fixe; ou bien un des bouts est maintenu très près de la surface d'un bain de mercure ou de tout autre liquide dans lequel plonge l'autre bout, ou encore près de la surface d'une masse de métal introduite dans le circuit. On peut employer une pile voltaïque, et disposer de la même manière ses deux réophores, les phénomènes sont identiquement

les mêmes. La lumière de l'étincelle est alors observée à travers un prisme très pur, à l'aide d'une lunette munie d'un micromètre, comme faisait Fraunhofer.

Le spectre de l'étincelle tirée du mercure se compose de sept bandes colorées, séparées par des intervalles obscurs, savoir, deux bandes orangées très voisines, une verte et brillante, deux vert-bleuâtres, une pourpre et très brillante, et enfin une violette. Quand l'étincelle est tirée du zinc, du bismuth ou du plomb fondu, le nombre, la position et la couleur des bandes sont très différentes. Le spectre correspondant à chaque métal ne varie pas quand l'étincelle a lieu dans le vide, dans l'air, l'oxigène ou l'acide carbonique. Si l'étincelle est tirée entre des boules de deux métaux différens, on distingue dans le spectre les bandes qui appartiennent à chacun de ces métaux. Ces faits indiquent que la lumière de l'étincelle électrique est très probablement due au transport de particules incandescentes, arrachées aux corps conducteurs par les fluides qui tendent à se neutraliser (§ 714).

Sur la phosphorescence.

869. Il paraît cependant que la réunion des deux électricités peut donner lieu à des phénomènes lumineux sans qu'il y ait transport de matière. Les phénomènes de phosphorescence que manifestent dans l'obscurité un très grand nombre de corps non-conducteurs, par leur échauffement, par la percussion, par le frottement, ou par des actions chimiques qui s'opèrent lentement à leur surface, doivent être attribués dans tous les cas à une neutralisation des fluides électriques développés par ces diverses causes ; cette origine commune à toutes les espèces de phosphorence est aujourd'hui établie d'une manière incontestable par de nombreuses expériences. Or il n'est guère probable que ces

lueurs pâles et fugitives soient accompagnées de particules détachées des corps phosphorescens.

870. Lorsque l'électricité se meut sous le récipient de la machine pneumatique, ou dans le vide barométrique, la lumière étendue et pâle, qui se manifeste alors, est attribuée à la présence des molécules de gaz ou de vapeur, dont il est impossible de priver ces espaces limités ($\S$ 713); si l'on considère que les gaz ne sont pas lumineux par eux-mêmes, quelque forte que soit la compression subite qu'on leur fait éprouver, il est difficile de concevoir cette explication. Le phénomène des aurores boréales, qui a évidemment une origine électrique, se trouverait souvent placé, d'après plusieurs mesures angulaires, au-delà des limites de l'atmosphère terrestre; si des observations plus nombreuses viennent confirmer ce résultat, il faudra en conclure que l'électricité en mouvement, dans un espace dépourvu de toute matière pondérable, peut produire des phénomènes lumineux. Voici au reste la description de ce phénomène naturel, dont l'explication complète n'est pas encore connue.

De l'aurore boréale.

L'aurore boréale ne peut être observée d'une manière complète que dans les hautes latitudes. Elle s'annonce, après le coucher du soleil, par une lueur confuse que l'on aperçoit vers le nord; des jets de lumière irréguliers s'élèvent ensuite de l'horizon et tendent vers le zénith. Plus tard, ces jets se concentrent de manière à former deux vastes colonnes, l'une à l'est, l'autre à l'ouest, qui s'élèvent lentement, et qui sont sillonnées par des traits de feu plus ou moins vifs. Ces colonnes, dont la couleur varie sans cesse du jaune au vert et au pourpre, finissent par se réunir. L'arc qu'elles forment alors persiste avec tout son éclat

pendant plusieurs heures ; dans l'espace sombre qu'il cir-
conscrit on aperçoit par intervalles des lueurs diffuses et
de diverses couleurs, tandis que les traits de feu qui sillonnent l'arc lui-même s'élancent au-dehors, et vont se concentrer, au-delà du zénith, dans un petit espace que l'on
appelle la couronne de l'aurore boréale. Le phénomène est
alors complet ; à partir de cette époque il commence à s'affaiblir, la couronne disparaît, l'arc devient plus pâle, enfin
on n'aperçoit plus que des lueurs incertaines comme dans
l'origine.

Le sommet de l'arc de l'aurore boréale se trouve toujours sur le méridien magnétique ; la couronne paraît être
sur le prolongement de l'aiguille d'inclinaison. La déclinaison éprouve des variations anomales tant que dure une
aurore boréale ; cette influence est sensible au loin, et très
probablement sur toute la surface du globe. Les voyageurs
et les savans qui ont pu observer l'aurore boréale, n'ont
jamais entendu aucun bruit qui l'accompagnât ; néanmoins
les habitans du nord assurent que souvent on entend une
sorte de bruissement semblable à celui des étincelles ; cette
circonstance placerait nécessairement le phénomène dans
l'atmosphère. La distance à la surface de la terre, d'une
aurore boréale observée durant le voyage du capitaine
Franklin, était de trois à quatre lieues ; mais Dalton
ayant calculé les dimensions d'une aurore boréale, qui
fut aperçue à la fois, en 1826, à Manchester et Edim-
bourg, trouva que le sommet de l'arc était à cent milles
anglais, ou quarante lieues.

Les apparences de l'aurore boréale offrent une trop
grande analogie avec les jets de lumière pâle et colorée,
que manifeste l'électricité en mouvement dans un gaz très

raréfié, pour qu'on puisse se refuser à lui reconnaître une origine électrique. L'influence qu'elle exerce sur l'aiguille aimantée démontre d'ailleurs qu'elle est accompagnée de courans qui doivent avoir une grande énergie. On l'attribue généralement à l'accumulation de l'électricité vers les hautes régions de l'atmosphère, dans des climats froids où le peu de fréquence des orages et la sécheresse de l'air s'opposent à son écoulement dans le sol ; mais on ignore complétement les causes qui déterminent l'apparition de la lumière électrique, la route qu'elle suit, les formes qu'elle affecte, et leur position par rapport au méridien magnétique.

FIN.

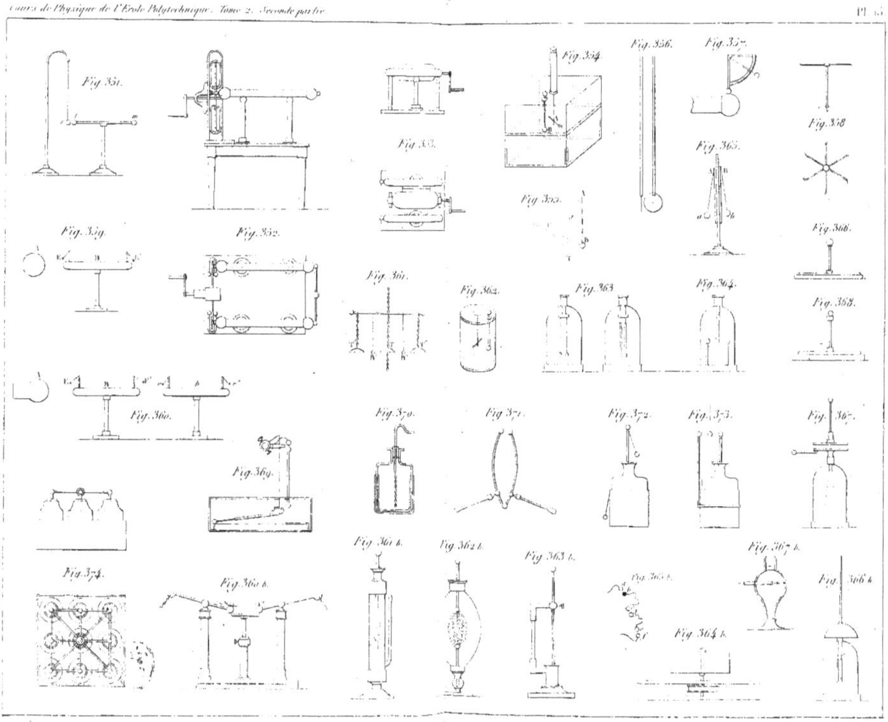

Fig. 351.
Fig. 353.
Fig. 354.
Fig. 356.
Fig. 357.
Fig. 358.
Fig. 355.
Fig. 365.
Fig. 349.
Fig. 352.
Fig. 366.
Fig. 361.
Fig. 362.
Fig. 363.
Fig. 364.
Fig. 367.
Fig. 360.
Fig. 368.
Fig. 369.
Fig. 370.
Fig. 371.
Fig. 372.
Fig. 373.
Fig. 375.
Fig. 374.
Fig. 360 b.
Fig. 361 b.
Fig. 362 b.
Fig. 363 b.
Fig. 365 b.
Fig. 367 b.
Fig. 366 b.
Fig. 364 b.

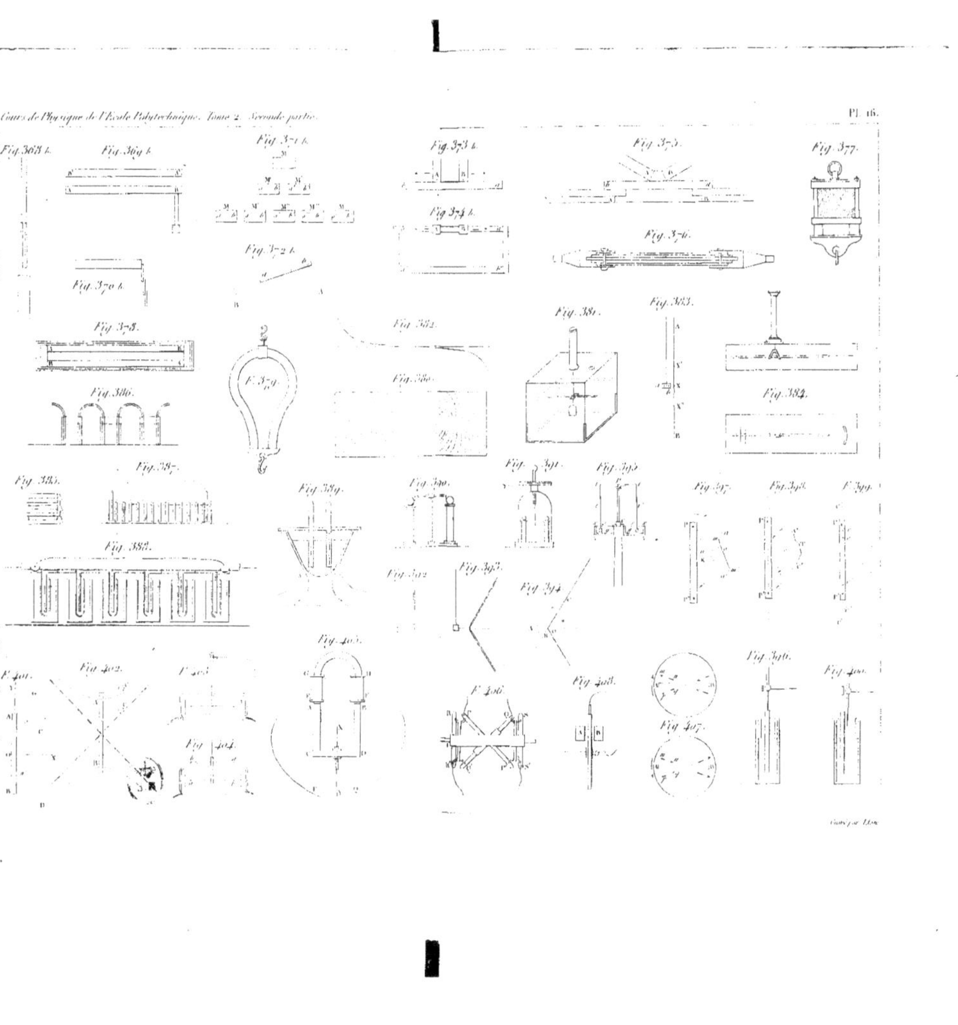

Fig. 368 b.
Fig. 369 b.
Fig. 371 b.
Fig. 373 b.
Fig. 375.
Fig. 377.
Fig. 372 b.
Fig. 374 b.
Fig. 370 b.
Fig. 376.
Fig. 378.
Fig. 381.
Fig. 383.
Fig. 379.
Fig. 382.
Fig. 380.
Fig. 384.
Fig. 386.
Fig. 385.
Fig. 387.
Fig. 389.
Fig. 390.
Fig. 391.
Fig. 393.
Fig. 397.
Fig. 398.
Fig. 399.
Fig. 388.
Fig. 392.
Fig. 395.
Fig. 394.
Fig. 405.
Fig. 401.
Fig. 402.
Fig. 403.
Fig. 406.
Fig. 408.
Fig. 396.
Fig. 400.
Fig. 404.
Fig. 407.

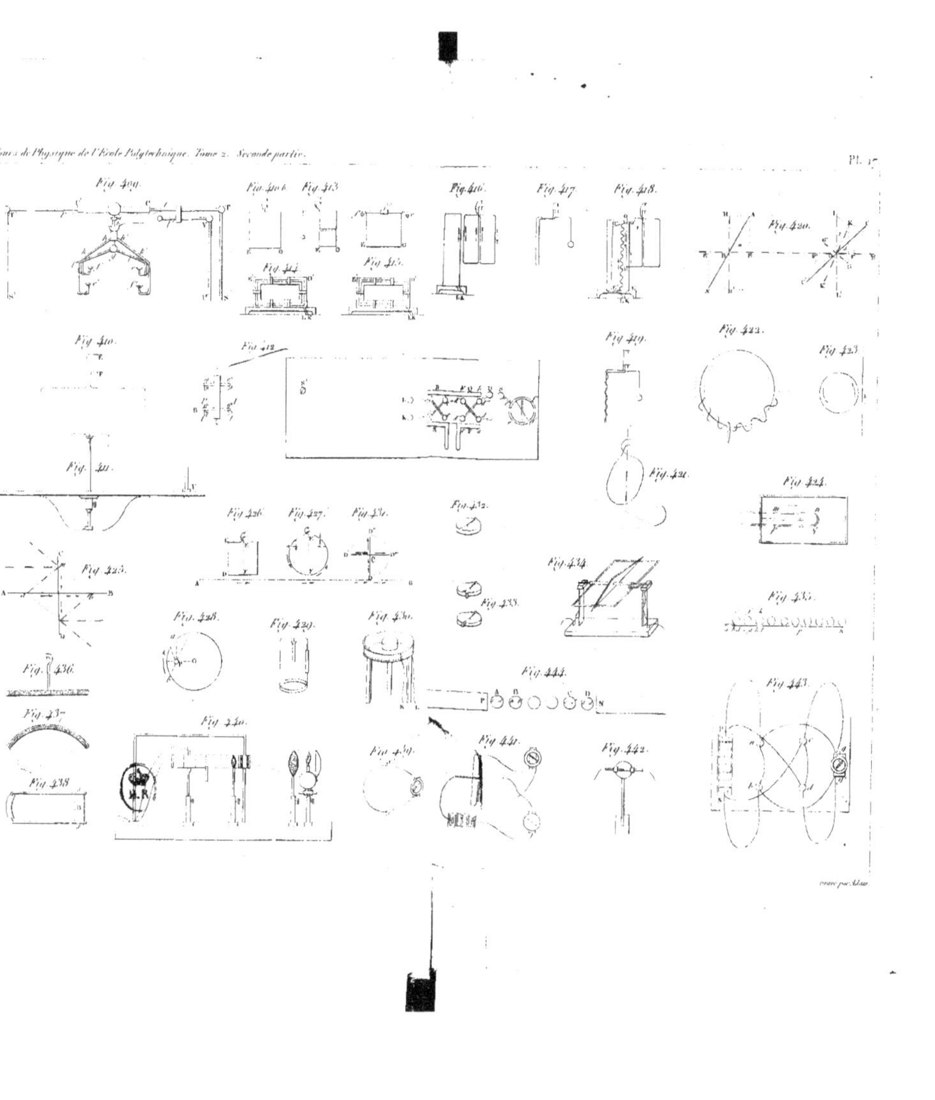

Fig. 409.
Fig. 406. Fig. 413.
Fig. 416.
Fig. 417.
Fig. 418.
Fig. 420.
Fig. 414.
Fig. 415.
Fig. 410.
Fig. 412.
Fig. 419.
Fig. 422.
Fig. 423.
Fig. 411.
Fig. 421.
Fig. 424.
Fig. 426.
Fig. 427.
Fig. 430.
Fig. 432.
Fig. 425.
Fig. 434.
Fig. 435.
Fig. 433.
Fig. 428.
Fig. 429.
Fig. 431.
Fig. 444.
Fig. 436.
Fig. 443.
Fig. 437.
Fig. 440.
Fig. 438.
Fig. 439.
Fig. 441.
Fig. 442.